Springer-Lehrbuch

Peter H. Schmitt

Theorie der logischen Programmierung

Eine elementare Einführung

Mit 37 Abbildungen

Springer-Verlag
Berlin Heidelberg New York
London Paris Tokyo
Hong Kong Barcelona
Budapest

Prof. Dr. Peter H. Schmitt
Universität Karlsruhe
Institut für Logik, Komplexität
und Deduktionssysteme
Postfach 69 80
W-7500 Karlsruhe

ISBN-13: 978-3-540-55702-9 e-ISBN-13: 978-3-642-77657-1
DOI: 10.1007/978-3-642-77657-1

Die Deutsche Bibliothek - CIP-Einheitsaufnahme
Schmitt, Peter H.: Theorie der logischen Programmierung: eine elementare, Einführung / Peter H. Schmitt. - Berlin; Heidelberg; New York; London; Paris; Tokyo; Hong Kong; Barcelona; Budapest: Springer, 1992
(Springer-Lehrbuch)

Umschlaggestaltung: Struve & Partner, Heidelberg
Satz: Reproduktionsfertige Vorlage vom Autor
Druck- und Bindearbeiten: Wiesbadener Graphische Betriebe GmbH
45/3140-543210 - Gedruckt auf säurefreiem Papier

Vorwort

Dieses Buch wurde mit der Absicht geschrieben, eine umfassende, elementare Einführung in die Theorie der logischen Programmierung zur Verfügung zu stellen. Es wendet sich an Dozenten zur Unterstützung bei der Vorbereitung von Lehrveranstaltungen und gleichermaßen an Studenten als begleitende Lektüre zur Vorlesung oder zum Selbststudium. Das Buch ist keine Monographie der neuesten Forschungsresultate, sondern will in ausführlicher Darstellung mit vollständigen Beweisen ohne spezielle Vorkenntnisse in formaler Logik den Leser mit den wichtigsten Grundlagen der logischen Programmierung vertraut machen. Auf übertriebene Systematik und Notation wird verzichtet. Verallgemeinerungen werden nicht schon von Anfang an mitgeschleppt, sondern erst dort eingeführt, wo sie gebraucht werden. In kurzen Hinweisen wird jeweils auf weiterführende Arbeiten eingegangen.

Es ist ein besonderes Anliegen dieses Buches, dem Leser vor Augen zu führen, wie höhere Konzepte der mathematischen Logik, z.B. vollständige Theorien, dreiwertige Logik oder saturierte Strukturen, in natürlicher und verständlicher Weise sinnvoll eingesetzt werden können.

In Kapitel 0 werden, als Vorschau auf den Hauptteil des Buches, die wichtigsten Probleme und Resultate der Theorie der logischen Programmierung anhand von Beispielen anschaulich vorgestellt.

Nachdem in Kapitel 1 die mengentheoretischen und algebraischen Voraussetzungen zusammengefaßt worden sind, wird in Kapitel 2 wird zunächst in knapper Form das benötigte Hintergrundwissen über Syntax und Semantik des vollen Prädikatenkalküls erster Stufe bereitgestellt. Danach wird ausführlich eingegangen auf spezielle Eigenschaften der logischen Folgerungsbeziehung für die Fragmente der Prädikatenlogik bestehend aus allen universellen Klauseln bzw. aus allen universellen Hornklauseln.

In den nächsten beiden Kapiteln steht die Operation der Unifikation im Mittelpunkt, und zwar wird in Kapitel 3 nach der Klärung der Grundbegriffe ein abstrakter, algebraischer Beweis präsentiert für die Existenz eines allgemeinsten Unifikators, falls überhaupt ein Unifikator existiert. Um die Bedeutung allgemeinster Unifikatoren verständlich zu machen, wird außerdem mit den Termen zweiter Stufe ein Beispiel gegeben, in dem allgemeinste Unifikatoren für unifizierbare Terme nicht notwendigerweise existieren. Komplementär dazu werden in Kapitel 4 zwei Algorithmen zur Berechnung des allgemeinsten Unifikators behandelt, und ihre Korrektheit wird bewiesen.

Das wichtigste Resultat in Kapitel 5 ist die Korrektheit und Vollständigkeit des Resolutionskalküls für universelle Klauseln. Zusätzlich werden zwei die Korrektheit und Vollständigkeit des Kalküls erhaltende einschränkende Strategien bei der Beweissuche, nämlich die Stützmengen-Strategie (set-of-support strategy) und die Modelleliminationsstrategie ausführlich behandelt.

Mit Kapitel 6 kommen wir zum ersten Mal zum Kernthema dieses Buches, der Ableitbarkeit existentiell positiver Sätze aus einer Menge universeller Hornklauseln. Eine operationale Semantik basierend auf dem Begriff des Beweissuchbaums wird eingeführt, die sich leicht in den im vorangegangenen Kapitel abgesteckten Rahmen der Resolutionskalküle mit bestimmten Strategien, in diesem Fall der linearen Resolutionsstrategie, einordnen läßt. Die Hauptsätze der logischen Programmierung sind damit auf die Vollständigkeit des Resolutionskalküls zurückgeführt. Im Unterkapitel 6.3 wird ein alternativer, direkter Beweis des Hauptsatzes mit der Fixpunktmethode gegeben.

Die Menge aller universellen Hornklauseln ist zunächst rein syntaktisch gesehen eine echte Teilmenge aller universellen Formeln. Im ersten Teil von Kapitel 7 wird gezeigt, daß die Mächtigkeit universeller Hornklauseln bezüglich Definierbarkeit echt kleiner ist als die beliebiger universeller Formeln. Konkret wird gezeigt, daß universelle Hornklauseln genau die universellen Formeln sind, die unter direkten Produkten erhalten bleiben. Die Mächtigkeit hinsichtlich der Kodierung von Berechnungen bleibt bei der Einschränkung auf Hornklauseln erhalten, wie im zweiten Teil von Kapitel 7 gezeigt wird.

In Kapitel 8 wird die bisherige Einschränkung auf universelle Hornklauseln als Datenbasis und auf existentiell positive Formeln als Anfragen gelockert, indem auch negierte Atome im Rumpf von Klauseln zugelassen werden und beliebige existentielle Konjunktionen von Literalen in Anfragen erlaubt werden. Die operationale Behandlung negativer Anfragen steht unter dem Motto "Negation = Fehlschlag" (negation-as-failure) und wird anhand einer geeigneten Version des Begriffs eines Beweissuchbaums präzisiert. Als deklarative Semantik dient die logische Ableitbarkeit aus der Clarkschen Vervollständigung. Es wird die Korrektheit dieser operationalen Semantik bezüglich der deklarativen gezeigt und die Vollständigkeit, soweit sie zutrifft. Die Übereinstimmung beider Semantiken ist jedoch äußerst unbefriedigend. Eine mögliche Lösung wird in Kapitel 9 vorgestellt, indem die deklarative Semantik abgeschwächt wird zur Ableitbarkeit in einer dreiwertigen Logik. Jetzt kann wieder ein Korrektheits- und Vollständigkeitsergebnis in vollem Umfang bewiesen werden.

In Kapitel 10 wird eine Möglichkeit vorgestellt, universelle Hornklauseln mit Gleichheit zu behandeln in weitestgehender Analogie zu dem in Kapitel 6 gegebenen Muster.

Im 11. und letzten Kapitel wird der konzeptionelle Rahmen einer der wichtigsten neuen Entwicklungsperspektiven für logische Programmiersprachen behandelt, der logischen Programmierung mit Bedingungen (constraint logic programming).

Dieses Buch ging hervor aus der Vorlesung "Theorie der logischen Programmierung", die der Autor über mehrere Jahre hinweg zuerst an der Universität Heidelberg und dann an der Universität Karlsruhe gehalten hat. Mein Dank geht an alle Zuhörer, die durch Kritik und Anregungen zur stetigen Verbesserung des Manuskripts beigetragen haben.Vor allem jedoch möchte ich mich bei Herrn Jürgen Dix bedanken für die zahl- und hilfreichen Gespräche über logische Programmierung.

Einen besonderen Dank schulde ich den Damen und Herren, die an der Erstellung des Manuskripts beteiligt waren, den Herren Walter Kuhn und Thomas Santen, aber vor allem Frau Sabine Lückehe und Frau Miriam Klein.

Karlsruhe, Juli 1992 P. H. Schmitt

Inhaltsverzeichnis

0 Einleitung

Die Programmiersprache PROLOG hat ihre Bewährungsprobe im praktischen Einsatz bestanden, und das Stichwort "logisches Programmieren" hat seinen festen Platz gefunden im Repertoire der Autoren und Vortragsredner, die sich mit neuen Programmiersprachen und Programmierparadigmen beschäftigen. Worin liegt die Attraktion des logischen Programmierens, was sind die charakteristischen Unterschiede zu anderen Programmierparadigmen und womit schließlich beschäftigt sich die Theorie des logischen Programmierens? Der Name selbst gibt kaum einen Anhaltspunkt auf das, was er bezeichnet, denn schließlich soll nicht unterstellt werden, daß jede andere Art zu programmieren unlogisch ist. Auch die gelegentlich benutzte Bezeichnung "Programmieren in Logik" zeigt zwar in die richtige Richtung, läßt aber alles weitere im unklaren. Wir wollen hier eine kurze Erklärung der typischsten Eigenschaften des logischen Programmierens geben. Der an der historischen Entwicklung interessierte Leser sei auf den Artikel [Robinson 83] verwiesen.

Während beim herkömmlichen Programmieren die zu lösende Aufgabe umgesetzt wird in eine Folge von Programmanweisungen, die je nach Belegung der Eingabevariablen zu verschiedenen Programmdurchläufen führt, wird in der logischen Programmierung die zur Lösung der gestellten Aufgabe benötigte Information durch Formeln eines logischen Kalküls (des Prädikatenkalküls erster Stufe) beschrieben. Das ergibt die Datenbasis des logischen Programmierens. Ein Programmdurchlauf wird nun angestoßen durch eine Anfrage des Benutzers, ebenfalls formuliert im Prädikatenkalkül, und liefert als Ergebnis die Aussage, ob und gegebenenfalls für welche Belegung der Ausgabevariablen die Anfrage eine logische Folgerung aus der Datenbasis ist. Der Weg von der Anfrage unter Benutzung der Datenbasis zur Antwort folgt dabei im wesentlichen einem bekannten Beweiskalkül, dem Eingabe-Resolutionsverfahren.

Soweit die Kurzfassung. Um einen Überblick zu geben, womit sich die Theorie des logischen Programmierens beschäftigt, wollen wir im folgenden etwas detaillierter werden und vor allem auch Beispiele betrachten.

Als erstes muß festgestellt werden, daß nur Formeln einer gewissen Bauart in der Datenbasis zugelassen sind. Für Anfragen gilt ebenfalls eine Einschränkung. Betrachten wir als Beispiel die Wegsuche in einem gerichteten Graphen. Die beiden Aussagen, die zur Definition des Begriffs "Weg" nötig sind, sind typische Vertreter universeller Hornklauseln:

Für alle X führt ein Weg von X nach X.
Für ale X, Y und Z gilt: Wenn eine Kante von X nach Z führt, und ein Weg von Z nachY, dann führt auch ein Weg von X nach Y.

In Symbolen:

weg (X, X).
weg (X, Y) ← kante (X, Z) ∧ weg (Z, Y).

Die Buchstaben X, Y, Z sind Variable. Die Allquantifizierung "für alle X" wird nicht explizit hingeschrieben. Die Frage nach dem Bereich, über den sich die Allquantifizierung erstreckt, stellen wir noch einen Augenblick zurück; in dem Beispiel soll das wohl die Menge aller Knoten des Graphen sein.

Um das Graphenbeispiel zu vervollständigen, muß noch ein gerichteter Graph in die Datenbasis eingetragen werden. Dazu brauchen wir Namen für die Knoten des Graphen, sagen wir a, b, c, d, e und Formeln "von a nach b führt eine Kante"

In Symbolen:

kante (a, b).	kante (c, d).
kante (a, c).	kante (c, e).
kante (b, c).	kante (d, e).
kante (b, d).	kante (e, a).

Durch diese acht Formeln wird der Graph in Abb. 1 beschrieben.

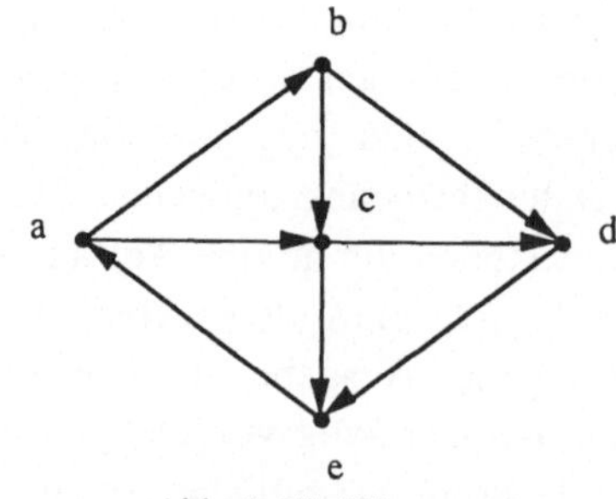

Abb. 1 Ein Wegegraph

Die wenn-dann-Formeln nennt man Regeln, die restlichen einfachen Formeln der Datenbasis heißen Fakten.

Der Aufbau der Datenbasis des logischen Programms ist damit abgeschlossen, und wir können beginnen, Anfragen zu stellen.

Gibt es einen Weg von a nach e ?
Gibt es einen Knoten X, der durch einen Weg von a aus erreichbar ist ?
Gibt es einen Knoten Z, von dem aus Kanten nach d und nach e führen ?

In Symbolen:

$$\text{weg (a, e).}$$
$$\text{weg (a, X).}$$
$$\text{kante (Z, d)} \wedge \text{kante (Z, e).}$$

Die Antwort auf die erste Anfrage ist offensichtlich "ja". Auf die zweite Anfrage können wir antworten, daß es nicht nur einen Knoten gibt, der durch einen Weg von a aus erreichbar ist, sondern daß sogar jeder Knoten von a aus erreicht werden kann. Der PROLOG-Abarbeitungsmechanismus gibt zunächst nur die erste gefundene Lösung aus, X=a, und auf wiederholte Nachfragen die weiteren Lösungen, X=b, X=c, ... Die allgemeine Form von Anfragen sind existentiell quantifizierte Konjunktionen atomarer Formeln, wobei die Existenzquantoren nicht explizit hingeschrieben werden.

Wie findet das System die Antwort auf eine Anfrage? Wie findet es heraus, daß weg (a, e) eine Konsequenz der eingegebenen Datenbasis ist? Mit der Beantwortung dieser Fragen wird gleichzeitig auch erklärt sein, wie der Beweiskalkül der Eingabe-Resolution (input resolution) arbeitet.

Am Anfang steht die Anfrage "weg (a, e)?". Der einfachste Fall wäre natürlich, wenn genau die gefragte Aussage in der Datenbasis steht. Das ist in unserem Beispiel nicht der Fall. Die nächste, immer noch sehr günstige Situation liegt vor, wenn durch Instantiierung von Variablen einer Formel in der Datenbasis weg (a, e) erzeugt werden kann. In unserem Beispiel käme hierfür nur weg (X, X) in Frage, aber die Variable X läßt sich nicht so belegen, daß aus weg (X, X) weg (a, e) entsteht.

Somit bleibt nur noch die Möglichkeit, eine Regel aus der Datenbasis zu benutzen. Eine Regelanwendung hat nur Sinn, wenn der Kopf der Regel, das ist der dann-Teil der wenn-dann-Formel, etwas mit der Anfrage zu tun hat. Formal gesprochen muß es möglich sein, die Variablen im Regelkopf so zu instantiieren, daß weg(a, e) entsteht. Für die Regel

$$\text{weg (X, Y)} \leftarrow \text{kante (X, Z)} \wedge \text{weg (Z, Y).}$$

ist das tatsächlich möglich (X=a, Y=e) und führt zu

$$\text{weg (a, e)} \leftarrow \text{kante (a, Z)} \wedge \text{weg (Z, e).}$$

Wenn ein Z gefunden werden kann, so daß

$$\text{kante (a, Z)} \wedge \text{weg (Z, e)}$$

herleitbar ist, dann ist auch weg (a, e) herleitbar. Das System ersetzt also die ursprüngliche Anfrage durch die neue Anfrage kante (a, Z) ∧ weg (Z, e).

Diese Anfrage besteht aus zwei Teilen. Das System beginnt mit der Bearbeitung des ersten Teils

kante (a, Z)

Durch die Instantiierung Z=b entsteht ein Faktum aus der Datenbasis, kante (a, b). Somit bleibt noch die Anfrage

weg (b, e)

übrig. Wie oben entsteht aus weg (Z, e) durch Regelanwendung die Anfrage

kante (b, U) ∧ weg (U, e).

Durch U=c entsteht wieder ein Faktum, kante (b, c), aus der Datenbasis, und es bleibt die Anfrage

weg (c, e).

Der Zyklus, der jetzt schon zweimal durchlaufen wurde, wird ein drittes Mal durchlaufen unter Ausnutzung des Faktums kante (c,e), und es bleibt

weg (e, e).

Diese Anfrage läßt sich aber aufgrund des Faktums weg(X, X) positiv beantworten, und somit findet auch die ursprüngliche Anfrage eine positive Antwort.

Damit ist der Abarbeitungs- respektive Beweismechanismus im Kern vollständig beschrieben. Es bleiben zwei Aspekte zu vertiefen, die wegen der Einfachkeit des Beispiels zu kurz gekommen sind.

Bei dem Versuch, durch Instantiierung von Variablen die Anfrage und ein Faktum oder die Anfrage und einen Regelkopf gleich zu machen, man nennt diesen Vorgang Unifikation, kamen nur die einfachen Situationen vor, daß entweder die Anfrage oder das Faktum keine Variablen enthielt. Im allgemeinen werden in beiden der zu unifizierenden Formeln Variable auftreten. In diesem Fall muß durch Umbenennung der Variablen in der Formel aus der Datenbasis erreicht werden, daß keine Variable in beiden Formeln auftritt. Außerdem kann bei Anwesenheit von Funktionszeichen, was in unserem einfachen Beispiel nicht der Fall ist, die Struktur der zu unifizierenden Formeln so kompliziert sein, daß eine unifizierende Variablenbelegung nicht sofort ersichtlich ist. Es genügt an dieser Stelle zu bemerken, daß es Algorithmen gibt, die feststellen, ob zwei Formeln unifizierbar sind, und im positiven Fall die allgemeinste unifizierende Variablenbelegung berechnen.

Der zweite Punkt, an dem das Graphensuchbeispiel fast irreführend einfach ist, betrifft den Indeterminismus des Beweissuchverfahrens. Dieser tritt an zwei Stellen auf:

- Besteht eine Anfrage aus mehreren Teilen, so ist zu entscheiden, welcher Teil als nächster bearbeitet wird.
- Falls mehr als ein Faktum oder Regelkopf mit der Anfrage unifiziert werden kann, muß entschieden werden, welches Faktum oder welche Regel zum Zuge kommen soll.

PROLOG löst beide Probleme pragmatisch: Bei mehreren offenen Anfragen wird die am weitesten links stehende zuerst abgearbeitet, Fakten und Regeln werden in der Reihenfolge ihres Auftretens im Programm angewandt. Die erste Form des Indeterminismus ist harmlos, denn man kann beweisen, daß die von PROLOG benutzte von-links-nach-rechts-Strategie keinen Lösungsweg verbaut. Die zweite Form des Indeterminismus ist problematisch, die Festlegung auf die im Programmtext festgelegte Reihenfolge kann hinderlich sein. Betrachten wir nun die Anfrage

$$\text{kante}\,(Z, d) \wedge \text{kante}\,(Z, e).$$

Wird hier das erste Ziel mit Kante (b, d) unifiziert, also Z=b gesetzt, so ist kante (b, e) nicht ableitbar. Der Beweissuchprozeß ist in eine Sackgasse geraten. Dafür hat PROLOG eine Lösung bereit, das Rücksetzen (backtracking). In einer Sackgasse wird auf die letzte Anfrage zurückgesprungen, zu deren Beantwortung eine Alternative noch nicht ausprobiert wurde. In unserem Beispiel wird also nach einer zweiten Lösung zu kante (Z, d) gesucht. Gefunden wird Z=c, und damit läßt sich auch der Rest der Anfrage kante (c, e) positiv beantworten.

Nicht immer geht es so gut aus. Betrachten wir noch einmal die erste Anfrage

$$\text{weg}\,(a, e),$$

stellen aber die beiden Formeln weg (X, Y) ← kante (X, Z) ∧ weg (Z, Y) und weg (X, X) in der Datenbasis um. Es ergibt sich derselbe Beweissuchlauf bis zur letzten Anfrage

$$\text{weg}\,(e, e).$$

Der PROLOG-Strategie folgend, wird jetzt zuerst die Regel

$$\text{weg}\,(e, e) \leftarrow \text{kante}\,(e, Z) \wedge \text{weg}\,(Z, e)$$

angewendet, die zu

$$\text{kante}\,(e, Z) \wedge \text{weg}\,(Z, e)$$

und anschließend zu

$$\text{weg}(a, e)$$

führt. Das Programm läuft also in eine Endlosschleife. An dieser Konsequenz der PROLOG-Strategie ist nichts zu ändern. Der PROLOG-Programmierer gewinnt jedoch schnell Erfahrung, wie sich durch geschickte Anordnung der Formeln in der Datenbasis Endlosschleifen vermeiden lassen.

Für theoretische Untersuchungen ist jedoch die Festlegung auf eine Beweissuchstrategie, oder gar auf die PROLOG-Suchstrategie, nicht vorteilhaft. Stattdessen hat sich der Begriff des Beweissuchbaumes bewährt. Wir behalten in dieser Einleitung die harmlose Festlegung auf die Abarbeitung der noch offenen Anfragen von links nach rechts bei, stellen aber alle aus der zweiten Form des Indeterminismus resultierenden Alternativen explizit im Baum dar. Das Anfangsstück des Beweissuchbaumes für die obige Datenbasis und die Anfrage weg (a, e) ist in Abb. 2 zu sehen.

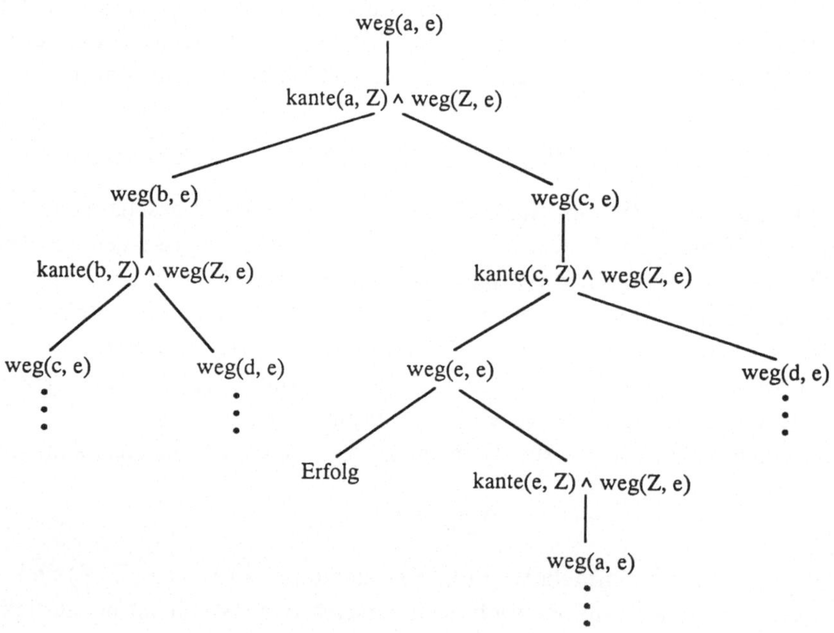

Abb. 2 Anfang eines Beweissuchbaums

Die Beweissuchaufgabe besteht jetzt darin, einen im Erfolg endenden Pfad im Beweissuchbaum zu finden.Wie diese Suche organisiert wird, fällt außerhalb der theoretischen Überlegungen.

Damit sei für's erste genug zum Antwortmechanismus von PROLOG und damit zum Beweiskalkül der Eingabe-Resolution gezeigt. Denn logisches Schließen findet auch auf einer anderen Ebene statt. Jeder wissenschaftlich tätige Mensch benutzt korrekte logische Schlüsse, ohne je einen formalen Kalkül gesehen zu haben. Wir haben eine starke Intuition für korrekte logische Schlüsse, die sich auch in eine leicht verständliche, präzise Definition fassen läßt. Die Formel weg (a, e), eine logische Konsequenz aus obiger Datenbasis, bedeutet, daß in allen Situationen, in denen

Objekte "a, b, c, d, e" und zwei binäre Relationen "kante" und "weg" vorkommen, die alle Formeln der Datenbasis erfüllen, daß in allen solchen Situationen auch weg (a, e) zutrifft. Jetzt können wir schon den ersten wichtigen Satz formulieren:

Für eine Datenbasis D *und eine Anfrage* G *mit den Variablen* $X_1,...,X_k$ *gilt:* $\exists X_1...\exists X_k$ G *ist eine Folgerung aus* D *genau dann, wenn der Beweissuchbaum für* G *über* D *einen erfolgreichen Pfad enthält.*

Sammelt man alle entlang eines erfolgreichen Pfades auftretenden Variablenbelegungen zusammen zu einer Belegung $X_1=t_1,...,X_k=t_k$, so erhält man auch konkrete Werte $t_1,...,t_k$ anstelle der ursprünglichen Existenzaussage.

Wir wollen in dieser Einleitung nicht weiter auf diesen Aspekt eingehen, mehr darüber findet man in Kapitel 6.

Es sei noch einmal hingewiesen auf den Unterschied zwischen Theorie und Praxis. Das theoretische Resultat behauptet die Existenz eines erfolgreichen Pfades. Wie dieser Pfad gefunden wird, ist eine andere Frage, die mit völlig anderen Mitteln angegangen werden muß.

Bisher haben wir nur positive Anfragen an eine Datenbasis gestellt. Es ist jedoch möglich, wenn auch, wie wir gleich sehen werden, wesentlich subtiler, negierte Anfragen zu stellen.

Betrachten wir zunächst wieder die prozedurale Seite. Wir benutzen dasselbe Beispiel wie bisher, lassen aber aus dem Graphen die Kante (e, a) weg, s. Abb. 3.

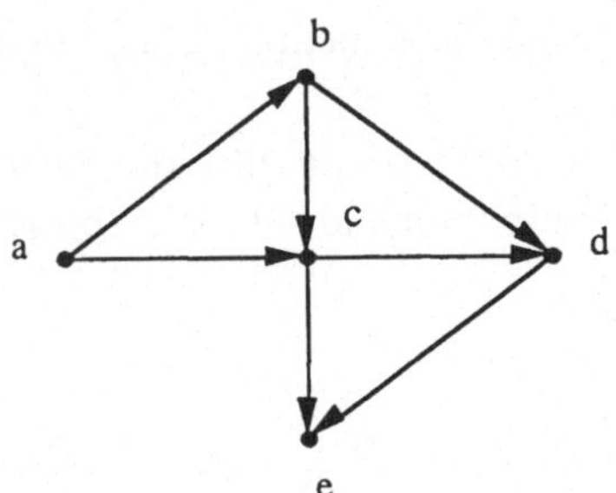

Abb. 3 Ein modifizierter Wegegraph

Wie behandelt PROLOG die Anfrage

"es gibt keinen Weg von c nach a ?"

In Symbolen:

$$\neg \text{weg (c, a)}.$$

Dazu wird eine Nebenrechnung begonnen mit der positiven Anfrage weg (c, a). Kann diese Anfrage positiv beantwortet werden, so lautet die Antwort auf die ursprüngliche negierte Anfrage "nein". Führt umgekehrt die Nebenrechnung zu einem negativen Resultat, so findet die ursprüngliche Anfrage die Antwort "ja". Für das Beispiel ergibt sich der Nebenrechnungsbaum in Abb. 4.

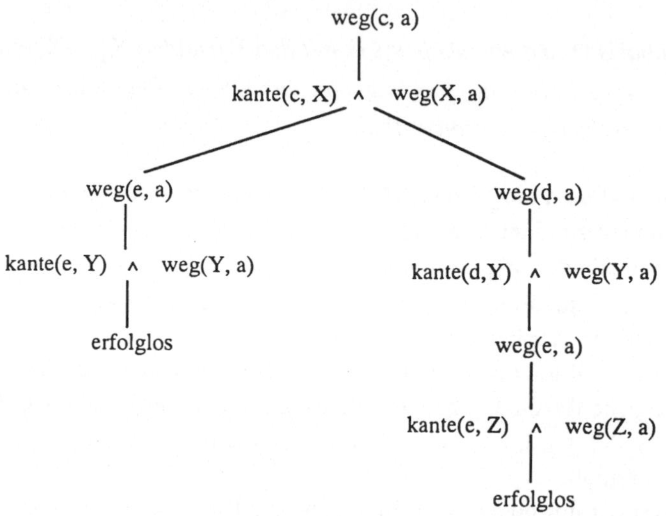

Abb. 4 Ein Nebenrechnungsbaum

Die Anfrage ¬weg (c, a) führt also zu einer positiven Antwort. Nicht immer ist die Sache so einfach. Kehren wir noch einmal zu dem ursprünglichen Graphensuchbeispiel zurück und lassen diesmal die Kanten (c, d) und (a, b) weg, siehe Abb. 5.

Auf die Anfrage weg (c, d) erwarten wir intuitiv die Antwort "nein". Der Nebenrechnungsbaum (siehe Abb. 6), beginnend mit weg (c, d), besteht nur aus einem Ast, aber der ist unendlich:

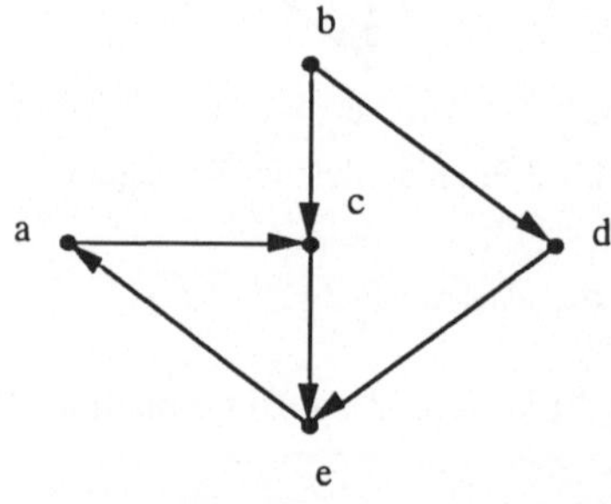

Abb. 5 Ein weiterer Wegegraph

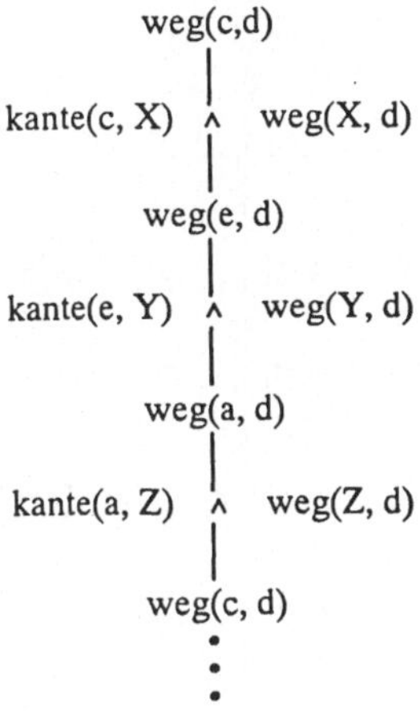

weg(c,d)
|
kante(c, X) ∧ weg(X, d)
|
weg(e, d)
|
kante(e, Y) ∧ weg(Y, d)
|
weg(a, d)
|
kante(a, Z) ∧ weg(Z, d)
|
weg(c, d)
⋮

Abb. 6 Nebenrechnungsbaum

Der geübte PROLOG-Programmierer hat das natürlich schon voraus gesehen: Der Graph enthält einen Zyklus (a, c, e), und das PROLOG-Programm enthält keine Vorkehrung zur Vermeidung von Endlosschleifen. Im vorliegenden Beispiel läßt sich das leicht korrigieren. Das Weg-Prädikat wird mit einer zusätzlichen Argumentstelle versehen, in der eine Liste der bisher besuchten Knoten mitgeführt wird. Ein schon besuchter Knoten wird nicht noch ein zweites Mal angelaufen, Endlosschleifen treten nicht mehr auf. Außerdem kann jetzt bei erfolgreicher Pfadsuche der gefundene Pfad dem Benutzer ausgegeben werden:

$$\text{weg}(X, Y) \leftarrow w([\,], X, Y).$$
$$w(L, X, X).$$
$$w(L, X, Y) \leftarrow \text{kante}(X, Z) \wedge \neg \text{in}(L, Z) \wedge w([X/L], Z, Y).$$

Dabei ist *in*(L, Z) ein Hilfsprädikat, das genau dann erfolgreich ist, wenn Z in der Liste vorkommt. Der Beweissuchbaum für weg (c, d) ist jetzt endlich wie in Abb. 7 gezeigt.

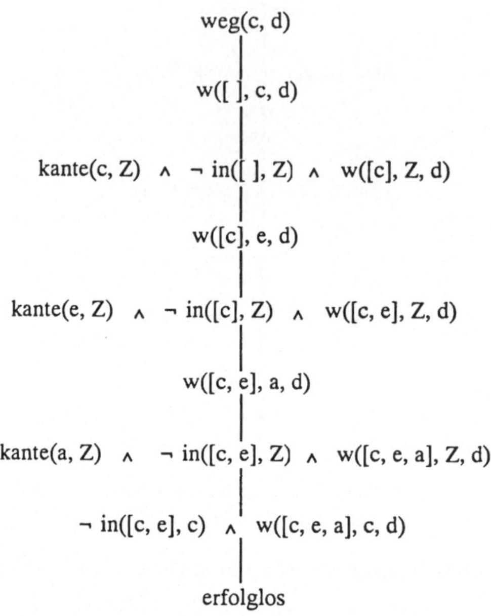

Abb. 7 Beweissuchbaum

Es gibt noch einiges zu sagen zu dem vorgestellten Abarbeitungsmechanismus negativer Anfragen, dert unter dem Stichwort "negation-as-failure" bekannt geworden ist. Wir stellen das jedoch für eine Weile zurück und wenden uns zunächst der logischen Interpretation der Negation zu. Als Idealresultat wünschen wir uns eine Aussage der folgenden Form:

Der Beweissuchbaum für eine Anfrage G über der Datenbasis D ist endlich und erfolglos genau dann, wenn ¬G eine logische Folgerung aus D ist.

Diese Aussage hat einen fundamentalen Haken, den wir uns zunächst in einem früheren Beispiel mit der Datenbasis D anschauen.

D: weg (X, X).
weg (X, Y) ← kante (X, Z) ∧ weg (Z, Y).

kante (a, b).
kante (a, c).
kante (b, c).
kante (b, d).
kante (c, d).
kante (c, e).
kante (d, e).

Wenn ¬weg (a, e) eine logische Konsequenz aus D sein soll, so muß in allen Strukturen, in denen D wahr ist, die Formel weg (c, d) falsch sein. Fügt man aber in einer Struktur, in der D wahr ist, die Kante (a, e) hinzu, so prüft man leicht nach, daß die Gültigkeit von D nicht gestört wird. Man kann ganz allgemein zeigen, daß aus einer Menge D universeller Hornklauseln keine negativen Formeln logisch abgeleitet werden können.

Was ist zu tun? Versuchen wir einmal, den Informationsgehalt der Formelmenge D zu analysieren. Vom logischen Standpunkt aus gesehen besagen die sieben in D enthaltenen Aussagen zur Kanten-Relation, daß diese Relationsaussagen gelten sollen. Es ist damit nicht ausgeschlossen, daß noch weitere Kanten-Beziehungen zwischen den benannten Elementen bestehen. Wenn wir negative Anfragen stellen wollen, ist diese Interpretation nicht die richtige. Dann müssen wir argumentieren: Wenn zusätzlich zu den genannten sieben Kantenrelationen noch weitere wahr sein sollen, dann hätten wir das explizit in D hineingeschrieben. Da nur die sieben Formeln dastehen, sollen auch nur diese wahr sein. Diese Bedeutung wird formal wiedergegeben durch die prädikatenlogische Formel:

$$\begin{aligned}\text{kante}(X, Y) \leftrightarrow\ & (X{=}a \wedge Y{=}b) \vee (X{=}a \wedge Y{=}c) \\ & \vee (X{=}b \wedge Y{=}c) \vee (X{=}b \wedge Y{=}d) \\ & \vee (X{=}c \wedge Y{=}d) \vee (X{=}c \wedge Y{=}e) \\ & \vee (X{=}d \wedge Y{=}e)\end{aligned}$$

Ebenso soll die Definition des Weg-Prädikats als die folgende Äquivalenz verstanden werden:

$$\text{weg}(X, Y) \leftrightarrow X{=}Y \vee (\exists Z\, (\text{kante}(X, Z) \wedge \text{weg}(Z, Y))$$

Es gibt eine systematische Transformation, die eine Menge D universeller Hornklauseln in der beispielhaft angedeuteten Weise in Äquivalenzaussagen umsetzt. Die entstehende Menge prädikatenlogischer Formeln wird mit comp(D) bezeichnet und heißt die Vervollständigung (completion) von D. Für beliebige Datenbasen D aus universellen Hornklauseln und variablenfreie Anfragen G kann man jetzt tatsächlich beweisen:

Der Beweissuchbaum für ¬G *über* D *ist endlich und erfolglos genau dann, wenn* ¬G *eine logische Konsequenz aus* comp(D) *ist.*

Da bei der erfolgreichen Abarbeitung eines negativen Ziels der Nebenrechnungsbaum endlich und erfolglos ist und deshalb keine Variablenbindungen erzeugt werden, hat es keinen Sinn, den Satz auf Anfragen mit Variablen auszudehnen.

In dem gerade zitierten Resultat waren in der Datenbasis keine expliziten Negationen erlaubt. Ein nächster Schritt zu einer umfassenderen Formelklasse besteht darin, anstelle von universellen Hornklauseln Formeln der Form

$$a \leftarrow b_1 \wedge ... \wedge b_n$$

zu betrachten; wobei die b_i negierte oder unnegierte atomare Formeln sein dürfen. Nur der Kopf a einer Regel muß stets unnegiert sein. Solche Formeln wollen wir *allgemeine Hornklauseln* nennen, und Datenbasen, die auch verallgemeinerte Hornklauseln enthalten dürfen, nennen wir verallgemeinerte Datenbasen. Wir haben weiter oben schon ein Beispiel einer verallgemeinerten Datenbasis gesehen, in dem ¬*in*(L, X) im Rumpf einer Regel auftrat.

Ist D eine verallgemeinerte Datenbasis, G eine verallgemeinerte Anfrage, so daß die beiden Einschränkungen

- im Beweissuchbaum für G über D steht eine negierte atomare Formel nur dann am weitesten links in einer Anfrage (und wird daher als nächste abgearbeitet), wenn sie variablenfrei ist,

und

- der Beweissuchbaum für G über D sowie alle nötigen Nebenrechnungsbäume sind endlich,

erfüllt sind, dann gilt:

comp(D) ⊢ G *gdw.* *der Beweissuchbaum für* G *einen erfolgreichen Pfad besitzt*

und

comp(D) ⊢ ¬G *gdw.* *der Beweissuchbaum für* G *über* D *endlich und erfolglos ist.*

Der Schönheitsfehler dieses Resultats liegt darin, daß die Voraussetzung über die Endlichkeit des Beweissuchbaums sehr schwer zu beweisen ist. Als ein erstes Beispiel für diese Schwierigkeit betrachten wir die folgende Datenbasis.

D_{ulam}:

```
ulam(f(a)).
ulam(X) ← u1(X, a, W) ∧ ulam(W).
ulam(X) ← u2(X, a, W) ∧ ulam(f(W)).
u1(f(f(Y)), Z, W) ← u1(Y, f(Z), W).
u1(a, W, W).
u2(f(X), Y, W) ← u2(X, f(f(f(Y))), W).
u2(a, W, W).
```

Man überzeugt sich leicht, daß

$$comp(D_{ulam}) \vdash u1(f^k(a), a, f^l(a)) \text{ genau dann, wenn } k = 2l$$

und

$$\text{comp}(D_{ulam}) \vdash u2(f^k(a), a, f^l(a)) \quad \text{genau dann, wenn} \quad l = 3\,k.$$

Eine Anfrage $ulam(f^k(a))$ führt also rekursiv zur Anfrage $ulam(f^l(a))$, falls k=2 l und zur Anfrage $ulam(f^{3k+1}(a))$ andernfalls. Die Häufigkeit k, mit der das Funktionszeichen f in den aufeinanderfolgenden Aufrufen von $ulam(f^k(a))$ auftritt, berechnet sich also wie die Ulamsche Zahlenfolge

$$a_0 = k \qquad \text{(Anfangswert)}$$

$$a_{n+1} = \begin{cases} b & \text{falls } a_n = 2\,b \\ 3\,a_n + 1 & \text{sonst} \end{cases}$$

Die Ulamsche Folge soll abbrechen, wenn $a_n = 1$ erreicht wird.

Auch die Datenbasis D_{ulam} ist so angelegt, daß der Berechnungsbaum (in diesem Falle unverzweigt) für das Ziel $ulam(f^k(a))$ genau dann endlich ist, wenn die mit k beginnende Ulamsche Folge mit 1 endet. Beginnen wir zum Beispiel mit k = 15, so ergibt sich

15, 46, 23, 70, 35, 106, 53, 160, 80, 40, 20, 10, 5, 16, 8, 4, 2, 1,

Alle Ulamsche Folgen, die bisher berechnet wurden, enden mit 1. Aber niemand kann bisher beweisen, daß das für jede Ulamsche Folge so sein muß. Wem es also gelingt, nachzuweisen, daß für jedes k der Beweissuchbaum für die Anfrage $ulam(f^k(a))$ über D_{ulam} endlich ist, der (oder die) hat sich als Zahlentheoretiker einen unsterblichen Namen gemacht.

Läßt man die Endlichkeitsforderung in dem letztgenannten Theorem weg, so wird es falsch. Die einfachsten, aussagenlogischen Gegenbeispiele sind:

D_1: $\quad p \leftarrow q \wedge \neg q$

$\quad q \leftarrow q$

D_2: $\quad p \leftarrow q$

$\quad p \leftarrow \neg q$

$\quad q \leftarrow q$

Die Vervollständigungen berechnen sich zu:

$$\text{comp}(D_1): \quad p \leftrightarrow q \wedge \neg q$$
$$q \leftrightarrow q$$

$$\text{comp}(D_2): \quad p \leftrightarrow q \vee \neg q$$
$$q \leftrightarrow q$$

und natürlich ist

$\neg p$ eine logische Konsequenz aus $\text{comp}(D_1)$

und

p eine logische Konsequenz aus $\text{comp}(D_2)$.

Aber der Beweissuchbaum von p über D_1, der als Nebenrechnungsbaum bei der Anfrage $\neg p$ gebraucht wird, ist nicht endlich. Der Beweissuchbaum von D_2 enthält nur unendliche Pfade und keinen erfolgreichen. Die Klausel $q \leftarrow q$ wurde in die Datenbasen D_1, D_2 aufgenommen, um möglichst einfach einen unendlichen Beweissuchbaum zu erzeugen. Dieselbe Wirkung ließe sich erzielen, wenn anstelle von q eine andere Formel mit unendlichem Berechnungsbaum treten würde, z.B. die Formel $\text{ulam}(f^k(a))$ für ein k, so daß die mit k beginnende Ulamsche Folge nicht endet. Im Falle der Ulamschen Folgen besteht noch die Möglichkeit, daß irgendwann einmal die Frage nach ihrer Endlichkeit beantwortet wird. Man kann eine etwas kompliziertere Datenbasis P_{min} und eine Anfrage a(Y) finden, so daß für beliebige Terme t die Frage, ob der Beweissuchbaum für a(t) über P_{min} endlich ist, prinzipiell unendscheidbar ist. P_{min} und a(Y) sind im Anhang beschrieben. Ist t ein variablenfreier Term, für welchen nicht $\text{comp}(P_{min}) \vdash a(t)$ gilt, dann füge man zu P_{min} hinzu:

$$b(X,0) \leftarrow \neg a(X).$$
$$b(X, 1) \leftarrow a(X).$$

dann gilt

$$\text{comp}(P^+{}_{min}) \vdash \exists Y\, b(t,Y),$$

denn $b(X, Z) \leftrightarrow (Z=0 \wedge \neg a(X)) \vee (Z=1 \wedge a(X))$ liegt in $\text{comp}(P^+{}_{min})$.

Aber der Beweissuchbaum für b(t,Y) über $P^+{}_{min}$ enthält keinen erfolgreichen Pfad.

Das durch die Beispiele D_1 und D_2 beschriebene Versagen eines Zusammenhangs zwischen logischer Herleitbarkeit aus der Vervollständigung und der durch Beweissuchbäume gegebenen operationalen Semantik ist also grundlegend und kann nicht durch kosmetische Korrekturen behoben werden.

Zahllose Vorschläge zur Behebung dieser Diskrepanz sind in den letzten Jahren veröffentlicht worden. Zum einen wurde vorgeschlagen, die Beweissuche zu ändern, andere Vorschläge versuchen, die Logik zu ändern, und natürlich gibt es auch Ansätze, die beides verändern. Wir wollen die Strategie negation-as-failure beibehalten. Sie ist intuitiv leicht nachvollziehbar und bringt nur eine geringe Änderung gegenüber der Abarbeitungsstrategie für logische Programme ohne Negation mit sich. Somit muß die Logik einer kritischen Prüfung unterworfen werden. In der üblichen Logik ist die Aussage

$$\exists Z\ [(Z=0 \wedge \neg a(t)) \vee (Z=1 \wedge a(t))]$$

eine Tautologie. In konstruktiven Logiken wie der intuitionistischen Logik ist das schon seit langem angegriffen worden. Wenn ein Existenzsatz allgemeingültig ist, dann sollte ein erfüllendes Element angegeben werden können. Wenn eine Disjunktion allgemeingültig ist, dann sollte feststellbar sein, welcher Teil der Disjunktion gilt. Beide Postulate sind, wie das Beispiel zeigt, in der klassischen Logik verletzt. Von den zahlreichen Vorschlägen, welche Logik anstelle der klassischen im vorliegenden Fall benutzt werden soll, haben wir uns für eine dreiwertige Logik entschieden. Die Vervollständigung eines verallgemeinerten logischen Programms P in der dreiwertigen Logik, $comp_3(P)$, sieht syntaktisch genauso aus wie comp(P). Die Wahrheitstafeln für die aussagenlogischen Verknüpfungen im dreiwertigen Rahmen werden in Kapitel 9 festgelegt.

Für variablenfreie Anfragen G läßt sich jetzt wieder ein befriedigendes Äquivalenzresultat zeigen:

Es gibt einen erfolgreichen Pfad im Beweissuchbaum für G über P
genau dann, wenn
G in der dreiwertigen Logik eine Konsequenz aus $comp_3(P)$ ist,
d.h. genau dann, wenn in allen Situationen, in denen alle Formeln aus
$comp_3(P)$ den Wahrheitswert 1 haben, auch G den Wahrheitswert 1 hat.

und:

Der Beweissuchbaum für G über P ist im Endlichen erfolglos
genau dann, wenn
in allen Situationen, in denen alle Formeln aus $comp_3(P)$ den
Wahrheitswert 1 haben, G den Wahrheitswert 0 hat.

Die Diskrepanz in dem min-Beispiel löst sich jetzt dadurch auf, daß die Formel

$$F = \exists Z\ [(Z=0 \wedge \neg a(t)) \vee (Z=1 \wedge a(t))]$$

keine dreiwertige Tautologie ist, denn in einer Struktur, in welcher a(t) den Wahrheitswert u (= unbestimmt) hat, erhält auch F den Wahrheitswert u. Ebenso lösen sich die Diskrepanzen in den Beispielen mit Datenbasen D_1 und D_2.

1 Voraussetzungen

1.1 Terminologie und Notation

Wir folgen im wesentlichen der in Mathematik und Theoretischer Informatik gebräuchlichen Terminologie. Einige häufiger benutzte Begriffe sind hier zur Bequemlichkeit des Lesers zusammenfassend dargestellt.

Wir benutzen die Schreibweise $\{a : E(a)\}$ zur Bezeichnung der Menge aller Elemente a mit der Eigenschaft E. Die Notation $a \in M$ drückt aus, daß a ein Element von M ist. Die Operationen $\cap$, $\cup$ bezeichnen den mengentheoretischen **Durchschnitt** und die mengentheoretische **Vereinigung**. Sind M und N Mengen, dann gilt also

$$M \cap N = \{a : a \in M \text{ und } a \in N\}$$
$$M \cup N = \{a : a \in M \text{ oder } a \in N\}$$

Diese Begriffe werden in naheliegender Weise auf beliebige Durchschnitte $\cap_{i\in I} M_i$ und beliebige Vereinigungen $\cup_{i\in I} M_i$ erweitert. Das **kartesische Produkt** einer Familie M_i von Mengen für $i \in I$, bezeichnet mit $\Pi_{i\in I} M_i$, ist die Menge aller Funktionen f von I in $\cup_{i\in I} M_i$, so daß für alle $i \in I$ der Funktionswert f(i) in M_i liegt. Für endliches $I = \{i_1,\ldots,i_n\}$ schreiben wir auch $M_{i_1} \times M_{i_2} \times \ldots \times M_{i_n}$ für das kartesische Produkt.

Wir machen in dieser Zusammenfassung keinen Unterschied zwischen einem n-Tupel $(a_1,\ldots,a_n)$ von Elementen und der Funktion f mit Definitionsbereich $\{1,\ldots,n\}$, so daß $f(i) = a_i$ gilt.

M^k steht für die Menge aller k-Tupel von Elementen aus M.
Ist f eine Funktion von einer Menge M wieder in M, dann bezeichnet f^k die k-fache Iteration von f. Genauer

$$f^0(x) = x$$
$$f^{k+1}(x) = f(f^k(x))$$

für alle $x \in M$.

Eine zweistellige Relation R heißt eine **Äquivalenzrelation**, wenn sie reflexiv, symmetrisch und transitiv ist, d.h. wenn für alle Elemente m_1, m_2, m_3 aus dem Definitionsbereich von R gilt :

1. $R(m_1,m_1)$
2. wenn $R(m_1,m_2)$, dann auch $R(m_2,m_1)$
3. aus $R(m_1,m_2)$ und $R(m_2,m_3)$ folgt $R(m_1,m_3)$

Vertrautheit im Umgang mit Äquivalenzrelationen wird im folgenden vorausgesetzt, insbesondere der Übergang zu Äquivalenzklassen und die damit verbundene Problematik der Unabhängigkeit von Repräsentanten; siehe z. B. [Arbib, Kfoury, Moll, 1980] chapter 5.1.
Ist R eine beliebige Relation, so gibt es eine im mengentheoretischen Sinn kleinste transitive Relation R_t mit $R \subseteq R_t$. Die Relation R_t kann wie folgt definiert werden

$$a\ R_t\ b$$
$$\text{gdw.}$$
$$\text{es gibt } a_0,\ldots,a_k,\ k \geq 0 \text{ so, daß für alle } i,\ 0 \leq i < k \text{ gilt}$$
$$a_i\ R\ a_{i+1}$$

und außerdem $a_0 = a$ und $a_k = b$.

Definition
Sei M eine Menge und R eine zweistellige Relation auf M. R heißt eine **partielle Ordnung** auf M, wenn sie **reflexiv, antisymmetrisch** und **transitiv** ist, d. h. wenn für alle Elemente m_1 und m_2 aus M gilt :

1. $R(m_1,m_1)$.
2. wenn $R(m_1,m_2)$ und $R(m_2,m_1)$ gilt, dann muß $m_1 = m_2$ sein.
3. aus $R(m_1,m_2)$ und $R(m_2,m_3)$ folgt $R(m_1,m_3)$.

Wir werden häufig xRy schreiben anstelle von R(x,y).

Typische Beispiele für partielle Ordnungen erhält man, indem man für M eine Menge von Teilmengen von S nimmt und für R die Teilmengenrelation.
Weitere Beispiele :

- Sei M die Menge aller Folgen von Elementen aus einer vorgegebenen Menge Σ und gelte f_1Rf_2 genau dann, wenn f_1 ein Anfangsstück von f_2 ist
- Sei M die Menge aller natürlichen Zahlen und gelte nRm genau dann, wenn n ein Teiler von m ist.
- Sei M wieder die Menge aller natürlichen Zahlen und R die Kleiner-Gleich-Relation.

Eine Relation R, die nur die Eigenschaften 1 und 3 einer partiellen Ordnung erfüllt, heißt eine **Halbordnung**.

Eine partielle Ordnung R heißt eine **totale** oder **lineare** Ordnung, falls für je zwei Elemente m_1 und m_2 aus M die Relation $R(m_1,m_2)$ oder $R(m_2,m_1)$ wahr ist.

Wir bezeichnen häufig eine partielle Ordnungsrelation R suggestiver durch $\leq$. Ist $<M,\leq>$ eine partielle Ordnung und N eine Teilmenge von M, so heißt ein Element c aus M eine **obere Schranke** von N, falls für alle $n \in N$ $n \leq c$ gilt. Ein Element d aus M heißt eine **untere Schranke** von N, falls für alle $n \in N$ $d \leq n$ gilt. Eine obere Schranke c von N heißt eine **kleinste obere Schranke**, falls für jede obere Schranke c' von N die Beziehung $c \leq c'$ gilt. Entsprechend heißt eine untere Schranke d von N eine **größte untere Schranke**, falls für jede weitere untere Schranke d' schon $d' \leq d$ gilt. Die kleinste obere (größte untere) Schranke von N ist, falls sie existiert, eindeutig bestimmt. Manchmal nennt man die kleinste obere Schranke von N auch das **Supremum** von N, bezeichnet mit **sup(N)**, und die größte untere Schranke das **Infimum** von N, bezeichnet mit **inf(M)**. Anstatt von der kleinsten oberen Schranke der Menge $\{m_1,m_2\}$ zu reden, spricht man auch von der kleinsten oberen Schranke von m_1 und m_2. Entsprechendes gilt für die größte untere Schranke und allgemein für endliche Mengen.

Nicht zu verwechseln mit der kleinsten oberen Schranke einer Menge N ist der Begriff eines maximalen Elements von N. Dabei heißt a ein **maximales Element** von N oder ein **Maximum** von N, falls für alle $b \in N$ mit $a \leq b$ schon $a = b$ gilt. Analog sind minimale Elemente von N definiert.

Eine partielle Ordnung $<M,\leq>$ heißt eine **verbandsgeordnete Menge**, falls für je zwei Elemente m_1,m_2 aus M die größte untere Schranke und die kleinste obere Schranke existiert. Eine partielle Ordnung $<M,\leq>$ heißt eine **vollständige verbandsgeordnete Menge**, falls für jede nicht leere Teilmenge $N \subseteq M$ die größte untere Schranke und die kleinste obere Schranke von N existiert. Die wichtigsten Beispiele für vollständige verbandsgeordnete Mengen bestehen aus der Grundmenge M = die Menge aller Teilmengen einer Menge S und der Teilmengenrelation $\leq$. Ist S eine unendliche Menge und M_e die Menge aller endlichen Teilmengen von S, so ist M_e mit der Teilmengenrelation zwar eine verbandsgeordnete Menge, aber keine vollständige verbandsgeordnete Menge.

Wird nur eine der beiden Verbandsoperationen benötigt oder liegt nur eine der Operationen vor, erhalten wir den Begriff des Halbverbandes. Eine partielle Ordnung heißt eine **durchschnittshalbverbandsgeordnete Menge** (resp. eine **vereinigungshalbverbandsgeordnete Menge**), wenn je zwei Elemente eine größte untere Schranke besitzen (resp. eine kleinste obere Schranke). Eine partielle Ordnung heißt eine **vollständige durchschnittshalbverbandsgeordnete Menge**, wenn jede nichtleere Teilmenge eine größte untere Schranke besitzt. Analog ist eine **vollständige vereinigungshalbverbandsgeordnete Menge** erklärt.

Sei jetzt $<M,\leq>$ eine vollständige verbandsgeordnete Menge und f eine Abbildung von M in M.

Definitionen

1. f heißt **monoton**, falls für alle $m_1, m_2 \in M$ mit $m_1 \leq m_2$ auch $f(m_1) \leq f(m_2)$ gilt.
2. N heißt eine **gerichtete Teilmenge** von M, falls für je zwei Elemente $m_1, m_2 \in N$ eine obere Schranke $m \in N$ von m_1 und m_2 existiert.
3. f heißt **stetig**, falls für jede gerichtete Teilmenge $N \subseteq M$ gilt:

$$f(\sup(N)) = \sup(f(N)).$$

4. m heißt ein **Fixpunkt** von f, falls $f(m) = m$ gilt.

Satz 1

Sei $<M,\leq>$ ein vollständiger Verband und f eine monotone Abbildung von M in M, dann besitzt f mindestens einen Fixpunkt.
Genauer sind

$$m_k = \inf \{m : f(m) \leq m\}$$

und

$$m_g = \sup \{m : m \leq f(m)\}$$

Fixpunkte für f, und zwar ist m_k der kleinste und m_g der größte Fixpunkt von f.

Beweis:
Wir kürzen die Menge $\{m : f(m) \leq m\}$ mit G_k ab, so daß $m_k = \inf G_k$ gilt. Insbesondere gilt für alle $m \in G_k$ $m_k \leq m$. Unter Ausnutzung der Monotonie ergibt sich für alle $m \in G_k$: $f(m_k) \leq f(m) \leq m$. Also auch $f(m_k) \leq m_k$, und das ist schon die Hälfte der zu zeigenden Gleichheit. Eine weitere Anwendung der Monotonie liefert $f(f(m_k)) \leq f(m_k)$, also $f(m_k) \in G_k$ und daher $m_k \leq f(m_k)$. Zusammengenommen haben wir $m_k = f(m_k)$. Sei jetzt n irgendein Fixpunkt von f, also gilt $f(n) = n$ und damit $n \in G_k$ und $m_k \leq n$, d. h. m_k ist der kleinste Fixpunkt von f. Die Aussagen über m_g werden dual bewiesen. □

Man überzeugt sich leicht, daß die beiden Teile von Satz 1 unabhängig voneinander bewiesen werden können. Genauer meinen wir damit, daß die Voraussetzung $<M,\leq>$ ist ein vollständiger Durchschnittshalbverband ausreicht, um die Existenz eines kleinsten Fixpunktes für eine monotone Abbildung zu sichern, und die Vereinigungshalbverbandseigenschaft die Existenz eines größten Fixpunktes garantiert.

Korollar 2
Sei <M,≤> ein vollständiger Verband und f eine monotone Abbildung von M in M.
1. Für jedes $a \in M$ mit $a \leq f(a)$ gibt es einen Fixpunkt b für f mit $a \leq b$.
2. Für jedes $a \in M$ mit $f(a) \leq a$ gibt es einen Fixpunkt c für f mit $c \leq a$.

Beweis:
Wende Satz 1 auf M_a bzw. M^a an. (Siehe Übungsaufgabe 1) □

Satz 3
Ist (M,≤) eine vollständige verbandsgeordnete Menge, f eine stetige Abbildung von M in M und m ein Element aus M mit $m \leq f(m)$, dann ist

$$m_f = \sup \{f^k(m) : k \geq 0\}$$

der kleinste Fixpunkt von f, der ≥ m ist. Insbesondere ist $0_f = \sup \{f^k(0) : k \geq 0\}$ der kleinste Fixpunkt von f.

Beweis:
Wegen der Stetigkeit von f gilt

$$\begin{aligned} f(m_f) &= f(\sup \{f^k(m) : k \geq 0\}) \\ &= \sup \{f^{k+1}(m) : k \geq 0\} \ , \end{aligned}$$

wegen $m \leq f(m)$ folgt weiter:

$$= m_f.$$

□

An manchen Stellen werden transfinite **Ordinalzahlen** auftreten. Obwohl der Text so angelegt ist, daß für das weitere Verständnis jeweils die Betrachtung der endlichen Ordinalzahlen, d.h. der gewohnten natürlichen Zahlen, ausreicht, mag der eine oder andere Leser daran interessiert sein, die Fortsetzung ins Transfinite zu verfolgen. Eine leicht verständliche Erklärung transfiniter Ordinalzahlen findet man z.B. in [Halmos 69] in den Kapiteln 18 und 19.

1.2 Übungsaufgaben

Aufgabe 1
Ist <M,≤> eine vollständige, verbandsgeordnete Menge und $a \in M$, dann setzen wir

$$M_a = \{m \in M : a \leq m\}$$

und

$$M^a = \{m \in M : m \leq a\}$$

Zeigen Sie, daß M_a und M^a versehen mit der jeweils sinnvollen Einschränkung der Relation R wieder (vollständige) verbandsgeordnete Mengen sind.

Aufgabe 2

Sei M eine nichtleere Menge, L sei die Menge aller Paare $<T,F>$ disjunkter Teilmengen von M, i. e. es gilt $T \subseteq M$, $F \subseteq M$ und $T \cap F = \emptyset$. L werde durch die Relation $\leq$ geordnet.

$$<T_1,F_1> \leq <T_2,F_2>$$
gdw.
$$T_1 \subseteq T_2 \text{ und } F_1 \subseteq F_2$$

Zeigen Sie, daß $<L,\leq>$ eine vollständige durchschnittshalbverbandsgeordnete Menge ist, aber keine vereinigungshalbverbandsgeordnete Menge.

Aufgabe 3

Ist R_t der transitive Abschluß einer symmetrischen Relation R, dann ist R_t eine Äquivalenzrelation.

Aufgabe 4

(1) Geben Sie eine endliche partiell geordnete Menge an, die zwei maximale Elemente, aber kein größtes Element besitzt.

(2) Geben Sie eine Menge reeller Zahlen an, die kein größtes Element besitzt.

Aufgabe 5

Ist für eine verbandsgeordnete Menge $(M,\leq)$ nur noch die zweistellige Supremumsfunktion sup bekannt, so läßt sich daraus die Ordnungsrelation $\leq$ wie folgt zurückgewinnen:

$$a \leq b \quad \text{gdw.} \quad \sup(a,b) = b.$$

Aufgabe 6

Sei f eine stetige Abbildung auf der vollständigen verbandsgeordneten Menge $(M,\leq)$. Zeigen Sie, daß f dann auch monoton ist.

2 Der Prädikatenkalkül erster Stufe

Dieses Kapitel enthält in knapper Form die im folgenden benötigten Definitionen, Begriffe und Sätze des Prädikatenkalküls erster Stufe. Für eine ausführliche Darstellung verweisen wir auf die Lehrbücher [Ebbinghaus, Flum, Thomas, 1978], [Enderton, 1971] und [Schöning 1987]. Desweiteren wird in diesem Kapitel die für das folgende wesentliche Teilklasse der prädikatenlogischen Formeln, die Klasse der Hornformeln, eingeführt und gezeigt, daß jede Menge von Hornformeln ein kleinstes Herbrand-Modell besitzt.
Eine Erklärung des Prädikatenkalküls erster Stufe umfaßt drei Teile:

- einen syntaktischen Teil; welche Symbole werden zum Aufbau der Sprache benutzt, welche Kombinationen dieser Symbole sind in der Sprache des Prädikatenkalküls erster Stufe erlaubt?
- einen semantischen Teil; worüber kann man in der Sprache des Prädikatenkalküls reden, welche Strukturen kann man mit seiner Hilfe untersuchen?
- einen Teil, der den Zusammenhang herstellt zwischen Syntax und Semantik in Form einer Wahrheitsdefinition; wann ist eine Formel des Prädikatenkalküls in einer Struktur wahr?

2.1 Die Syntax des Prädikatenkalküls erster Stufe

Zunächst muß darauf hingewiesen werden, daß es **die** Sprache des Prädikatenkalküls nicht gibt, sondern eine ganze Familie von solchen Sprachen in Abhängigkeit von einem **Vokabular V**. Ein solches Vokabular besteht aus

- einer Menge von Funktionszeichen Fkt(V),
- einer Menge von Konstantenzeichen Kon(V),
- einer Menge von Prädikatszeichen Pr(V).

Das Vokabular V darf die leere Menge Ø sein.

Neben dem Vokabular gibt es noch einen zweiten Teil von Symbolen, die sogenannten logischen Symbole, die in jeder Sprache des Prädikatenkalküls vorhanden sind:

- die aussagenlogischen Junktoren "$\wedge$" "$\vee$" "$\leftarrow$" "$\neg$"
- die Quantoren $(\exists x)$, $(\forall x)$
- die Variablen x, y, z, x_i, y_j etc.
- Klammern "(" ")"

In der Regel wird auch das Gleichheitszeichen "$\equiv$" zu den logischen Symbolen gezählt. Wir kommen darauf im 10. Kapitel zurück.

Funktionsterme, bezeichnet mit **Ft(V)**, sind wie folgt definiert:

1. Konstanten sind Funktionsterme.
2. Variable sind Funktionsterme.
3. sind $t_1,\dots,t_k$ Funktionsterme und f ein k-stelliges Funktionszeichen, dann ist $f(t_1,\dots,t_k)$ wieder ein Funktionsterm.

Atomare Formeln sind genau die Zeichenfolgen der Form:

$$p(t_1,\dots,t_n),$$

wobei p ein n-stelliges Prädikatszeichen ist und $t_1,\dots,t_n$ Funktionsterme sind. Die Menge der atomaren Formeln wird mit **At(V)** bezeichnet.

Die Menge der **Formeln** des Prädikatenkalküls über dem Vokabular V, bezeichnet mit **Fml(V)**, schließlich ist wie folgt rekursiv definiert:

1. Jede atomare Formel ist eine Formel.
2. Sind A, B Formeln, so auch

	$(A \wedge B)$	gelesen: A und B
	$(A \vee B)$	gelesen: A oder B
	$(A \leftarrow B)$	gelesen: wenn B, dann A
	$\neg A$	gelesen: nicht A
3.	$(\exists x\ A)$	gelesen: es gibt x, so daß A
	$(\forall x\ A)$	gelesen: für alle x gilt A

Es hat sich in der Literatur zur logischen Programmierung eingebürgert, den Implikationspfeil von rechts nach links zu orientieren. Die Aussage "wenn A, dann B" wird also durch $B \leftarrow A$ formalisiert (lies "B folgt aus A") und nicht wie traditionell in der Logik gebräuchlich durch $A \rightarrow B$. Das ist jedoch ein rein notationeller Unterschied, so wie wir die Tatsache, daß 2 kleiner als 5 ist, sowohl in der Form $2 < 5$ als auch in der Form $5 > 2$ notieren können.

Der Doppelpfeil $\leftrightarrow$ gehört nicht zu den logischen Symbolen. Wir benutzen $A \leftrightarrow B$ als abkürzende Schreibweise für $(A \leftarrow B) \wedge (B \leftarrow A)$.

Formeln von der Form:

$$(\forall x_1 \ldots (\forall x_k (A \leftarrow B_1 \wedge \ldots \wedge B_n)) \ldots)$$

wobei A, $B_1,\ldots,B_n$ atomare Formeln, $x_1,\ldots,x_k$ genau die in A, $B_1,\ldots,B_n$ auftretenden Variablen sind, nennt man in der mathematischen Logik **universelle Hornklauseln**. Die Formel A muß dabei in jedem Fall vorhanden sein, während $n=0$ sein darf. In diesem Fall reduziert sich "$B_1 \wedge \ldots \wedge B_n$" zu "wahr" und die ganze Hornklausel zu "$(\forall x_1 \ldots (\forall x_k A) \ldots)$".

Universelle Hornklauseln sind die Formeln, die in der Datenbasis von PROLOG-Programmen auftreten, wobei die universellen Quantoren $\forall x_1 \ldots \forall x_k$ nicht hingeschrieben werden.

Wir werden in Kapitel 7 Gelegenheit haben, eine geringfügig umfangreichere Formelklasse, die **Basis-Hornklauseln**, zu betrachten. Für diese kann auch die Formel A fehlen, was zur Gestalt

$$(\forall x_1 \ldots (\forall x_k (\leftarrow B_1 \wedge \ldots \wedge B_n)) \ldots)$$

führt, die als $(\forall x_1 \ldots (\forall x_k (\text{"falsch"} \leftarrow B_1 \wedge \ldots \wedge B_n)) \ldots)$ oder äquivalent als $(\forall x_1 \ldots (\forall x_k (\neg B_1 \vee \ldots \vee \neg B_n)) \ldots)$ interpretiert wird.

Weitere interessante Teilmengen von $Fml(V)$ sind die **quantorenfreien Formeln**, die nur unter Benutzung der Regeln (1) und (2) in der rekursiven Definition von $Fml(V)$ aufgebaut sind, und die **universellen Formeln** (bzw. die **existentiellen Formeln**); das sind Formeln der Form:

$$(\forall x_1 \ldots (\forall x_k A) \ldots) \text{ bzw. } (\exists x_1 \ldots (\exists x_k A) \ldots),$$

wobei A eine quantorenfreie Formel ist. Dabei heißt $\forall x_1 \ldots \forall x_k$ bzw. $\exists x_1 \ldots \exists x_k$ das **Präfix** und A die **Matrix** der universellen bzw. existentiellen Formel. Universelle und existentielle Formeln, in denen **jede** vorkommende Variable durch einen Quantor gebunden ist, nennen wir **universelle Sätze** bzw. **existentielle Sätze**.

Gelegentlich werden wir in Induktionsargumenten die **Schachtelungstiefe** $d(t)$ eines Terms t benötigen, die wie folgt definiert ist:

$d(t) := 0$ falls t eine Konstante oder Variable ist

$d(f(t_1,\ldots,t_k)) := \max\{d(t_1),\ldots,d(t_k)\} + 1$

2.2 Semantik des Prädikatenkalküls erster Stufe

Zur Angabe einer modelltheoretischen Semantik für Fml(V) wählt man zunächst einen Bereich U von Elementen aus, über die man reden möchte. Jedem Konstantenzeichen c aus V ordnet man ein Element c_H aus U zu, jedem k-stelligen Funktionszeichen f aus V eine Funktion f_H von U^k in U und jedem k-stelligen Prädikatszeichen p aus V eine Menge p_H von k-Tupeln aus U. Das so entstehende Gebilde

$$H = < U_H, \{c_H : c \text{ in } Kon(V)\}, \{f_H : f \text{ in } Fkt(V)\}, \{p_H : p \text{ in } Pr(V)\} >$$

nennen wir eine **Struktur** für V.

Für ein k-stelliges Funktionszeichen aus Fkt(V) ist stets k > 0. Manche Autoren identifizieren 0-stellige Funktionszeichen mit Konstantenzeichen. Für ein k-stelliges Prädikatszeichen aus Pr(V) ist stets k > 0. Die Änderungen, die erforderlich werden, wenn auch 0-stellige Prädikatszeichen zugelassen werden, sind gering. Die Semantik p_H für ein 0-stelliges Prädikatszeichen wäre eine Menge von 0-Tupeln. Es gibt nur ein 0-Tupel <> und somit nur zwei Möglichkeiten für p_H: {}, {<>}. Mit anderen Worten, p funktioniert wie eine aussagenlogische Variable. In einer Struktur H wird p ein Wahrheitswert zugeordnet: p ist wahr in H, falls $p_H = \{<>\}$ und p ist falsch in H, falls $p_H = \{\}$.

Wir geben einige Beispiele für Strukturen. Als erstes betrachten wir ein Vokabular V_1 vor, bestehend aus:

- zwei Konstantensymbolen: a, nil
- einem 2-stelligen Funktionszeichen: f
- einem 3-stelligen Prädikatszeichen: d

Beispiel 1
Die Struktur H_1 für V_1 besteht aus:

Universum U_1 = die Menge aller natürlichen Zahlen
∪ die Menge aller endlichen Folgen natürlicher Zahlen.

nil_{H_1} = die leere Folge

$a_{H_1} = 1$

$f_{H_1}(a,b) = \ <a,b_1,\ldots,b_k>$ falls a eine natürliche Zahl ist und $b = <b_1,\ldots,b_k>$

$f_{H_1}(a,b)$ = die leere Folge in allen anderen Fällen.

$d_{H_1}(a,b,c)$ genau dann, wenn

b eine natürliche Zahl ist,
a,c Listen sind,
c aus a durch Wegfall eines Vorkommens von b entsteht.

Kommt b in der Folge a nicht vor, so muß c=a sein.

Beispiel 2
Die Struktur H_2 für das Vokabular V_1 könnte wie folgt aussehen:

Universum U_2 = die Menge aller natürlichen Zahlen.
$nil_{H_2} = 0$
$a_{H_2} = 1$
$f_{H_2}(a,b) = a * b$ (das Produkt von a und b)
$d_{H_2}(a,b,c)$ genau dann, wenn $b * c = a$.

Beispiel 3
Schließlich sei die dritte Struktur H_3 für V_1 wie folgt gegeben:

Universum U_3 = Menge aller Terme für V_1.
nil_{H_3} = nil
a_{H_3} = a
$f_{H_3}(a,b) = f(a,b)$
$d_{H_3}(a,b,c)$ genau dann, wenn
$a = f(a_1,f(a_2,\ldots,f(a_k,nil))\ldots)$ für $k \geq 0$
und
$c = f(c_1,f(c_2,\ldots,f(c_{k-1},nil))\ldots)$
wobei für ein j, $1 \leq j \leq k$ gilt
$b = a_j$
$c_i = a_j$ für $i<j$
$c_i = a_{i+1}$ für $j<i<k$
falls ein j mit $a_j = b$ existiert
und
$c = a$
falls kein j mit $a_j = b$ existiert.

Weitere Beispiele für Strukturen des Prädikatenkalküls werden im nächsten Abschnitt vorgeführt.

2.3 Die Interpretation von Formeln des Prädikatenkalküls

Wir fixieren für die folgenden Erklärungen eine Struktur M für ein Vokabular V. Eine **Variablenbelegung** b ist eine Funktion von der Menge aller Variablen in das Universum der betrachteten Struktur M.

In Abhängigkeit von der Struktur M für V und einer Variablenbelegung b ordnet man in naheliegender Weise jedem Funktionsterm t aus Ft(V) ein Element I(M,b)(t) aus U zu. Die formale Definition von I(M,b)(t) erfolgt rekursiv parallel zur rekursiven Definition von Funktionstermen.

$I(M,b)(t)$	$= b(t)$, falls t eine Variable ist
$I(M,b)(t)$	$= t_M$, falls t eine Konstante ist
$I(M,b)(f(t_1,\dots,t_k))$	$= f_M(\, I(M,b)(t_1),\dots,I(M,b)(t_k))$

Ebenso kann man jeder atomaren Formel A, die nur Zeichen aus V enthält, einen Wahrheitswert zuordnen. Wir schreiben:

$(M,b) \models p(t_1,\dots,t_k)$	gdw für $a_i = I(M,b)(t_i)$ das k-Tupel $\langle a_1,\dots,a_k \rangle$ in p_M liegt
$(M,b) \models (A \wedge B)$	gdw $(M,b) \models A$ und $(M,b) \models B$
$(M,b) \models (A \vee B)$	gdw $(M,b) \models A$ oder $(M,b) \models B$
$(M,b) \models (A \leftarrow B)$	gdw nicht $(M,b) \models B$ oder $(M,b) \models A$
$(M,b) \models \neg A$	gdw nicht $(M,b) \models A$
$(M,b) \models \exists x A$	gdw es ein Element u aus dem Universum U gibt, so daß $(M,b') \models A$, wobei $b'(y) = b(y)$ falls $y \neq x$ $b'(y) = u$ falls $y = x$.
$(M,b) \models \forall x A$	gdw für alle u aus dem Universum U von M gilt: $(M,b') \models A$ wobei b' wie oben aus b entsteht.

Bei der Berechnung von I(M,b)(t) und $(M,b) \models A$ kommt es nur auf die Belegung der Variablen an, die tatsächlich in t bzw. A vorkommen. Das sind immer endlich viele. Wir schreiben deshalb meistens die endlich vielen Werte aus U, die zur Belegung dieser Variablen vorgesehen sind, direkt hin, anstatt b. Das sieht dann so aus:

$$I(M,n_1,\dots,n_k)(t)$$
$$M \models A(n_1,\dots,n_k)$$

wobei die Information, welcher der Werte $n_1,\dots,n_k$ welcher Variablen zugeordnet werden soll, aus dem Kontext ersichtlich sein wird. Meist sind die auftretenden Variablen durch Indizes oder alphabetisch geordnet, und n_1 wird der in diesem Sinne ersten, n_2 der zweiten Variablen zugeordnet usw.

Beispiele

$$I(H_1,5,\langle 2,4,1\rangle)(f(a,b)) = \langle 5,2,4,1\rangle$$
$$I(H_2,5,2)(f(a,b)) = 10$$
$$H_1 \models d(a,b,c)(\langle 5,7,2,7\rangle,7,\langle 5,2,7\rangle)$$

Die folgende Aussage ist im Unterschied zu den vorangegangenen falsch:

$$H_1 \models d(a,b,c)(<5,7,2,7>,7,<5,2>)$$

Der **universelle Abschluß** A^* einer Formel A wird gebildet, indem für jede Variable x in A, die nicht schon im Bereich eines Quantors steht, der Allquantor $\forall x$ der Formel A vorangestellt wird.
Ist D eine Menge von Formeln und A eine einzelne Formel in Fml(V), so nennen wir A eine **Folgerung** oder eine **Konsequenz** aus D, in Symbolen

$$D \vdash A,$$

wenn für jede Struktur M für V, so daß für jede Formel C in D

$$M \models C^*$$

gilt, auch

$$M \models A^*$$

gilt.
Gilt $M \models D$, so nennen wir M ein **Modell** für D. Ist D die leere Menge, so schreiben wir $\vdash A$ anstelle von $D \vdash A$. Ein solches A heißt **allgemeingültig** oder eine **Tautologie**. Zwei Formeln A, B heißen **äquivalent**, wenn sowohl $A \leftarrow B$ als auch $B \leftarrow A$ allgemeingültig sind. Wir schreiben dafür $A \Leftrightarrow B$.
Anstelle von A ist äquivalent zu B, könnten wir auch sagen, $A \Leftrightarrow B$ ist eine Tautologie.

Ein **Literal** ist eine atomare Formel oder eine Formel der Form $\neg A$, wobei A eine atomare Formel ist. Eine Formel der Form $A_1 \vee ... \vee A_k$,wobei alle A_i Literale sind, heißt eine **Klausel**. Eine Formel der Form $B_1 \wedge ... \wedge B_k$, wobei alle B_i Klauseln sind, heißt **konjunktive Normalform**.

Dual dazu heißt eine Formel der Form

$$A_1 \vee ... \vee A_k,$$

wobei jedes A_i die Gestalt

$$B_{i,1} \wedge ... \wedge B_{i,r_i}$$

hat und alle $B_{i,j}$ Literale sind, eine **disjunktive Normalform**.

Es wird vorausgesetzt, daß die folgenden elementaren Tatsachen über Formeln des Prädikatenkalküls bekannt sind:

1. Jede quantorenfreie Formel läßt sich zu einer äquivalenten konjunktiven (bzw. disjunktiven) Normalform umformen.
   Siehe z. B. [Schöning, 1987] p. 28.
2. Zu jeder Formel A des Prädikatenkalküls kann man effektiv eine universelle Formel B in einem eventuell größeren Vokabular finden, so daß A und B erfüllbarkeitsäquivalent sind, d. h. A ist erfüllbar genau dann, wenn B erfüllbar ist.
   Siehe z. B. [Schöning, 1987] p. 65.

Eine wichtige Aufgabe beim praktischen Einsatz des Prädikatenkalküls ist die Wahl des Vokabulars. Wir wollen anhand eines kleinen Beispiels die dabei auftretenden Probleme aufzeigen.

Wir betrachten dazu eine einfache Ansammlung farbiger Blöcke auf einer Tischoberfläche, Abb. 1.

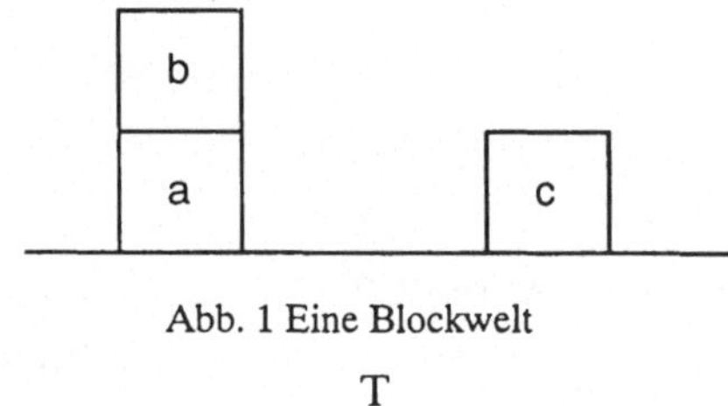

Abb. 1 Eine Blockwelt

Version 1

Das Vokabular V_1 besteht aus den einstelligen Prädikatszeichen:

$$\text{Block}(x), \text{Tisch}(x), \text{Grün}(x), \text{Rot}(x),$$

dem zweistelligen Prädikatszeichen

$$\text{auf}(x,y)$$

und den Konstantensymbolen

$$a,b,c,T.$$

Die in der obigen Abbildung darstellte Situation läßt sich in V_1 wie folgt beschreiben:

$$\text{Block}(a) \wedge \text{Block}(b) \wedge \text{Block}(c) \wedge \text{Tisch}(T)$$
$$\text{auf}(T,a) \wedge \text{auf}(T,c) \wedge \text{auf}(a,b)$$
$$\text{Grün}(a) \wedge \text{Rot}(b) \wedge \text{Rot}(c)$$

Das Universum dieser Struktur besteht dabei mindestens aus vier Elementen, welche die drei Blöcke und den Tisch repräsentieren.

Version 2

Das Vokabular V_2 besteht aus den zweistelligen Relationszeichen

Instanz(x,y), Farbe(x,y),

dem dreistelligen Relationszeichen

Position(x,y,z),

und den Konstantenzeichen

a, b, c, T, grün, rot, block, tisch, auf, unter.

Eine Struktur im Vokabular V_2, welche die in der obigen Abbildung gezeigte Situation beschreibt, enthält neben den drei Blöcken und dem Tisch auch Elemente, welche die Klassen "Block" und "Tisch" und die Eigenschaften "grün" und "rot" repräsentieren. Strukturen können also auch abstrakte Objekte wie "Block" oder "grün" als Elemente enthalten. Dabei müssen wir uns aber vor Augen halten, daß die Bedeutung dieser Elemente und ihre Verwendung in einem formalen Beweis einzig und allein von den Eigenschaften abhängen, die wir ihnen explizit durch Angabe von Axiomen zuordnen. Die Bedeutung, die wir aufgrund einer Namensgebung und unserem Weltwissen einem Element der obigen Struktur zu geben geneigt sind, zählt nicht, solange sie nicht axiomatisch fixiert wurde. Das vorliegende Beispiel zeigt auch, daß Strukturen nicht homogen sein müssen. Es können durchaus so verschiedene Elemente wie der Block a und die Farbe "rot" nebeneinander existieren. Die Situationsbeschreibung im Vokabular V_2 könnte nun z. B. so aussehen:

$$\text{Instanz(T,tisch)}$$
$$\text{Instanz(a,block)} \wedge \text{Instanz(b,block)} \wedge \text{Instanz(c,block)}$$
$$\text{Position(a,T,auf)} \wedge \text{Position(c,T,auf)}$$
$$\text{Position(a,b,unter)}$$
$$\text{Farbe(a,grün)} \wedge \text{Farbe(b,rot)} \wedge \text{Farbe(c,rot)}$$

Ein nächster Schritt in der Modellierung der oben gezeigten Situation könnte darin bestehen, daß man mögliche Änderungen in Betracht ziehen möchte. Ein Roboter soll z.B. den Block c auf Block a setzen, wobei vorausgesetzt sei, daß er intelligent genug ist zu bemerken, daß dazu zuerst Block b von Block a entfernt werden muß.

Die dafür geeignete Struktur wird als Elemente Situationen enthalten, wie sie durch Strukturen zum Vokabular V_1 beschrieben wurden. Strukturen für das Vokabular V_3 werden somit eine Kollektion von Strukturen für das Vokabular V_1 sein.

Version 3

Für das Vokabular V_3 behalten wir die Konstantenzeichen

$$a,b,c,T$$

und die einstelligen Relationszeichen

$$Block(x), Tisch(x), Grün(x), Rot(x)$$

aus dem Vokabular V_1 bei. Die Relation "auf" ist jetzt jedoch dreistellig:

$$auf(x,y,z),$$

und wir nehmen ein zusätzliches Konstantensymbol

$$s_0,$$

welches die Anfangssituation benennen soll, hinzu.

Eine Struktur M_3 für V_3 besteht aus dem Teil M_{obj}, der die Blöcke a,b,c und den Tisch T als Elemente enthält, und einer Menge M_s von Situationen.

$M_3 \models auf(m_1,m_2,m_3)$ gilt genau dann, wenn
m_1 in M_s liegt,
m_2, m_3 in M_{obj} liegen und
in der Situation m_1 das Objekt m_3 auf dem Objekt m_2 liegt.

Die folgenden Axiome charakterisieren diejenigen V_3-Strukturen, deren Anfangssituation mit der obigen Abbildung übereinstimmt.

Φ_1:

$$Block(a) \wedge Block(b) \wedge Block(c) \wedge Tisch(T)$$
$$auf(s_0,T,a) \wedge auf(s_0,T,c) \wedge auf(s_0,a,b)$$
$$Grün(a) \wedge Rot(b) \wedge Rot(c)$$

Wir nehmen in die Formelmenge Φ_1 auch die folgende Formel mit auf, die einen elementaren Zusammenhang, der in jeder Situation gelten soll, formalisiert:

$$\forall s \forall x\, (Block(x) \rightarrow (\exists y\, (Block(y) \wedge auf(s,y,x) \vee auf(s,T,x))$$

Man kann jetzt versuchen, die Veränderbarkeit von Situationen durch das folgende Axiom zu erfassen:

Φ_2 sei die Konjunktion der beiden Formeln:

$$\forall s \forall x \forall y\, (auf(s,x,y) \wedge \quad frei(s,y) \rightarrow \exists r\, (auf(r,T,y) \wedge frei(r,x)))$$

und

$$\forall s \forall x \forall y\, (\text{frei}(s,x) \land \text{frei}(s,y) \rightarrow \exists r\, (\text{auf}(r,x,y) \land \text{frei}(r,y))),$$

wobei frei(s,x) eine Abkürzung für $\neg\exists z$ auf(s,x,z) ist.

2.4 Herbrand-Strukturen

Die **Herbrand-Strukturen** für ein Vokabular V bilden eine spezielle Klasse von Strukturen, deren Bedeutung aus den Sätzen dieses Abschnitts ermessen werden kann.

Das Universum U_H jeder Herbrand-Struktur H besteht aus der Menge aller variablenfreien Terme über dem Vokabular V. Jedes Konstantenzeichen c aus V wird durch sich selbst interpretiert, i. e. $c_H = c$. Für jedes, sagen wir n-stellige, Funktionszeichen f aus V ist f_H die symbolische Auswertung, d. h. für jedes n-Tupel $t_1,\ldots,t_n$ von Elementen aus U_H, wird

$$f_H(t_1,\ldots,t_n) = f(t_1,\ldots,t_n)$$

gesetzt.
Die Interpretation der Prädikatszeichen von V in H unterliegt keiner Einschränkung.

Beispiele für Herbrand-Strukturen:
Jede Herbrand-Struktur zum Vokabular V_1, das besteht aus
der Konstanten 0,
dem einstelligen Funktionszeichen s,
der einstelligen Relation N
und der zweistelligen Relation $\leq$,
besitzt als Universum die Menge
$\{0, s(0), ss(0), \ldots , s^n(0), \ldots \}$,
wobei $s^n(0)$ als Abkürzung steht für s...s(0) mit n-maligem Auftreten von s.
Die Funktion s_H ist definiert durch

$$s_H(s^n(0)) = s^{n+1}(0).$$

Sei D_1 die folgende Menge von Hornklauseln:

$$\forall x\, (x \leq x)$$
$$\forall x \forall y\, (x \leq y \rightarrow x \leq s(y))$$

Ein Herbrand-Modell H_1 für D_1 entsteht z. B. durch die Interpretation:

$$\leq_H = \{ \langle s^n(0), s^m(0) \rangle : n \leq m \}$$

Für das Vokabular V_2, das zusätzlich zu V_1 noch ein weiteres einstelliges Funktionszeichen p enthält, ist es schon nicht mehr so leicht, eine komplette Übersicht über alle Elemente des Herbrand-Universums zu geben. Wir beschränken uns auf die beispielhafte Angabe einiger Elemente:

$$0, s(p(0)), p(s(0)), s(0), ssspp(0), p(0), spp(0), \ldots.$$

Satz 1
Jede Menge D universeller Hornklauseln besitzt ein Herbrand-Modell H.

Beweis:
Für jedes k-stellige Prädikatszeichen p, das in D vorkommt, setze man
$p_H = (U_H)^k$ = die Menge aller k-Tupel von Elementen aus U_H.
Ist $\forall x_1 \ldots \forall x_k\, (p(t_1,\ldots,t_m) \leftarrow B_1 \wedge \ldots \wedge B_n)$ eine universelle Hornklausel, und ist $\mathbf{u} = \langle u_1,\ldots,u_k \rangle$ ein k-Tupel aus U_H, so liegt das m-Tupel

$$\langle I(H,\mathbf{u})(t_1),\ldots,I(H,\mathbf{u})(t_m) \rangle$$

in p_H, weil nach Definition alle m-Tupel in p_H liegen. Es gilt mit anderen Worten

$$H \models \forall x_1 \ldots \forall x_k\, p(t_1,\ldots,t_m)$$

und damit um so mehr

$$H \models \forall x_1 \ldots \forall x_k\, (p(t_1,\ldots,t_m) \leftarrow B_1 \wedge \ldots \wedge B_n).$$

□

Läßt man für D beliebige Formeln zu, so wird Satz 1 im allgemeinen nicht mehr richtig sein, denn dann kann ja sowohl eine atomare Formel A(t) als auch ihre Negation ¬A(t) in D liegen. Es ist jedoch die folgende, etwas vorsichtigere Verallgemeinerung richtig:

Satz 2
Jede Menge universeller Sätze, die überhaupt ein Modell besitzt, besitzt ein Herbrand-Modell.

Beweis:
Sei S ein Modell für die Menge D universeller Sätze. Wir definieren eine Herbrand-Struktur H, indem wir für jedes k-stellige Prädikatszeichen p ein k-Tupel $t_1,\ldots,t_k$ variablenfreier Terme in p_H aufnehmen genau dann, wenn $S \models p(t_1,\ldots,t_k)$ gilt. Es ist leicht zu sehen, daß jeder universelle Satz, der in S wahr ist, auch in H wahr ist. Insbesondere ist dann H ein Modell für D. □

Beispiel
Betrachten wir im Vokabular V die Satzmenge D_2, die aus den Sätzen in D_1 und zusätzlich

$$N(0)$$
$$\forall x\,(N(x) \rightarrow N(s(x)))$$
$$\exists x\, \neg N(x)$$

besteht, oder D_3, die aus D_1 und zusätzlich

$$\exists x\, \forall y\, (N(y) \rightarrow y \leq x)$$

besteht, so besitzen D_2 und D_3 zwar jeweils ein Modell, aber keine der beiden Mengen besitzt ein Herbrand-Modell. In beiden Fällen ist die Voraussetzung von Satz 2, daß D eine Menge *universeller* Sätze sein soll, verletzt.

Die besondere Rolle der Herbrand Strukturen wird durch den folgenden Satz herausgestellt:

Satz 3
Sei D eine Menge universeller Sätze, A ein existentieller Satz. Dann gilt $D \vdash A$ gdw. für alle Herbrand Strukturen H mit $H \models D$ auch $H \models A$ gilt.

Beweis:
Die Implikation von links nach rechts ist klar. Nehmen wir umgekehrt an, daß eine Struktur S existiert, mit $S \models D$, aber nicht $S \models A$. Das heißt S ist ein Modell von D' $= D \cup \{\neg A\}$. Da D' äquivalent ist zu einer Menge universeller Sätze, besitzt D' nach dem vorausgegangenen Satz 2 ein Herbrand-Modell H; mit anderen Worten: In H gilt D und $\neg A$. □

Hierbei ist wichtig, daß A als existentiell vorausgesetzt war. Ein sehr einfaches Beispiel dafür, daß Satz 3 nicht für universelle Formeln A gilt, besteht aus der Datenbasis $D = \{ p(c) \}$ und $A = \forall x\, p(x)$, wobei das zugrunde liegende Vokabular neben dem einstelligen Prädikatszeichen nur noch das Konstantensymbol c enthält. Das Herbrand-Universum U_H besteht in diesem Fall aus der Einermenge {c}. Für jede Herbrand-Struktur H, die $H \models D$ erfüllt, gilt somit auch $H \models \forall x\, p(x)$, aber es gilt keineswegs $D \vdash \forall x\, p(x)$.

Satz 4
Sei H_j für jedes j aus einer beliebigen nichtleeren Indexmenge J ein Herbrand-Mo-

dell für die Menge D universeller Hornklauseln. Dann ist auch der Durchschnitt H aller dieser Strukturen wieder ein Herbrand-Modell für D.

Beweis:
Wir haben nicht definiert, was der Durchschnitt einer Familie von Strukturen ist, und werden das für den allgemeinen Fall auch nicht tun. Im Falle einer Familie von Herbrand-Strukturen ist das jedoch fast selbstverständlich. Einzig und allein die Interpretation von Prädikatszeichen p bleibt noch zu spezifizieren. Man wählt für

$$p_H = \bigcap \{ p_{H_j} : j \in J \}.$$

Nach dieser begrifflichen Erklärung kommen wir nun zum Nachweis, daß H wieder ein Modell von D ist. Eine Formel in D hat die Form

$$\forall \mathbf{x} (p_1 \wedge ... \wedge p_k \rightarrow q),$$

wobei k = 0 sein darf. Sei **u** eine Folge von Elementen aus U_H, die als Belegung der universell quantifizierten Variablenfolge **x** dienen kann, gelte

$$H \models p_1(\mathbf{u}) \wedge ... \wedge p_k(\mathbf{u}),$$

mit anderen Worten, für jedes i, $1 \leq i \leq k$, gilt

$$\mathbf{u} \in (p_i)_H.$$

Somit gilt für alle $j \in J$

$$\mathbf{u} \in (p_i)_{H_j}.$$

Mit anderen Worten, für alle j gilt

$$H_j \models p_1(\mathbf{u}) \wedge ... \wedge p_k(\mathbf{u}).$$

Da jedes H_j Modell von D ist, gilt auch $H_j \models q(\mathbf{u})$ für jedes j. Das heißt $\mathbf{u} \in q_{H_j}$ für jedes j. Somit liegt **u** auch im Durchschnitt $q_H = \bigcap \{ q_{H_j} : j \in J \}$.
Das heißt $H \models q(\mathbf{u})$. □

Auf der Menge aller Herbrand-Strukturen zu einem Vokabular V läßt sich wie folgt eine partielle Ordnung $\leq$ definieren:

$H_1 \leq H_2$ gdw. für alle Prädikatszeichen p in V gilt: $p_{H_1} \subseteq p_{H_2}$

Satz 5
Jede Menge D universeller Hornklauseln besitzt ein **kleinstes Herbrand-Modell,** das wir mit H(D) bezeichnen.

Beweis:
Die Menge aller Herbrand-Modelle von D ist nach Voraussetzung nicht leer, somit können wir den Durchschnitt all dieser Modelle bilden und erhalten nach Satz 4 wieder ein Herbrand-Modell, das offensichtlich das kleinste ist. □

Eine quantorenfreie Formel A heißt **positiv**, wenn in ihrer konjunktiven Normalform kein Negationszeichen auftritt.
Eine Formel A heißt **positiv-existentiell**, wenn sie von der Form $\exists x_1 \ldots \exists x_k A_0$ für eine quantorenfreie, positive Formel A_0 ist.

Lemma 6
Sei P eine Menge universeller Hornklauseln und A eine positiv-existentielle Formel. Dann gilt

$$P \vdash A$$
gdw.
A gilt im kleinsten Herbrand-Modell von P.

Beweis:
Gilt $P \vdash A$, dann ist A insbesondere im kleinsten Herbrand-Modell von P wahr.
Gelte jetzt umgekehrt A im kleinsten Herbrand Modell von P.
Wir zeigen zunächst, daß A in jedem Herbrand Modell von P wahr ist:
Für jede variablenfreie atomare Formel C gilt C in allen Herbrand-Modellen von P, sobald C im kleinsten Herbrand-Modell H(P) von P gilt, denn die Interpretation von C in H(P) ist der Durchschnitt der Interpretationen von C in allen Herbrand-Modellen von P. (Nebenbemerkung: Für negiert atomare Formeln muß das nicht mehr wahr sein.) Die Behauptung für atomare Formeln läßt sich nun leicht auf positive Formeln und dann auf positiv-existentielle Formeln verallgemeinern.
Um schließlich $P \vdash A$ zu zeigen, nehmen wir das Gegenteil an, d. h. wir nehmen an, $P \cup \{ \neg A \}$ sei erfüllbar. Dann besitzt $P \cup \{ \neg A \}$ nach Satz 2 aber auch ein Herbrand-Modell. Das steht im Widerspruch zu dem, was wir im ersten Teil des Beweises gezeigt haben. Somit ist $P \vdash A$ nachgewiesen. □

2.5 Übungsaufgaben

Aufgabe 1

Zeigen Sie die folgenden Äquivalenzen, wobei A, B, C beliebige Formeln sind:

(1) $(A \leftarrow B) \Leftrightarrow (\neg B \vee A)$
(2) $(A \vee (B \wedge C)) \Leftrightarrow ((A \vee B) \wedge (A \vee C))$
(3) $\neg(A \wedge B) \Leftrightarrow \neg A \vee \neg B$
(4) $\neg(A \vee B) \Leftrightarrow \neg A \wedge \neg B$
(5) $\neg \exists x\, A \Leftrightarrow \forall x\, \neg A$
(6) $\neg \forall x\, A \Leftrightarrow \exists x\, \neg A$
(7) $\neg(\neg(A)) \Leftrightarrow A$
(8) $(A \wedge (B \wedge C)) \Leftrightarrow ((A \wedge B) \wedge C)$
(9) $(A \vee (B \vee C)) \Leftrightarrow ((A \vee B) \vee C)$

Wegen der Assoziativität von $\wedge$ und $\vee$ schreiben wir $A_1 \wedge \ldots \wedge A_r$ und $B_1 \vee \ldots \vee B_r$ ohne Klammern. Kommt die Variable x in A nicht vor, so gilt auch:

(10) $\forall x\, (A \leftarrow B) \Leftrightarrow A \leftarrow \exists x\, B$

Aufgabe 2

Welche der folgenden Folgerungen ist korrekt?

(1) $p(x) \vdash \forall x\, p(x)$
(2) $p(x) \vdash p(y)$
(3) $\exists x\, \neg p(x) \vdash \neg p(x)$
(4) $\{ p(x), \neg p(b) \} \vdash p(b)$

Aufgabe 3

Wir betrachten die dritte Version der Formalisierung der Blockwelt. Geben Sie eine Formel A(x) an, so daß in jedem Modell M von Φ_1 für jedes Element m aus dem Universum von M gilt:

$M \models A(m)$ gdw. $m \in M_s$

Aufgabe 4

Seien Φ_1 und Φ_2 die oben definierten Formeln bzw. Formelmengen und Φ_3 die folgende Formel

$$\exists s\, (auf(s,a,c) \wedge auf(s,T,b) \wedge auf(s,T,a))$$

Gilt dann $\Phi_1 \wedge \Phi_2 \vdash \Phi_3$?

Aufgabe 5
Sei P eine Menge universeller Hornklauseln.

(1) Für positive variablenfreie Literale A, B gilt $P \vdash A \vee B$ genau dann, wenn $P \vdash A$ oder $P \vdash B$ gilt.

(2) Für ein positives Literal $C(\mathbf{x})$ gilt $P \vdash \exists \mathbf{x}\, C(\mathbf{x})$ genau dann, wenn es eine Folge $\mathbf{t}$ variablenfreier Terme gibt, so daß $P \vdash C(\mathbf{t})$ gilt.

Aufgabe 6
Sei ein Vokabular V fixiert. Was ist das kleinste Herbrand-Modell der leeren Menge?

Aufgabe 7
Finden Sie eine Menge D universeller Sätze, so daß Satz 4 nicht mehr gilt. Notwendigerweise muß D eine Formel enthalten, die keine Hornklausel ist.

Aufgabe 8
Geben Sie Formeln an, die sowohl konjunktive als auch disjunktive Normalformen sind.

Aufgabe 9
Kommt das Konstantensymbol c in $\forall x\, A(x)$ und in der Formelmenge D nicht vor, so gilt:

$$D \vdash \forall x\, A(x) \text{ gdw. } D \vdash A(c/x).$$

Hierbei entsteht die Formel $A(c/x)$, indem in $A(x)$ jedes Vorkommen von x durch c ersetzt wird.

Aufgabe 10
Gegeben sind die Formeln aus dem Vokabular V_1:

$$\text{liste}(x) \equiv \exists y\ d(x,y,x)$$
$$\text{zahl}(x) \equiv \exists y\ d(y,x,y)$$

Zeigen Sie für die in den Beispielen 1 bis 3 definierten Strukturen H_1, H_2, H_3

a) $H_1 \models \text{liste}(b)$ gdw. b ist eine Liste
$H_1 \models \text{zahl}(a)$ gdw. a ist eine natürliche Zahl

b) $H_3 \models \text{liste}(b)$ gdw. b hat die Form $f(a_1, f(a_2,\ldots,f(a_k,nil))\ldots)$ für $k \geq 0$
$H_3 \models \text{zahl}(a)$ gilt für alle $a \in U_3$

c) Bestimmen Sie, für welche $a,b \in U_2$
$H_2 \models \text{liste}(b)$ bzw. $H_2 \models \text{zahl}(a)$ gilt.

3 Unifikation

In diesem Kapitel werden zunächst elementare Eigenschaften von Substitutionen eingeführt und untersucht, gipfelnd in der Definition eines allgemeinsten Unifikators. Ein Existenzbeweis für allgemeinste Unifikatoren wird in dem abstrakten Rahmen des Termverbandes geführt. Das Kapitel schließt mit zwei Beispielen, die zeigen, daß die Existenz eines allgemeinsten Unifikators nicht mehr garantiert sein muß, wenn man den Bereich der Terme des Prädikatenkalküls erster Stufe verläßt.

3.1 Substitution

Eine **Substitution** σ ist eine Abbildung von der Menge aller Variablen in die Menge aller Terme über einem gegebenen Vokabular V.

Sei A eine quantorenfreie Formel. Die Formel $\sigma(A)$ entsteht aus A durch Substitution von x_i durch $\sigma(x_i)$. Formal wird $\sigma(A)$ rekursiv definiert. Zunächst für Funktionsterme t:

Ist t eine Variable x, so gilt $\sigma(t) = \sigma(x)$.
Ist t eine Konstante c, so ist $\sigma(t) = c$.
Ist $t = f(t_1,\ldots,t_k)$, so gilt $\sigma(t) = f(\sigma(t_1),\ldots,\sigma(t_k))$.
Für eine atomare Formel $A(t_1,\ldots,t_k)$ definieren wir

$$\sigma(A) = A(\sigma(t_1),\ldots,\sigma(t_k)).$$

Für zusammengesetzte Formeln haben wir, was schon fast selbstverständlich ist:

$$\begin{aligned}
\sigma(A \wedge B) &= \sigma(A) \wedge \sigma(B)\\
\sigma(A \vee B) &= \sigma(A) \vee \sigma(B)\\
\sigma(A \rightarrow B &= \sigma(A) \rightarrow \sigma(B)\\
\sigma(\neg A) &= \neg \sigma(A)
\end{aligned}$$

Man kann Substitutionen auch für Formeln mit Quantoren definieren. Wir kommen mit Substitutionen in quantorenfreien Formeln aus.

Der **Definitionsbereich** einer Substitution σ, bezeichnet mit **Def**(σ), ist die Menge aller Variablen, die σ nicht auf sich selbst abbildet.

$$Def(\sigma) = \{x : \sigma(x) \neq x\}$$

Die Menge

$$Wb(\sigma) = \{ \sigma(x) : x \in Def(\sigma) \}$$

heißt der **Wertebereich** der Substitution σ.

Ist der Definitionsbereich von σ endlich, so können wir σ durch die Menge der Paare $<x,\sigma(x)>$ mit $\sigma(x)$ verschieden von x eindeutig beschreiben.

Beispiel
Die Substitution σ sei gegeben durch $\sigma = \{ <x,f(y)>, <y,c> \}$. Dann ergibt sich für den Term $t = h(x,f(y))$

$$\sigma(t) = h(f(y),f(c)).$$

Bemerkung: Es werden *nur* die Vorkommen von Variablen im Ausgangsterm bzw. in der Ausgangsformel ersetzt. Im obigen Beispiel entsteht nach der Ersetzung von x durch f(y) zunächst h(f(y),f(y)). Bei der Ersetzung von y durch c wird nur im zweiten Vorkommen von f(y) die Variable y durch die Konstante c ersetzt. Man spricht deshalb auch von simultaner Substitution, was suggerieren soll, daß alle Variablenersetzungen simultan geschehen, so daß die Versuchung, ein Variablenvorkommen zu substituieren, das im Ausgangsterm nicht vorhanden war, erst gar nicht auftritt.

Zur Vereinfachung der Notation schreiben wir häufig $A(t_1,\ldots,t_k)$ oder etwas detaillierter $A(t_1/x_1,\ldots,t_k/x_k)$ für $\sigma(A)$, wobei σ durch $\{ <x_1,t_1>,\ldots,<x_k,t_k> \}$ gegeben ist.

Sind σ_1 und σ_2 zwei Substitutionen, so bezeichnet $\sigma = \sigma_1 * \sigma_2$ die Hintereinanderausführung von σ_1 und σ_2, zuerst σ_2 und dann σ_1.

Die spezielle Substitution, die jede Variable auf sich selbst abbildet, heißt **Identität** und wird mit **id** bezeichnet.

Eine Substitution σ, für die $\sigma(x)$ stets eine Variable ist und für die aus $\sigma(x) = \sigma(y)$ folgt $x = y$, heißt eine **Variablenumbenennung**. Häufig braucht man die Variablenumbenennungseigenschaft nicht auf der Menge aller Variablen. Es genügt für eine Menge W von Variablen die folgende relativierte Eigenschaft. Eine Substitution σ heißt eine **Variablenumbenennung auf W**, wenn für jede Variable x aus W der Funktionswert $\sigma(x)$ wieder eine Variable ist und für je zwei verschiedene Variablen x,y aus W auch $\sigma(x)$ und $\sigma(y)$ verschieden sind.

Eine Substitution σ heißt ein **Unifikator** für eine Menge $M = \{t_1,\ldots,t_k\}$ von Termen, wenn $\sigma(M) = \{\sigma(t_1),\ldots,\sigma(t_k)\}$ eine einelementige Menge ist, d. h. falls $\sigma(t_1) = \ldots = \sigma(t_k)$. Der Term $\sigma(t_i)$ heißt ein **Unifikat** von M.

Ist z. B. M die zweielementige Menge $\{t_1,t_2\}$, so heißt σ ein Unifikator für M oder in diesem Fall einfach ein Unifikator von t_1 und t_2, wenn $\sigma(t_1) = \sigma(t_2)$.

Ein Unifikator von $\{t_1,\ldots,t_k\}$ heißt **normiert**, wenn für alle x, die in keinem t_i vorkommen, $\sigma(x) = x$ gilt.

Gibt es einen Unifikator für eine Menge M von Termen, so gibt es natürlich auch einen normierten Unifikator für M.

Wir stellen im nächsten Lemma einige einfache Eigenschaften von Substitutionen zusammen.

Lemma 1

Seien σ, τ beliebige Substitutionen.

1. Aus $\sigma(t) = \tau(t)$ folgt für jeden Teilterm s von t ebenfalls $\sigma(s) = \tau(s)$.

Insbesondere:

2. Aus $\sigma(t) = t$ folgt $\sigma(s) = s$ für jeden Teilterm s von t.
3. Gilt $\sigma_1 * \sigma_2 = id$, dann ist σ_2 eine Variablenumbenennung.

Beweis:

Teil 1: Induktion nach der Komplexität von t.

Ist t eine Variable oder Konstante, dann ist t selbst der einzige Teilterm von t.

Sei jetzt $t = f(t_1,\ldots,t_k)$ und s ein Teilterm von f. Dann ist entweder s = t, oder s ist ein Teilterm von t_i für ein passendes i. Nur die zweite Alternative muß weiter betrachtet werden. Aus $\sigma(t) = \tau(t)$ folgt $\sigma(t_j) = \tau(t_j)$ für alle j, also insbesondere $\sigma(t_i) = \tau(t_i)$. Nach Induktionsvoraussetzung folgt für den Teilterm s von t_i wie gewünscht $\sigma(s) = \tau(s)$.

Teil 2: Benutze Teil 1 mit $\tau = id$.

Teil 3: Für jede Variable x gilt $\sigma_1(\sigma_2(x)) = x$.

Somit muß für jede Variable x auch $\sigma_2(x)$ wieder eine Variable sein.

Aus $\sigma_2(x) = \sigma_2(y)$ folgt

$$x = \sigma_1(\sigma_2(x)) = \sigma_1(\sigma_2(y)) = y.$$

Somit ist σ_2 eine Variablenumbenennung. □

Ein Unifikator σ für M heißt ein **allgemeinster Unifikator** für M, abgekürzt mgu für "most general unifier", wenn für jeden weiteren Unifikator σ' von M eine Substitution σ'' existiert mit $\sigma' = \sigma'' * \sigma$. Das zu σ gehörige Unifikat heißt dann ein **allgemeinstes Unifikat** für M.

Das nächste Lemma zeigt, daß der allgemeinste Unifikator einer Menge M, wenn er existiert, bis auf Variablenumbenennung eindeutig bestimmt ist.

Lemma 2
Sind σ_1, σ_2 allgemeinste Unifikatoren für die Menge M von Termen mit den zugehörigen Unifikaten s_1 bzw. s_2, dann unterscheiden sich s_1 und s_2 nur durch eine Variablenumbenennung, d.h. es gibt eine Substitution σ mit $\sigma(s_2) = s_1$, die auf der Menge der in s_2 vorkommenden Variablen eine Variablenumbenennung ist.

Beweis:
Nach Definition des allgemeinsten Unifikators gibt es Substitutionen σ, σ', so daß

$$\sigma_1 = \sigma * \sigma_2$$

und

$$\sigma_2 = \sigma' * \sigma_1$$

gilt. Somit gilt auch

$$\sigma_2 = \sigma' * \sigma * \sigma_2 .$$

Für jedes $t \in M$ gilt also

$$\sigma_2(t) = (\sigma' * \sigma)(\sigma_2(t))$$

und somit nach Lemma 1(2) für jede Variable x in $\sigma_2(t)$

$$x = (\sigma' * \sigma)(x)$$

Nach Lemma 1(3) ist σ eine Variablenumbenennung auf der Menge aller Variablen in s_2. □

3.2 Der Termverband

In diesem Abschnitt wird zunächst ein inkonstruktiver Existenzbeweis für allgemeinste Unifikatoren vorgeführt. Der Beweis selbst gibt keinen Hinweis, wie ein allgemeinster Unifikator berechnet werden könnte. Algorithmische Aspekte werden in Kapitel 4 behandelt.

Sei Ft(V) die Menge aller Terme eines fixierten Vokabulars V. Ft(V) ist umfassender als das Herbrand-Universum über V, da in letzterem nur variablenfreie Terme zugelassen sind. Wir definieren auf Ft(V) eine binäre Relation $\leq$:

$$t_1 \leq t_2$$
gdw.
es gibt eine Substitution σ, so daß $\sigma(t_1) = t_2$.

Die Relation $t_1 \leq t_2$ wird gelesen als "t_1 ist allgemeiner als t_2".

Beispiele

$f(x,y,z) \leq f(g(x), h(a),u)$

$f(x,y,z) \leq f(x,x,x)$

Jede Variable ist allgemeiner als jeder andere Term. Die einzigen Terme, die allgemeiner sind als ein Konstantensymbol c, sind c selbst und alle Variablen.

Zwei Terme t_1 und t_2 sind unifizierbar genau dann, wenn es eine gemeinsame obere Schranke gibt, d. h. einen Term t mit $t_1 \leq t$ und $t_2 \leq t$.

Offensichtlich ist $\leq$ eine Halbordnung. Wir können $\leq$ zu einer Ordnung machen, indem wir zu Äquivalenzklassen von Termen übergehen bezüglich der Äquivalenzrelation $\sim$:

$$t_1 \sim t_2 \text{ gdw } t_1 \leq t_2 \text{ und } t_2 \leq t_1.$$

Lemma 3

$t_1 \sim t_2$ gdw t_1 geht aus t_2 durch Variablenumbenennung hervor.

Beweis:

Wir können o. B. d. A. annehmen, daß t_1 und t_2 variablendisjunkt sind. Es gibt nach Voraussetzung Substitutionen σ_1 und σ_2 mit $\sigma_1(t_1) = t_2$ und $\sigma_2(t_2) = t_1$. Wir können, ohne die Gültigkeit dieser Gleichungen zu beeinträchtigen, annehmen, daß für alle x, die nicht in t_1 vorkommen, $\sigma_1(x) = x$, und entsprechend für alle y, die nicht in t_2 vorkommen, $\sigma_2(y) = y$. Wegen der Variablendisjunktheit von t_1 und t_2 gilt somit $\sigma_1(t_2) = t_2$ und $\sigma_2(t_1) = t_1$. Das bedeutet aber, daß sowohl σ_1 als auch σ_2 ein Unifikator von $\{t_1,t_2\}$ ist. Darüber hinaus sind σ_1 und σ_2 sogar allgemeinste Unifikatoren von t_1 und t_2, denn ist μ ein beliebiger Unifikator der beiden Terme, dann gilt für alle x, die nicht in t_1 vorkommen:

$$\mu\sigma_1(x) = \mu(x) \ ,$$

und aus

$$\mu\sigma_1(t_1) = \mu(t_1) = \mu(t_2)$$

folgt mit Lemma 1(1) für alle x, die in t_1 vorkommen:

$$\mu\sigma_1(x) = \mu(x) \ .$$

Insgesamt gilt also $\mu{*}\sigma_1 = \mu$. Damit ist σ_1 ein allgemeinster Unifikator von $\{t_1,t_2\}$ und Analoges gilt für σ_2.

Nach Lemma 2 ist t_1 tatsächlich eine Variablenumbenennung von t_2. □

Die Äquivalenzklasse eines Terms t bzgl. $\sim$ wird mit $t/\sim$ bezeichnet. Wir benutzen die Notation

$$T = Ft(V)/\sim = \{ t/\sim : t \in Ft(V)\} .$$

Die Relation $\leq$ ist wohldefiniert auf T, d. h. es gilt:

$$\text{Aus } t_1 \leq t_2,\ t_1 \sim s_1 \text{ und } t_2 \sim s_2 \text{ folgt } s_1 \leq s_2 .$$

Wir schreiben $t_1 < t_2$ für "$t_1 \leq t_2$ und t_1 ist nicht äquivalent zu t_2 bzgl. $\sim$".

Satz 4
T ist ein Durchschnittshalbverband.

Vorbemerkung zum Beweis:
Im nachfolgenden Beweis wird eine injektive Funktion

$$nv: Ft(V) \times Ft(V) \longrightarrow \text{Menge aller Variablen}$$

benötigt. Eine solche Funktion kann sicherlich gefunden werden; die Einzelheiten der Wahl von "nv" sind im weiteren nicht relevant.

Beweis:
Sind t_1, t_2 aus Ft(V) gegeben, so definieren wir $t_1 \cap t_2$ induktiv nach der Anzahl k der Funktionszeichen (einschließlich Konstantensymbole) in t_1, t_2:

$t_1 \cap t_2 := f(t_{11} \cap t_{21},\dots,t_{1n} \cap t_{2n})$ falls $t_1 = f(t_{11},\dots,t_{1n})$ und $t_2 = f(t_{21},\dots,t_{2n})$
$t_1 \cap t_2 := nv(t_1,t_2)$ in allen anderen Fällen

Man sieht leicht, daß diese Definition unabhängig ist von der Wahl der Repräsentanten t_1, t_2 in ihren Äquivalenzklassen. Wir können also

$$t_1/\sim \cap\ t_2/\sim\ = (t_1 \cap t_2)/\sim$$

setzen.

Es bleibt zu zeigen, daß $(t_1 \cap t_2)/\sim$ die größte untere Schranke von $t_1/\sim$ und $t_2/\sim$ ist. Aus der Definition ist klar, daß in dem Term $t_1 \cap t_2$ nur Variable der Form nv(t',t") für gewisse Termpaare t',t" vorkommen. Definiert man Substitutionen σ_1, σ_2 durch

$$\sigma_1(nv(s_1,s_2)) = s_1$$
$$\sigma_2(nv(s_1,s_2)) = s_2$$

so sieht man leicht durch Induktion nach k, wie oben, daß gilt:

$$\sigma_1(t_1 \cap t_2) = t_1 \text{ und } \sigma_2(t_1 \cap t_2) = t_2$$

d. h. $t_1 \cap t_2 \leq t_1$ und $t_1 \cap t_2 \leq t_2$ und somit auch $(t_1 \cap t_2)/\sim\ \leq t_1/\sim$ und $(t_1 \cap t_2)/\sim\ \leq t_2/\sim$

Seien jetzt umgekehrt ein Term t und zwei Substitutionen σ_1 und σ_2 gegeben, mit $\sigma_1(t) = t_1$ und $\sigma_2(t) = t_2$. Wir müssen eine Substitution σ finden mit $\sigma(t) = t_1 \cap t_2$, mit anderen Worten: σ soll $\sigma(t) = \sigma_1(t) \cap \sigma_2(t)$ erfüllen.

Der Beweis wird einfacher, wenn wir von Anfang an eine stärkere Behauptung beweisen:

Behauptung
Für jedes n-Tupel von Termen $(s_1,\ldots,s_n)$ und Substitutionen σ_1, σ_2 gibt es eine Substitution σ, so daß für alle j gilt:

$$\sigma(s_j) = \sigma_1(s_j) \cap \sigma_2(s_j)$$

Der Beweis wird durch Induktion über die Anzahl k der Funktionszeichen in der Termfolge $\sigma_1(s_1), \ldots, \sigma_1(s_n), \sigma_2(s_1), \ldots, \sigma_2(s_n)$ geführt. Im Fall $k = 0$ sind alle $\sigma_i(s_j)$ und alle s_j Variable, und σ kann leicht gefunden werden.

Zum Beweis des Induktionschrittes von k auf k + 1 können wir ohne Einschränkung der Allgemeinheit annehmen, daß in $\sigma_1(s_1)$ ein Funktionszeichen vorkommt, d. h. $\sigma_1(s_1) = f(t_{11},\ldots,t_{1m})$. Beginnt $\sigma_2(s_1)$ nicht mit dem Funktionszeichen f, dann sind s_1 und $\sigma_1(s_1) \cap \sigma_2(s_1)$ Variable. Die Induktionsvoraussetzung, angewandt auf σ_1, σ_2 und das (n-1)-Tupel $(s_2,\ldots,s_n)$, liefert eine Substitution σ mit der gewünschten Eigenschaft für alle j, $2 \leq j \leq n$. Kommt die Variable s_1 nicht in $(s_2,\ldots,s_n)$ vor, so läßt sich σ ohne Probleme zu einem σ' mit den gewünschten Eigenschaften für alle j fortsetzen. Kommt s_1 dagegen in den anderen Termen vor, so wollen wir argumentieren, daß dann bereits $\sigma(s_1) = \sigma_1(s_1) \cap \sigma_2(s_2)$ gilt. Das folgt aus der leicht zu beweisenden Behauptung:

Aus $\sigma(s) = \sigma_1(s) \cap \sigma_2(s)$ folgt für jeden Teilterm t von s ebenfalls
$\sigma(t) = \sigma_1(t) \cap \sigma_2(t)$.

Kommen wir nun zu dem Fall, daß auch $\sigma_2(s_1)$ von der Form $f(t_{21},\ldots,t_{2m})$ ist. Ist s_1 eine Variable, argumentieren wir wie im vorangegangenen Abschnitt. Andernfalls ist s_1 von der Form $f(t_1,\ldots,t_m)$. Die Induktionsvoraussetzung, angewandt auf σ_1, σ_2, und die Termfolge $t_1,\ldots,t_m,s_2,\ldots,s_n$ liefert eine Substitution σ mit

$$\sigma(t_i) = \sigma_1(t_i) \cap \sigma_2(t_i) \text{ für alle i, } 1 \leq i \leq m$$
$$\sigma(s_j) = \sigma_1(s_j) \cap \sigma_2(s_j) \text{ für alle i, } 2 \leq j \leq n$$

Aus der Definition von $\cap$ folgt unmittelbar, daß σ auch

$$\sigma(s_1) = \sigma_1(s_1) \cap \sigma_2(s_1)$$

erfüllt. □

Bei genauerem Hinsehen stellt man fest, daß T sogar fast ein Verband ist. Wir fügen zu T ein größtes Element "top" hinzu und bezeichnen die entstehende Struktur der Einfachheit halber wieder mit T.

Eine partielle Ordnung $(M,\leq)$ heißt **fundiert**, falls keine unendliche absteigende Folge

$$a_1 > a_2 > \ldots > a_n > \ldots$$

in $(M,\leq)$ existiert. Äquivalent zu dieser Definition ist die Forderung, daß jede nichtleere Teilmenge von M ein minimales Element besitzt.

Satz 5
$(T,\leq)$ ist ein Verband.

Beweis:
Wir zeigen zunächst, daß $(T,\leq)$ eine fundierte partielle Ordnung ist. Dazu genügt es zu zeigen, daß keine unendliche, absteigende Folge

$$t_1 > t_2 > \ldots > t_i > \ldots$$

von Termen t_i existieren kann. Da aus $t_i > t_{i+1}$ erstens die Existenz einer Substitution σ folgt mit $\sigma(t_{i+1}) = t_i$ und zweitens keine Substitution μ mit $\mu(t_i) = t_{i+1}$ existieren darf, folgt, daß

- entweder in t_{i+1} weniger Funktions- und Konstantenzeichen als in t_i vorkommen
- oder t_{i+1} mehr verschiedene Variablensymbole als t_i enthält (Beispiel für diese Situation: $f(x,x) > f(x,y)$).

Diese Überlegungen zeigen, daß eine absteigende Folge

$$t_1 > t_2 > \ldots > t_i > \ldots$$

nach endlich vielen Schritten abbrechen muß.

Seien jetzt t_1, t_2 Elemente aus T, so gibt es ein t aus T mit $t_1 \leq t$ und $t_2 \leq t$ (z. B.

t = "top") und somit wegen der Fundiertheit von $\leq$ auch ein minimales Element mit dieser Eigenschaft. Die Verbandseigenschaft verlangt, daß genau ein solches minimales Element existiert. Gäbe es zwei Elemente s_1, s_2, die beide minimal sind in der Eigenschaft $t_1 \leq s_i$ und $t_2 \leq s_i$, dann hätte auch $s = s_1 \cap s_2$ diese Eigenschaft, im Widerspruch zur Minimalität von s_1. □

Satz 5 ist ein Spezialfall des allgemeineren Satzes:

Satz 6
Ist $(M,\leq)$ eine fundierte partielle Ordnung mit einem größten Element und ist $(M,\leq)$ ein Durchschnittshalbverband, dann ist $(M,\leq)$ bereits ein Verband.

Beweis:
Wie zu Satz 5. □

Satz 7
Besitzen zwei variablendisjunkte Terme in Ft(V) einen Unifikator, dann besitzen sie auch einen allgemeinsten Unifikator.

Beweis:
Besitzen t_1 und t_2 einen Unifikator, dann ist die kleinste obere Schranke von $t_1/\sim$ und $t_2/\sim$ im Verband T von "top" verschieden. Wegen $t_1/\sim \; \leq t_1/\sim \cup t_2/\sim$ und $t_2/\sim \; \leq t_1/\sim \cup t_2/\sim$ gibt es für jedes t in der Äquivalenzklasse $t_1/\sim \cup t_2/\sim$ Substitutionen σ_1 und σ_2 mit $\sigma_1(t_1) = t$ und $\sigma_2(t_2) = t$. Da t_1 und t_2 variablendisjunkt sind, können wir σ_1 und σ_2 zu einer einzigen Substitution σ zusammenfassen. Es bleibt zu zeigen, daß σ ein allgemeinster Unifikator von t_1 und t_2 ist. Sei dazu ein zweiter Unifikator τ von t_1 und t_2 gegeben, $\tau(t_1) = \tau(t_2) = s$. Es gilt dann $t_1 \leq s$ und $t_2 \leq s$, also auch $t_1/\sim \cup t_2/\sim \; \leq s/\sim$, woraus die Existenz einer Substitution σ' folgt mit der Eigenschaft $\sigma'(t) = s$. Somit gilt $\sigma' * \sigma(t_1) = \tau(t_1)$ und $\sigma' * \sigma(t_2) = \tau(t_2)$. Wenn wir außerdem annehmen, daß für Variable x, die nicht in t_1 oder t_2 vorkommen $\sigma(x) = \tau(x) = \sigma'(x) = x$ ist, dann folgt auch $\sigma' * \sigma = \tau$. □

Satz 7 sichert die Existenz eines allgemeinsten Unifikators nur für variablendisjunkte Terme. Das ist auch der wichtigste Anwendungsfall. Aber die Frage, ob Variablendisjunktheit eine kritische Voraussetzung ist, bleibt dennoch interessant. Das nächste Lemma zeigt, daß Satz 7 auch für Terme mit gemeinsamen Variablen gilt.

Lemma 8
Sind t_1 und t_2 zwei unifizierbare, nicht notwendig variablendisjunkte Terme, so existiert ein allgemeinster Unifikator für t_1 und t_2.

Beweis:
Seien $x_1,\ldots,x_k$ alle Variablen, die in t_1 oder t_2 vorkommen. σ_1, σ_2 seien Variablenumbenennungen, gegeben durch

$$\{ (x_1,u_1),\ldots,(x_k,u_k) \}$$

bzw.

$$\{ (x_1,w_1),\ldots,(x_k,w_k) \}$$

wobei die Variablen u_i von allen w_j und allen x_j verschieden sind und ebenso die w_i von allen x_j verschieden sind. Wir wählen ein, eventuell neues, (k+1)-stelliges Funktionszeichen f und bilden die Terme:

$$s_1 = f(\sigma_1(t_1),u_1,\ldots,u_k)$$

und

$$s_2 = f(\sigma_2(t_2),w_1,\ldots,w_k)$$

Offensichtlich sind s_1 und s_2 variablendisjunkt. Ist σ ein Unifikator für t_1 und t_2, dann wird durch

$$\rho(u_i) = \sigma(x_i)$$
$$\rho(w_i) = \sigma(x_i)$$

ein Unifikator ρ für s_1 und s_2 definiert. Ist umgekehrt ρ ein Unifikator für s_1 und s_2, so erhält man einen Unifikator σ für t_1 und t_2, indem man $\sigma(x_i) = \rho(u_i)$ setzt. Wegen der Form der s_i gilt dann auch $\sigma(x_i) = \rho(w_i)$.

Man beobachtet außerdem, daß in beiden Transformationen σ ein allgemeinster Unifikator ist genau dann, wenn ρ ein allgemeinster Unifikator ist. Die Behauptung des Lemmas folgt nun aus Satz 7. □

Die Methode des Termverbandes läßt sich noch etwas erweitern, so daß sie auch eine Antwort zu geben vermag auf die Frage nach der Existenz eines allgemeinsten Unifikators bzgl. einer Gleichungstheorie E. Eine Substitution σ heißt ein **E-Unifikator** für zwei Terme s und t, wenn die Gleichung $\sigma(s) \equiv \sigma(t)$ aus E herleitbar ist. Der allgemeinste E-Unifikator kann nun in naheliegender Weise definiert werden.

Um zu einem Term zu kommen, der für die E-Unifikation dieselbe Rolle spielt wie der bisher betrachtete Termverband für die Unifikation bzgl. der leeren Gleichungstheorie, erweitern wir die "allgemeiner-als"-Relation $\leq$ zur Relation $\leq_E$:

$$t \leq_E s$$
gdw
es gibt eine Substitution σ, so daß $E \vdash \sigma(t) \equiv s$.

Weiter definieren wir:

$$t \sim_E s \text{ gdw } t \leq_E s \text{ und } s \leq_E t$$

Mit T_E bezeichnen wir die partielle Ordnung $(\{[t]_{\sim E} : t \text{ ein Term}\}, \leq_E)$, wobei wir dasselbe Zeichen, $\leq_E$, für die "allgemeiner-als"-Relation zwischen Termen und zwischen $\sim_E$ -Äquivalenzklassen benutzen.

Satz 9.
Zu je zwei variablendisjunkten E-unifizierbaren Termen existiert ein allgemeinster E-Unifikator

gdw

die um ein größtes Element erweiterte partielle Ordnung T_E ein Vereinigungshalbverband ist.

Beweis: Ohne wesentliche Änderung gegenüber dem oben angeführten Fall für die leere Gleichungstheorie. □

Es ist im allgemeinen schwierig, einen Einblick in die Struktur von T_E zu erlangen. Wir wollen eine Klasse von Gleichungstheorien betrachten, für die das ausnahmsweise einfach ist. Sei E eine Gleichungstheorie, so daß

1. das initiale Modell M_0 von E ist funktional vollständig, d.h. für jedes n ist jede Funktion $f:M_0^n \rightarrow M_0$ durch einen Term mit n Variablen darstellbar.
2. für je zwei Terme t,s gilt
   $E \vdash t \equiv s$ gdw $M_0 \models t \equiv s$

Anstelle von Termen mit n Variablen können wir also ohne Einbuße an Allgemeinheit Funktionen $f:M_0^n \rightarrow M_0$ betrachten.

Lemma 10:
Erfüllt eine Gleichungstheorie E die Eigenschaften 1 und 2, dann gilt:

$$t \leq_E s \text{ gdw } \mathrm{Bild}(f_t) \subseteq \mathrm{Bild}(f_s)$$

Dabei ist f_t (bzw. f_s) die von t (bzw. s) auf M_0 induzierte Funktion.

Beweis:
Die Notwendigkeit der Bedingung ist offensichtlich. Gelte jetzt $Bild(f_t) \subseteq Bild(f_s)$ und seien $x_1,...,x_k$ alle Variablen in t und s. Für jedes $c \in Bild(f_s)$ wählen wir $a_1{}^c,...,a_k{}^c \in M_0$ mit $f_t(a_1{}^c,...,a_k{}^c) = c$.
Wir definieren jetzt für $1 \le i \le k$ k-stellige Funktionen h_i, indem wir für ein Argumenttupel $b_1,...,b_k \in M_0$ zunächst $c = f_s(b_1,...,b_k)$ berechnen und dann $h_i(b_1,...,b_k) = a_i{}^c$ setzen. Offenbar gilt für alle $\mathbf{b} \in M_0{}^k$:

$$f_t(h_1(\mathbf{b}),...,h_{1k}(\mathbf{b})) = f_s(\mathbf{b}).$$

Sind $t_1(\mathbf{x}),...,h_k(\mathbf{x})$ Terme, die die Funktionen $h_1(\mathbf{x}),...,h_k(\mathbf{x})$ induzieren, so gilt nach den Voraussetzungen an E:

$$E \vdash \sigma\ (t) \equiv s$$

für die Substitution σ mit $\sigma(x_i) = t_i$. □

Lemma 10 besagt, daß T_E isomorph ist zu der partiellen Ordnung $(\{ S : S \subseteq M_0, S \neq \emptyset \}, \le \}$, wobei $m_1 \le m_2$ gdw $m_2 \subseteq m_1$.

Satz 11:
Genügt eine Gleichungstheorie E den Anforderungen 1 und 2, dann besitzen zwei Terme, die überhaupt E-unifizierbar sind, auch einen allgemeinsten E-Unifikator.

Beweis:
Folgt aus Satz 7, da T_E erweitert um ein größtes Element (das in diesem Fall der leeren Menge $\emptyset$ entspricht) ein Verband ist. □

Ein wichtiges Beispiel einer Gleichungstheorie E, die den Bedingungen 1 und 2 genügt, ist die Gleichungstheorie der zwei-elementigen booleschen Algebra, die bekanntlich übereinstimmt mit der Gleichungstheorie der Klasse aller Booleschen Algebren. Die Unifikation bezüglich dieser Theorie wird als boolesche Unifikation bezeichnet. Einen aktuellen Überblick dazu findet man in [Martin, Nipkow 90].

3.3 Unifikation sortierter Terme

Wir beschreiben zunächst eine Erweiterung des Prädikatenkalküls erster Stufe, den **ordnungssortierten Prädikatenkalkül**. Zusätzlich zu den in Unterkapitel 2.1 genannten Bestimmungsstücken des Vokabulars V treten

- eine nichtleere geordnete Menge $(S,\le)$,
- eine Funktion "sorte", die

- jeder Variablen x ein Element sorte(x) $\in$ S,
- jedem k-stelligen Funktionszeichen f ein (k+1)-Tupel sorte(f) $\in S^{k+1}$,
- jedem k-stelligen Relationszeichen p ein k-Tupel sorte(p) $\in S^k$

zuordnet.

Durch gleichzeitige Induktion werden die Menge der **sortierten Funktionsterme** $Ft_S(V)$ und die Funktion sorte: $Ft_S(V) \rightarrow S$ definiert. Wir nennen sorte(t) die Sorte des Terms t.

1. Jede Konstante c ist ein sortierter Funktionsterm und sorte(c) wird identifiziert mit der im Vokabular bereits gegebenen Definition für sorte(c).
2. Jede Variable x ist ein sortierter Funktionsterm, sorte(x) ist bereits im Vokabular festgelegt.
3. Ist f ein k-stelliges Funktionszeichen mit sorte(f) = $(s_1,\ldots,s_k,s_{k+1})$ und sind $t_1,\ldots,t_k$ sortierte Funktionsterme mit sorte(t_i) = s_i für $1 \leq i \leq k$, dann ist t = $f(t_1,\ldots,t_k)$ ein sortierter Funktionsterm mit sorte(t) = s_{k+1}.

Ist p ein k-stelliges Prädikatszeichen mit sorte(p) = $(s_1,\ldots,s_k)$ und sind $t_1,\ldots,t_k$ sortierte Terme mit sorte (t_i) = s_i für $1 \leq i \leq k$, dann ist

$$p(t_1,\ldots,t_k)$$

eine **sortierte atomare Formel**.

Die Definition aller **sortierten Formeln** $Fml_S(V)$ erfolgt jetzt wie im unsortierten Fall.

Eine Struktur für die ordnungssortierte Prädikatenlogik sieht im wesentlichen genauso aus wie für die Prädikatenlogik ohne Sorten mit den folgenden Unterschieden:

- Jeder Sorte s $\in$ S wird eine Menge U_s, das Sortenuniversum für s, zugeordnet.
- Das Universum U besteht aus allen Elementen, die in mindestens einem U_s vorkommen.
- $U_s \subseteq U_t$ gilt genau dann, wenn $s \leq t$ gilt.
- Die Interpretation eines Funktionszeichens f mit sorte(f) = $(s_1,\ldots,s_k,s_{k+1})$ ist eine Funktion von $U_{s_1} \times \ldots \times U_{s_k}$ in $U_{s_{k+1}}$

Die einzige Änderung der Gültigkeitsrelation $\models$ tritt für die beiden folgenden Fälle ein:

$(M,b) \models \forall x\ A$ gdw. für alle u aus $U_{sorte(x)}$ gilt $(M,b') \models A$
wobei

$$b'(y) = b(y) \qquad \text{falls } y \neq x$$
$$b'(y) = u \qquad \text{falls } y = x \ .$$

$(M,b) \models \exists x\, A$ gdw. es gibt u aus $U_{sorte(x)}$ mit $(M,b') \models A$
wobei
b' wie oben definiert ist.

Eine Substitution σ heißt **sortiert**, wenn für jede Variable x gilt:

$$\text{sorte}(\sigma(x)) \leq \text{sorte}(x).$$

Zur Motivation dieser Definition betrachte man die sortierte Formel $\forall x\ p(x)$ mit sorte(x) = Tier, die für die Aussage steht: "Jedes Tier hat die Eigenschaft p". Die Anwendung einer sortengerechten Substitution soll eine gültige logische Schlußregel bleiben. So ist z. B. p(y) mit sorte(y) = Säugetier eine logische Konsequenz aus p(x), aber p(z) mit sorte(z) = Lebewesen nicht.

Sei $Ft_S(V)$ die Menge aller sortierten Terme. Die Relation $\leq$ wird nun definiert durch:

$$t_1 \leq t_2$$
gdw.
es eine sortierte Substitution σ gibt, so daß $\sigma(t_1) = t_2$.

Lemma 12
Ist der Sortenverband $(S,\leq)$ fundiert, so ist auch $(Ft_S(V),\leq)$ fundiert.

Satz 13
Ist der Sortenverband $(S,\leq)$ ein Vereinigungshalbverband, so ist $(T,\leq)$ ein Durchschnittshalbverband.

Der Beweis erfolgt analog dem unsortierten Fall. Die einzige Stelle, an der eine Veränderung notwendig wird, ist die Definition der Funktion nv: Beginnen die Terme t_1,t_2 nicht mit demselben Funktionszeichen, so setzen wir $nv(t_1,t_2)$ = eine Variable der Sorte s, wobei s die größte untere Schranke der Sorten s_1 und s_2 ist.

3.4 Unifikation von Termen zweiter Stufe

Sei V ein gegebenes Vokabular. Wir wollen zunächst die Menge $Ft^2(V)$ der Terme zweiter Stufe über V definieren. Zusätzlich zu den Variablen, die schon beim Aufbau der Funktionsterme erster Stufe benutzt wurden, treten jetzt auch Variablen für n-stellige Funktionen auf: x^n, y^n usw. Die Variablen der ersten Art nennen wir **Individuenvariablen**, die der neuen Art nennen wir **Funktionsvariablen**. Die Menge der **Terme zweiter Stufe** ist wie folgt induktiv definiert:

1. Konstanten sind Terme zweiter Stufe.
2. Individuenvariable sind Terme zweiter Stufe.
3. Sind $t_1,\ldots,t_k$ Terme zweiter Stufe, f ein k-stelliges Funktionszeichen, x^k eine k-stellige Funktionsvariable, dann sind

$$f(t_1,\ldots,t_k)$$

und

$$x^k(t_1,\ldots,t_k)$$

wieder Terme zweiter Stufe.

Der Begriff der Substitution für Terme zweiter Stufe erfordert besondere Sorgfalt. Wir definieren dazu als technisches Hilfmittel eine Erweiterung $T^{*2}(V)$ der Menge $Ft^2(V)$. Die Terme in T^{*2} werden genau wie die Terme in Ft^2 aufgebaut, nur dürfen dabei die zusätzlichen, nicht in Ft^2 vorkommenden Individuenvariablen $w_1,w_2,\ldots,w_n,\ldots$ benutzt werden. Wir nennen die Elemente von $Ft^2(V)$ **reine Terme**. Wir interessieren uns primär für reine Terme. Die nicht reinen Terme sind ein bloßes Hilfsmittel.

Wir nennen einen Term t einen **k-stelligen Term**, wenn für jede der in t vorkommenden reservierten Variablen w_i gilt: $i \leq k$. Ist j der größte Index, so daß die reservierte Variable w_j in t vorkommt, so ist t ein k-stelliger Term für jedes $k \geq j$.

Eine **Substitution** σ für Terme zweiter Stufe ist eine Abbildung, die jeder Individuenvariablen x einen reinen Term zuordnet und jeder k-stelligen Funktionsvariablen einen k-stelligen Term.

Eine Substitution σ läßt sich zu einer Abbildung auf der Menge aller reinen Terme fortsetzen:

1. Ist c eine Konstante, so ist $\sigma(c) = c$.
2. Ist x eine Individuenvariable, so ist $\sigma(x) = \sigma(x)$.
3. Ist t von der Form $f(t_1,\ldots,t_k)$, so ist $\sigma(t) = f(\sigma(t_1),\ldots,\sigma(t_k))$.
4. Ist t von der Form $x^k(t_1,\ldots,t_k)$, so ist $\sigma(t) = \sigma(x^k)(\sigma(t_1)/w_1,\ldots,\sigma(t_k)/w_k)$.

Beispiele
Sei $t = x^2(f(x),g(a))$ und σ gegeben durch

$$\sigma(x^2) = h(x^1(g(w_1,z)),w_2)$$
$$\sigma(x) = b.$$

Dann ist $\sigma(t) = h(x^1(g(f(b),z),g(a))$.
Sei jetzt

$$t_1 = f(g(h(a)))$$
$$t_2 = x^2(x)$$

und

$$\sigma_1(x^2) = f(w_1)$$
$$\sigma_1(x) = g(h(a)) \ ,$$

dann gilt

$$\sigma_1(t_1) = \sigma_1(t_2) = f(g(h(a))) \ .$$

Das heißt σ_1 ist ein Unifikator für t_1 und t_2.
Setzen wir

$$\sigma_2(x^2) = f(g(w_1))$$
$$\sigma_2(x) = h(a)$$

und

$$\sigma_3(x^2) = f(g(h(w_1)))$$
$$\sigma_3(x) = a \ ,$$

so gilt ebenfalls

$$\sigma_2(t_1) = \sigma_2(t_2) = f(g(h(a)))$$

und

$$\sigma_3(t_1) = \sigma_3(t_2) = f(g(h(a))) \ .$$

Alle drei Substitutionen sind somit Unifikatoren für t_1 und t_2, aber keine der drei ist eine Verfeinerung einer anderen.

Wir haben durch das obige Beispiel gezeigt:

Lemma 14
Für zwei unifizierbare Terme zweiter Stufe muß nicht immer ein allgemeinster Unifikator existieren.

Es hat trotzdem Sinn zu fragen, ob es einen Algorithmus gibt, der von zwei vorgelegten Termen zweiter Stufe entscheidet, ob sie unifizierbar sind, und der darüber hinaus vielleicht wenigstens einen Unifikator berechnet. In Kapitel 4 werden wir solche Algorithmen für Terme erster Stufe angeben. Für Terme zweiter Stufe wurde jedoch bewiesen, daß es keinen Algorithmus geben kann, der das Unifikationsproblem löst.

Satz 15
Das Unifikationsproblem für Terme zweiter Stufe ist unentscheidbar, d. h. es gibt keinen Algorithmus, der für je zwei eingegebene Terme zweiter Stufe erkennt, ob sie unifizierbar sind oder nicht.

Beweis:
Siehe [Goldfarb, 1981] und [Huet, 1973]. □

3.5 Übungsaufgaben

Aufgabe 1
Zeigen Sie:

a) $Def(\sigma_1 * \sigma_2) \subseteq Def(\sigma_1) \cup Def(\sigma_2)$

b) $\sigma * \{ <v_1,t_1>,\ldots,<v_k,t_k> \} = \{ <v_1,\sigma(t_1)> : 1 \leq i \leq k \text{ und } v_i \neq \sigma/(t_i) \} \cup$
$\{ <w,\sigma(x)> : \text{für alle } w \text{ mit } w \neq \sigma(w) \text{ und } w \neq v_j$
$\text{für alle } j,\ 1 \leq j \leq k \}$

Aufgabe 2
Zeigen Sie, daß eine Substitution σ genau dann idempotent ist, d. h. $\sigma * \sigma = \sigma$ erfüllt, wenn für je zwei Variablen x und z, so daß z in $\sigma(x)$ vorkommt, $\sigma(z) = z$ gilt.

Aufgabe 3
Ist jeder allgemeinste Unifikator einer Menge M von Termen normiert?

Aufgabe 4
Sei σ ein normierter Unifikator für eine Menge M von Termen. Selbst wenn M unendlich ist, ist $Wb(\sigma)$ stets endlich.

Aufgabe 5
Sei V_2 eine Erweiterung des Vokabulars V_1, $V_1 \subseteq V_2$. Sind $t_1,t_2 \in Ft(V_1)$ und ist $t \in Ft(V_2)$ ein allgemeinster Unifikator von $\{t_1,t_2\}$, dann muß $t \in Ft(V_1)$ gelten.

Aufgabe 6
T_0 sei die Menge aller Terme im Vokabular V. Die Funktion F von T_0 in die Menge aller Teilmengen variablenfreier Terme in Ft(V) sei definiert durch:

$$F(t) = \{ \sigma(t) : \sigma \text{ ist eine Substitution und } \sigma(t) \text{ ist variablenfrei} \}.$$

Es ist dabei vorausgesetzt, daß V mindestens ein Konstantensymbol enthält.

Zeigen Sie:

(1) Für alle $t_1, t_2 \in T_0$ gilt: $t_1 \le t_2$ gdw. $F(t_2) \subseteq F(t_1)$.

(2) Ist t die kleinste obere Schranke von t_1 und t_2, dann gilt $F(t) = F(t_1) \cap F(t_2)$.

(3) Geben Sie ein Beispiel einer größten unteren Schranke t von Termen t_1 und t_2, so daß

$$F(t) \neq F(t_1) \cup F(t_2) .$$

(4) Für jede untere Schranke t von t_1 und t_2 gilt jedoch: $F(t_1) \cup F(t_2) \subseteq F(t)$.

Aufgabe 7

Die Aussage von Lemma 2 ist recht umständlich. Man hätte vermutet, daß zu je zwei allgemeinsten Unifikatoren σ_1, σ_2 einer Menge M von Termen eine Variablenumbenennung σ existiert mit

$$\sigma_1 = \sigma * \sigma_2$$

a) Geben Sie ein Gegenbeispiel zu dieser Vermutung.

b) Zeigen Sie, daß die Vermutung zutrifft, wenn σ_1 und σ_2 als normiert vorausgesetzt werden.

4 Unifikationsalgorithmen

Bisher haben wir nur gezeigt, daß zwei Terme, die überhaupt unifiziert werden können, auch einen allgemeinsten Unifikator besitzen. In diesem Kapitel wollen wir zwei Algorithmen vorstellen, die für jede Folge von Termen entscheiden, ob ein gemeinsamer Unifikator existiert, und im Falle einer positiven Antwort einen allgemeinsten Unifikator berechnen.

4.1 Der Algorithmus von J. A. Robinson

Wir präsentieren als erstes einen einfachen Algorithmus zur Berechnung des allgemeinsten Unifikators im wesentlichen in der Form, wie er von J. A. Robinson zum ersten Mal vorgestellt wurde. Zur Vorbereitung benötigen wir den Begriff der **Differenzmenge, D(W)**, einer Liste W von Termen. Sei $W = \{t_1, \ldots, t_k\}$ eine Liste von Termen. Betrachten wir Terme als lineare Zeichenketten, so können wir von einer Stelle eines Terms reden, womit eine Position in dieser Kette gemeint ist. Sei s die erste Stelle von links, so daß die Menge $\{ t_i \backslash s : 1 < i < k \}$ mehr als ein Element enthält, wobei t\s der Teilterm von t ist, der an der Stelle s beginnt. Wir setzen dann $D(W) = \{ t_i \backslash s : 1 < i < k \}$. Gibt es keine Stelle s mit der angegebenen Eigenschaft, so besteht W nur aus einem einzigen Term t, und wir setzen $D(W) = \{t\}$.

Beispiel
Sei W = { p(x,f(x,y)), p(x,a), p(x,g(h(k(x)))) }.
Dann ist D(W) = { f(x,y), a, g(h(k(x))) }.

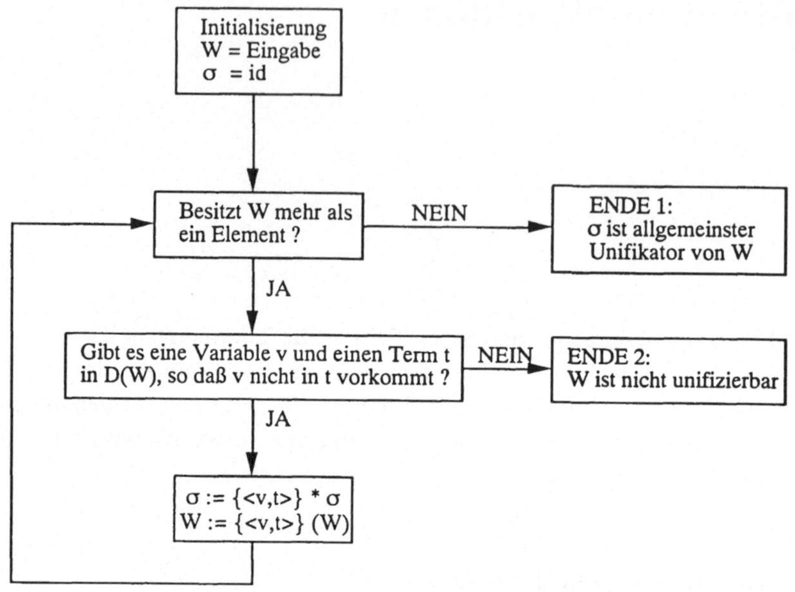

Abb.1: Flußdiagramm für den Unifikationsalgorithmus

Satz 1 (Korrektheitsbeweis für den Unifikationsalgorithmus)

1. Der Algorithmus terminiert für jede Eingabe W.
2. Terminiert der Algorithmus mit ENDE 1, dann ist σ ein Unifikator von W.
3. Sei θ ein Unifikator für W, dann terminiert der Algorithmus mit ENDE 1 und es gibt eine Substitution λ mit $\theta = \lambda * \sigma$. Das bedeutet insbesondere, daß σ ein allgemeinster Unifikator ist.
4. Der Algorithmus terminiert mit ENDE 2 genau dann, wenn W nicht unifizierbar ist.

Beweis:

Wir bezeichnen mit W_k (bzw. σ_k) die Menge von Termen (die Substitution), die zu Beginn des k-ten Durchlaufs der Schleife des obigen Flußdiagramms der Programmvariablen W (bzw. σ) zugewiesen ist. W_0 ist somit die Eingabemenge W von Termen und σ_0 die Identität. Mit v_k und t_k werden die Variable bzw. der Term bezeichnet, die bei einer positiven Antwort auf die zweite Frage in dem Flußdiagramm existieren.

Teil 1:

Da W_{k+1} echt weniger Variablen als W_k enthält, muß die Antwort auf die zweite Frage in dem Flußdiagramm irgendwann einmal "nein" sein, wenn nicht schon vorher die erste Frage mit "nein" beantwortet wird.

Teil 2:
Man zeigt leicht durch Induktion nach k, daß $\sigma_k(W_0) = W_k$ ist. Wird ENDE 1 erreicht, dann besteht W_k nur aus einem Element, d. h. σ_k ist ein Unifikator von W_0.

Teil 3:
Wir zeigen durch Induktion nach k = Anzahl der Schleifendurchläufe, daß ENDE 2 nicht erreicht werden kann und eine Substitution λ_k existiert mit

$$\theta = \lambda_k * \sigma_k.$$

Im Anfangsfall $k = 0$ ist σ_0 die Identität, und wir können $\lambda_0 = \theta$ setzen. Gelte jetzt $\theta = \lambda_k * \sigma_k$. Da nach Teil 2 $\sigma_k(W_0) = W_k$ gilt, folgt aus der Annahme, daß θ ein Unifikator für W_0 ist, daß λ_k ein Unifikator für W_k ist. Würde $D(W_k)$ keine Variable enthalten, so wäre W_k nicht unifizierbar. Sei also v_k eine Variable aus $D(W_k)$. Da W_k mehr als ein Element enthält, muß auch $D(W_k)$ mehr als ein Element enthalten. Sei t_k ein von v_k verschiedenes Element in $D(W_k)$. Da

$$\lambda_k(v_k) = \lambda_k(t_k)$$

gilt, kann v_k in t_k nicht vorkommen. Somit wird auch im (k+1)-ten Schleifendurchlauf ENDE 2 nicht erreicht. Es ist σ_{k+1} durch $(v_k,t_k)*\sigma_k$ gegeben. Wir definieren:

$$\lambda_{k+1} = \lambda_k \setminus \{(v_k,\lambda_k(v_k))\}.$$

Da v_k nicht in t_k vorkommt, gilt $\lambda_{k+1}(t_k) = \lambda_k(t_k)$. Wir behaupten

$$(*)\quad \lambda_{k+1} * (v_k,t_k) = \lambda_k .$$

Beweis von (∗):

$\lambda_{k+1} * (v_k,t_k) = \lambda_{k+1} \cup \{(v_k,\lambda_{k+1}(t_k))\}$	siehe Übungsaufgabe 1
$= \lambda_{k+1} \cup \{(v_k,\lambda_k(t_k))\}$	da $\lambda_{k+1}(t_k) = \lambda_k(t_k)$
$= \lambda_k \setminus \{(v_k,\lambda_k(v_k))\} \cup \{(v_k,\lambda_k(t_k))\}$	nach Def. von λ_{k+1}
$= \lambda_k$	da $\lambda_k(v_k) = \lambda_k(t_k)$

Die Behauptung für k+1 folgt nun:

$\theta = \lambda_k * \sigma_k$	
$= \lambda_{k+1} * (v_k,t_k) * \sigma_k$	wegen (∗)
$= \lambda_{k+1} * \sigma_{k+1}$	nach Def. von σ_{k+1}

Teil 4:
Folgt unmittelbar aus den drei vorangegangenen Teilen

4.2 Der Martelli-Montanari-Algorithmus

Der zweite Unifikationsalgorithmus, den wir präsentieren wollen, stammt aus der Arbeit [Martelli, Montanari, 1982].

Die Eingabe für den zu beschreibenden Algorithmus besteht aus einer Folge $l = \langle l_1,\ldots,l_n\rangle$, wobei die $l_i = \langle t_{i,1},\ldots,t_{i,k_i}\rangle$ selbst wieder Folgen von Termen sind. Die l_i sind noch einmal unterteilt in ein Anfangsstück a_i, in dem nur Variablen vorkommen, und ein Endstück b_i, in dem nur Terme auftreten, die keine Variablen sind. Wir erlauben, daß b_i die leere Liste ist, bestehen aber darauf, daß die a_i nicht leer sind. Gesucht ist der **allgemeinste simultane Unifikator** σ für die Termfolge:

$$\langle t_{1,1},\ldots,t_{1,k_1}\rangle = l_1$$

$$\vdots$$

$$\langle t_{n,1},\ldots,t_{n,k_n}\rangle = l_n$$

D. h. eine Substitution σ, so daß gilt:

$$\sigma(t_{1,1}) = \ldots = \sigma(t_{1,k_1})$$

$$\vdots$$

$$\sigma(t_{n,1}) = \ldots = \sigma(t_{n,k_n})$$

und für jede weitere Substitution ϱ,welche ebenfalls diese Gleichheiten erfüllt, gilt $\varrho = \mu * \sigma$ für eine geeignete Substitution μ.

Die l_i heißen bei [Martelli, Montanari, 1982] **multi-equations**, was wir mit **Mehrfachgleichungen** übersetzen. Da insbesondere für jede Variable x aus a_i die Gleichung $\sigma(x) = \sigma(t)$ für jeden Term t aus b_i gelten muß, schreiben wir manchmal anstelle von l_i suggestiver $a_i = b_i$.

Das Hinzufügen oder Weglassen einelementiger Mehrfachgleichungen, das sind also Folgen, deren einziges Element eine Variable ist, ändert natürlich weder die Lösbarkeit noch die Lösungen eines Systems von Mehrfachgleichungen. Es bringt jedoch eine Vereinfachung der nachfolgenden Definitionen, einelementige Mehrfachgleichungen vorübergehend zuzulassen.

Eine Folge $l = \langle l_1,\ldots,l_n\rangle$ von Mehrfachgleichungen heißt **zusammengefaßt**, falls für je zwei verschiedene Indizes i, j die Folgen a_i und a_j disjunkt sind.

Die Eingabe für unseren Algorithmus soll eine zusammengefaßte Folge von Mehrfachgleichungen sein.

Man würde zunächst erwarten, daß die Eingabe für einen Unifikationsalgorithmus aus einem Paar <t_1,t_2> zu unifizierender Terme besteht. Es ist schnell einzusehen,daß man im Verlauf des Unifikationsprozesses dazu geführt wird, einen simultanen Unifikator für eine Folge von Paaren zu finden. So führt zum Beispiel die Aufgabe, $f(x_1,x_1,x_2)$ und $f(t_1,x_2,t_2)$ zu unifizieren, dazu, einen simultanen Unifikator für die folgenden drei Paare zu finden:

$$(x_1,t_1)$$
$$(x_1,x_2)$$
$$(x_2,t_2)$$

Es ist offenkundig sinnvoll, diese Paare zu einer einzigen Mehrfachgleichung (x_1,x_2,t_1,t_2) zusammenzufassen, und wir sind somit auf die oben beschriebene Folge von Mehrfachgleichungen gestoßen. Um im allgemeinen ein Paar <t_1,t_2> zu unifizierender Terme, bei dem ja t_1 und t_2 im allgemeinen keine Variablen sein müssen, in die erlaubte Eingabeform zu bringen, wählt man eine neue Variable x und setzt l_1 = <x,t_1,t_2> und $n = 1$.

Die Ausgabe des Unifikationsalgorithmus wird entweder die Meldung "Unifikator existiert nicht" sein oder eine zusammengefaßte Folge $a_1b_1,\ldots,a_rb_r$ von Mehrfachgleichungen, wobei alle b_i genau ein Element t_i enthalten und für jedes i, $1 \leq i \leq r$ die Variablen aus a_i in $b_i,\ldots,b_r$ nicht vorkommen. Insbesondere kommen die Variablen aus a_1 nirgends sonst mehr vor. Eine solche Folge von Mehrfachgleichungen nennen wir eine **gelöste Folge**. Diese Namensgebung ist angebracht, da aus einer derartigen Folge der allgemeinste simultane Unifikator σ abgelesen weden kann.

Lemma 2
Eine gelöste Folge von Mehrfachgleichungen besitzt einen allgemeinsten simultanen Unifikator.

Beweis:
Sei

$$x_{1,1} = x_{1,2} = \ldots = x_{1,n_1} = t_1$$
$$\vdots$$
$$x_{r,1} = x_{r,2} = \ldots = x_{r,n_r} = t_r$$

eine gelöste Folge von Mehrfachgleichungen. Insbesondere kommen die Variablen $x_{i,j}$ in keinem Term t_k für $k \geq i$ vor.
Wir definieren induktiv Substitutionen θ_r, $\theta_{r-1},\ldots$. Die letzte Substitution θ_1 wird schließlich der gesuchte allgemeinste simultane Unifikator sein.

$\theta_r(x_{r,j}) \quad = t_r \quad$ für alle j, $1 \le j \le n_r$.
$\theta_r(x) \quad = x \quad$ für alle anderen Variablen x.

$\theta_k(x_{i,j}) \quad = \theta_{k+1}(x_{i,j}) \quad$ für alle i, $r \ge i > k$.
$\theta_k(x_{k,j}) \quad = \theta_{k+1}(t_k)$
$\theta_k(x) \quad = x \quad$ für alle anderen Variablen x.

Diese Definition läßt sich anschaulicher in dem Diagramm in Abb.2 zusammenfassen, wobei wir der Einfachheit halber den zweiten Index der Variablen unterdrückt haben.

	x_1	x_2	x_3	•••	x_{r-2}	x_{r-1}	x_r
θ_r	x_1	x_2	x_3	•••	x_{r-2}	x_{r-1}	t_r
θ_{r-1}	x_1	x_2	x_3	•••	x_{r-2}	$\theta_r(t_{r-1})$	t_r
θ_{r-2}	x_1	x_2	x_3	•••	$\theta_{r-1}(t_{r-2})$	$\theta_r(t_{r-1})$	t_r
•					•		
•				•			
•			•				
θ_3	x_1	x_2	$\theta_4(t_3)$	•••	$\theta_{r-1}(t_{r-2})$	$\theta_r(t_{r-1})$	t_r
θ_2	x_1	$\theta_3(t_2)$	$\theta_4(t_3)$	•••	$\theta_{r-1}(t_{r-2})$	$\theta_r(t_{r-1})$	t_r
θ_1	$\theta_2(t_1)$	$\theta_3(t_2)$	$\theta_4(t_3)$	•••	$\theta_{r-1}(t_{r-2})$	$\theta_r(t_{r-1})$	t_r

Abb. 2 Rückwärtssubstitution

Aus der Konstruktion folgt unmittelbar, daß für alle k und alle $i \ge k$

$$\theta_1(x_{i,j}) = \theta_k(x_{i,j})$$

gilt.
Da in t_k nur Variable $x_{i,j}$ mit $i \ge k+1$ vorkommen, gilt also:

$$\theta_1(t_k) = \theta_{k+1}(t_k)$$
$$\theta_1(x_{k,j}) = \theta_k(x_{k,j}) = \theta_{k+1}(t_k)$$

Somit $\theta_1(x_{k,j}) = \theta_1(t_k)$ für alle k und j, und θ_1 ist als ein simultaner Unifikator erkannt.

Sei jetzt μ irgendein simultaner Unifikator der betrachteten gelösten Folge von

Mehrfachgleichungen. Wir zeigen, daß eine Substitution σ existiert mit $\mu = \sigma * \theta_1$. Wir zeigen durch Induktion von k = r bis k = 1, daß für alle $i \geq k$

$$\mu(x_i) = \mu * \theta_k(x_i)$$

gilt, woraus für k = 1 die gewünschte Gleichung $\mu = \mu * \theta_1$ folgt.
Der Induktionsanfang wird durch

$$\mu(x_r) = \mu(t_r) = \mu * \theta_r(x_r)$$

gegeben.
Beim Induktionsschritt von k + 1 auf k haben wir nach Induktionsvoraussetzung und wegen $\theta_{k+1}(x_i) = \theta_k(x_i)$ für alle $i \geq k+1$:

$$\mu(x_i) = \mu * \theta_{k+1}(x_i) = \mu * \theta_k(x_i) .$$

Da t_k nur Variablen x_i mit $i \geq k+1$ enthält, folgt

$$\mu(t_k) = \mu * \theta_{k+1}(t_k) .$$

Da μ als simultaner Unifikator vorausgesetzt ist, gilt

$$\mu(x_k) = \mu(t_k) = \mu * \theta_{k+1}(t_k)$$

und nach Definition von $\theta_k(x_k)$ ergibt sich schließlich

$$\mu(x_k) = \mu * \theta_k(x_k) .$$

□

Beispiel
Aus der gelösten Folge von Mehrfachgleichungen

$$x_1 = h(x_2,x_3,y)$$
$$x_2 = g(x_3,y)$$
$$x_3 = f(y)$$

erhält man den allgemeinsten simultanen Unifikator $\theta = \theta_1$:

$$\theta(x_1) = h(g(f(y),y),f(y),y)$$
$$\theta(x_2) = g(f(y),y)$$
$$\theta(x_3) = f(y)$$

Ein nicht allgemeinster Unifikator wäre z. B.:

$$\mu(y) = a$$
$$\mu(x_3) = f(a)$$
$$\mu(x_2) = g(f(a),a)$$
$$\mu(x_3) = h(g(f(a),a,f(a),a)$$

Beispiel
Der allgemeinste Unifikator σ der beiden Terme

$$h(f(x_1,x_1),x_1,f(x_2,x_2),x_2)$$

und

$$h(y_1,f(y_2,y_2),y_2,f(y_3,y_3))$$

sieht als gelöste Folge von Mehrfachgleichungen so aus:

$$y_1 = f(x_1,x_1)$$
$$x_1 = f(y_2,y_2)$$
$$y_2 = f(x_2,x_2)$$
$$x_2 = f(y_3,y_3)$$

Andererseits enthält $\sigma(y_1)$ $15 = 2^4$-1 Vorkommen des Funktionszeichens f. Vergrößert man die Ausgangsterme, so würde diese Anzahl also exponentiell zunehmen. Die Darstellung von σ als gelöste Folge von Mehrfachgleichungen würde dagegen nur linear anwachsen.

Das exponentielle Wachstum der Länge des Unifikators ist unvermeidlich. Der Vorteil des Algorithmus von Martelli und Montanari gegenüber dem von Robinson liegt jedoch darin, daß dieses Längenwachstum erstmalig bei der Ausgabe des Ergebnisses auftritt, nicht jedoch in den Zwischenschritten. Ein Algorithmus, der die Struktur des Robinsonschen Ansatzes weitestgehend übernimmt und das exponentielle Wachstum in den Zwischenschritten vermeidet, wird in [Corbin, Bidoit, 1983] vorgestellt.

Nach dieser einleitenden Beschreibung des Ein- und Ausgabeformats kommen wir jetzt zur Beschreibung des eigentlichen Algorithmus.

Im Laufe des Algorithmus werden zwei Operationen auf Folgen von Mehrfachgleichungen angewandt:

1. Zusammenfassung
2. Reduktion

Für eine beliebige Folge $l = \langle a_1 = b_1, \ldots , a_n = b_n \rangle$ von Mehrfachgleichungen, definieren wir $a_i R_0 a_j$ genau dann, wenn a_i und a_j eine Variable gemeinsam haben. R sei der transitive Abschluß von R_0, $c^0{}_1,\ldots,c^0{}_m$ ein Repräsentantensystem für die Äquivalenzklassen bzgl. R. Die **Zusammenfassung** von l, bezeichnet mit Z(l), ist dann die Folge

$$c_1 = d_1,\ldots,c_m = d_m$$

mit

$$c_i = \cup \{a_j : a_j R c0_i \}$$
$$d_i = \cup \{b_j : b_j R c0_i \}$$

Lemma 3
Eine Substitution σ ist ein simultaner Unifikator für die Folge l von Mehrfachgleichungen gdw. σ simultaner Unifikator für Z(l) ist.

Beweis: Offensichtlich. □

Siehe Aufgabe 3 für eine naheliegende Konsequenz aus Lemma 3.

Die Beschreibung der Reduktion erfordert zu ihrer Vorbereitung die Erklärung der Begriffe **gemeinsamer Teil** gT(b) und **Grenze** Gr(b) einer Folge b von Termen. Der gemeinsame Teil von b ist ein Term, während die Grenze von b eine Folge von Mehrfachgleichungen ist. Die Definition erfolgt simultan.
Ist $b = \langle t_1,\ldots,t_u \rangle$, so ist $Op(b) = \langle Op(t_1),\ldots,Op(t_u)\rangle$, wobei

Op(t) = t ist, falls t eine Variable oder eine Konstante ist,

und

Op(t) = das übergeordnete Funktionszeichen von t in allen anderen Fällen.

1. Fall:
Op(b) enthält zwei verschiedene Funktionszeichen (Konstanten zählen hier als 0-stellige Funktionszeichen mit).
Der gemeinsame Teil von b existiert in diesem Fall nicht, die Grenze von b ist die leere Liste.
2. Fall:
Der erste Fall trifft nicht zu, und Op(b) enthält eine Variable.
gT(b) ist die erste Variable in Op(b),
Gr(b) ist die Folge, deren einziges Element die zur Mehrfachgleichung umgeschriebene Liste b ist.
3. Fall:
Der erste Fall trifft nicht zu, und Op(b) enthält keine Variable.
In diesem Fall tritt nur ein einziges Funktionszeichen, etwa f, in Op(b) auf, und b läßt sich in der Form $\langle f(t_{11},\ldots,t_{1m}),\ldots,f(t_{u1},\ldots,t_{um})\rangle$ schreiben, wobei m die Stelligkeit des Funktionszeichens f ist. Wir benutzen b_i als Kurzbezeichnung für die Folge $\langle t_{1i},\ldots,t_{ui}\rangle$ und setzen

$$gT(b) = f(gT(b_1),\ldots,gT(b_m))$$

und

$$Gr(b) = \cup \{ Gr(b_i) : 1 \leq i \leq m \}$$

Ist b die leere Folge, so vereinbaren wir, daß

$$gT(<>) \text{ nicht existiert und } Gr(<>) = <>.$$

Man beachte, daß aus dieser Festsetzung im 3. Fall für m = 0, d. h. in dem Fall, daß alle Listenelemente von b ein und dieselbe Konstante c sind, gT(b) = c und Gr(b) = <> folgt. Existiert $gT(b_i)$ für ein i nicht, so soll auch gT(b) nicht existieren.

Beispiel

Für die Liste $b = <f(x_1,g(x_1)),\ f(g(x_2),g(h(x_3))),\ f(g(a),g(h(c)))>$ berechnen sich gT(b) und Gr(b) wie folgt:

$$gT(b) = f(gT(b_1), gT(b_2))$$

mit

$$b_1 = <x_1, g(x_2), g(a)>$$
$$b_2 = <g(x_1), g(h(x_3)), g(h(c))>$$

$$gT(b_1) = x_1$$
$$gT(b_2) = g(x_1)$$
$$Gr(b) = Gr(b_1) \cup Gr(b_2)$$
$$Gr(b_1) = \{x_1 = g(x_2), g(a)\}$$
$$Gr(b_2) = \{x_1 = h(x_3), h(c)\}$$

Zusammengesetzt:

$$gT(b) = f(x_1, g(x_1))$$
$$Gr(b) = \{<x_1 = g(x_2), g(a)>, <x_1 = h(x_3), h(c)>\},$$

was sich zusammenfassen läßt zu

$$x_1 = g(x_2), g(a), h(x_3), h(c).$$

Die **Reduktion**, R(l), einer Folge $l = <a_1 = b_1, \dots, a_n = b_n>$ von Mehrfachgleichungen bzgl. einer Mehrfachgleichung $a_i = b_i$ ist

$$R(l) = (l - (a_i = b_i)) \cup Gr(b_i)$$

Wir vereinbaren außerdem, daß in R(l) alle einelementigen Gleichungen weggelassen werden.

Lemma 4
Sei $l = <a_1 = b_1, \ldots, a_n = b_n>$ eine Folge von Mehrfachgleichungen, R(l) die Reduktion von l bzgl. $a_i = b_i$. Dann gilt: Eine Substitution σ ist ein simultaner Unifikator für l genau dann, wenn σ ein simultaner Unifikator für $R(l) \cup \{a_i = gT(b_i)\}$ ist.

Beweis:
Wir beweisen die beiden Implikationsrichtungen des Lemmas getrennt, beginnen jedoch mit einer Zwischenbehauptung, die in beide Teilbeweise eingehen wird.

Ist b eine Folge von Termen, so daß gT(b) existiert, und σ ein simultaner Unifikator für Gr(b), dann gilt für alle t in b
(1) $\sigma(gT(b)) = \sigma(t)$.

Wir benutzen Induktion nach der maximalen Schachtelungstiefe d von Termen in b, um (1) zu beweisen:
Der Induktionsanfang $d = 0$ — in diesem Fall treten in b nur Variablen und Konstanten auf — bleibe dem Leser überlassen.
Sei jetzt $d > 0$. Liegt der zweite Fall in der Definition von gT(b) vor, so ist Gr(b) = b und gT(b) ein Listenelement von b, und damit die Behauptung (1) offensichtlich erfüllt.
Liegt der dritte Fall in der Definition von gT(b) vor, so haben wir

$$b = <f(t_{11},\ldots,t_{1m}),\ldots,f(t_{u1},\ldots,t_{um})>$$
$$b_i = <t_{1i},\ldots,t_{ui}>$$

und

$$gT(b) = f(gT(b_1),\ldots,gT(b_m))$$
$$Gr(b) = \cup \{Gr(b_i) : 1 \le i \le m\} .$$

Nach Voraussetzung ist σ auch simultaner Unifikator für alle $Gr(b_i)$. Nach Induktionsvoraussetzung gilt somit für jedes i, $1 \le i \le m$, und jeden Term t_i in b_i

$$\sigma(gT(b_i)) = \sigma(t_i) .$$

Hieraus folgt unmittelbar die Behauptung (1).

Wir beginnen jetzt mit dem Beweis des Lemmas und zeigen zuerst die Implikation von links nach rechts. Dazu genügt es offensichtlich zu zeigen, daß für jeden Unifikator σ einer Mehrfachgleichung $a = b$ auch

(2) σ ein simultaner Unifikator für Gr(b) ist, und

(3) $\sigma(a) = \sigma(gT(b))$ gilt.

Hierbei soll a für eine Folge $<a_1,\ldots,a_n>$ stehen und $\sigma(a)$ dann für $<\sigma(a_1),\ldots,\sigma(a_n)>$.

Wir beweisen (2), woraus mit der gerade bewiesenen Behauptung (1) auch (3) folgt.

Wir gehen wieder durch Induktion nach der maximalen Schachtelungstiefe d für Terme in b vor und überlassen auch den Anfangsfall wieder dem Leser.
Sei also $d > 0$. Da σ ein Unifikator für b ist, existiert gT(b) (siehe Aufgabe 2). Liegt Fall 2 in der Definition von gT(b) vor, so ist die Behauptung (2) wegen Gr(b) = b trivial. Wir können also für das folgende annehmen, daß Fall 3 vorliegt. Sei b_i wie oben definiert. Aus der Voraussetzung, σ sei ein Unifikator für b, folgt, daß σ auch ein simultaner Unifikator für die Folge $<b_i,\ldots,b_m>$ ist. Nach Induktionsvoraussetzung ist dann σ simultaner Unifikator für alle $Gr(b_i)$ und damit auch für Gr(b).

Zum Beweis der umgekehrten Implikation des Lemmas sei jetzt σ ein simultaner Unifikator für Gr(b), und es gelte $\sigma(a) = \sigma(gT(b))$. Mit Hilfe der Behauptung (1) folgt daraus $\sigma(a) = \sigma(t_j)$ für alle t_j in b, mit anderen Worten: σ ist ein Unifikator für die Mehrfachgleichung a = b. □

Eine weitere einfache Beobachtung ist für das Verständnis des Algorithmus erforderlich:

Lemma 5
Besitzt die zusammengefaßte Folge l von Mehrfachgleichungen einen simultanen Unifikator, so gibt es eine Mehrfachgleichung a = b in l, so daß keine Variable aus a an anderer Stelle noch einmal in l auftaucht (insbesondere nicht in b).

Beweis:
Wir definieren für die linken Seiten der Multigleichungen $a_i = b_i$ in l eine Relation < durch:

$$a_i < a_j$$
$$\text{gdw.}$$
$$\text{eine Variable aus } a_i \text{ kommt in einem Term in } b_j \text{ vor .}$$

Ist σ ein simultaner Unifikator für l, so folgt aus $a_i < a_j$, daß $\sigma(a_i)$ ein echter Teilterm von $\sigma(a_j)$ ist. Aus $a_i < a_{j_1} < \ldots < a_{j_k} < a_i$ würde folgen, daß $\sigma(a_i)$ ein echter Teilterm von $\sigma(a_i)$ ist, was offensichtlich falsch ist. Somit kann die Relation < keine Schleifen enthalten, und es gibt eine Mehrfachgleichung a = b in l, so daß a maximal bzgl. < ist; das heißt aber gerade: Keine Variable aus a kommt an anderer Stelle noch einmal in l vor. □

In dem Algorithmus treten zwei Listen l und g von Mehrfachgleichungen auf. Zu Beginn ist l die Eingabeliste und g leer. Zu jedem Zeitpunkt ist g eine gelöste Folge von Mehrfachgleichungen, und bei erfolgreicher Beendigung ist l leer.

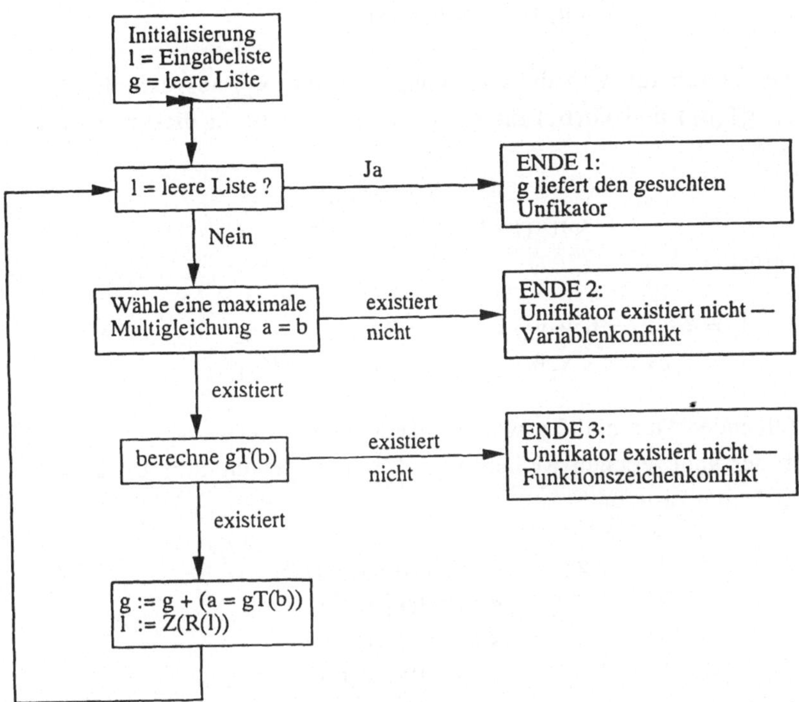

Die Reduktion erfolgt jeweils bezüglich der ausgewählten maximalen Multigleichung.

Abb.3: Unifikationsalgorithmus nach Martelli und Montanari

Beispiel 1

$$l_0 = < < x, h(f(x_1,x_1),x_1,f(x_2,x_2),x_2),h(y_1,f(y_2,y_2),y_2,f(y_3,y_3)) > >$$

Diese Liste steht für die Mehrfachgleichung a = b mit

$$b = h(f(x_1,x_1),x_1,f(x_2,x_2),x_2),h(y_1,f(y_2,y_2),y_2,f(y_3,y_3))$$
$$a = x$$

Da l_0 nur ein Element a = b enthält und die Variable aus a nicht in b vorkommt, wird a = b ausgewählt und gT(b) und Gr(b) berechnet.

$$gT(b) = h(y_1,x_1,y_2,x_2)$$
$$Gr(b) = \{y_1 = f(x_1,x_1),\ x_1 = f(y_2,y_2),\ y_2 = f(x_2,x_2),\ x_2 = f(y_3,y_3)\}$$

$$l_1 = \lt \lt y_1 = f(x_1,x_1) \gt, \lt x_1 = f(y_2,y_2) \gt, \lt y_2 = f(x_2,x_2) \gt, \lt x_2 = f(y_3,y_3) \gt \gt$$
$$g_1 = \lt \lt x, h(y_1,x_1,y_2,x_2) \gt \gt$$

Im zweiten Durchlauf wird die Gleichung $y_1 = f(x_1,x_1)$ ausgewählt. Die Berechnung von $gT(b_1)$ und $Gr(b_1)$ für $b_1 = \lt f(x_1,x_1) \gt$ ist in diesem Fall besonders einfach:

$$gT(b_1) = f(x_1,x_1)$$
$$Gr(b_1) = Gr(\lt x_1, x_1 \gt) = \lt x_1 \gt$$

und wir erhalten:

$$l_2 = \lt \lt x_1 = f(y_2,y_2) \gt, \lt y_2 = f(x_2,x_2) \gt, \lt x_2 = f(y_3,y_3) \gt \gt$$
$$g_2 = \lt \lt x, h(y_1,x_1,y_2,x_2) \gt, \lt y_1 = f(x_1,x_1) \gt \gt$$

In den folgenden Durchläufen werden nacheinander die Gleichungen in l_2 ausgewählt, in der angegebenen Reihenfolge. Nach insgesamt fünf Durchläufen ist l_5 gleich der leeren Liste und

$$\begin{aligned} g_5 : \lt\ & \lt x, h(y_1,x_1,y_2,x_2) \gt \\ & \lt y_1 = f(x_1,x_1) \gt \\ & \lt x_1 = f(y_2,y_2) \gt \\ & \lt y_2 = f(x_2,x_2) \gt \\ & \lt x_2 = f(y_3,y_3) \gt \quad \gt \end{aligned}$$

Beispiel 2
Die Unifikation der beiden Terme

$$f(x_1,x_3,x_5,x_7,x_1,x_5,x_1)$$
$$f(x_2,x_4,x_6,x_8,x_3,x_7,x_5)$$

beginnt mit der Eingabeliste

$$l_0 : \lt \lt x,f(x_1,x_3,x_5,x_7,x_1,x_5,x_1), f(x_2,x_4,x_6,x_8,x_3,x_7,x_5) \gt \gt$$

Im ersten Durchlauf werden gT und Gr wie folgt berechnet:

$$gT = f(x_1,x_3,x_5,x_7,x_1,x_5,x_1)$$

und

$$Gr = \{x_1 = x_2, x_3 = x_4, x_5 = x_6, x_7 = x_8, x_1 = x_3, x_5 = x_7, x_1 = x_5\} .$$

Nach Ausführung der Operationen R und Z erhalten wir

$$l_1 : << x_1, x_2, x_3, x_4, x_5, x_6, x_7, x_8 >>$$
$$g_1 : << x = f(x_1,x_3,x_5,x_7,x_1,x_5,x_1) >>$$

Satz 6 (Korrektheit des Algorithmus)
Der durch obiges Flußdiagramm gegebene Unifikationsalgorithmus ist korrekt.

Beweis:
Bei jedem Durchlauf der äußeren Schleife wird die Anzahl der in l auftretenden Teilterme (t selbst zählt auch als ein Teilterm von t) echt kleiner. Der Algorithmus terminiert also bei jeder Eingabe.

Wir bezeichnen mit g_n und l_n den Wert der Variablen g und l im n-ten Durchlauf. Aus den Lemmata 3 und 4 (und Aufgabe 3) folgt, daß ein (allgemeinster) simultaner Unifikator σ für $g_n \cup l_n$ auch ein (allgemeinster) simultaner Unifikator für $g_{n+1} \cup l_{n+1}$ ist und umgekehrt. Daraus folgt schon die erste Hälfte der Korrektheitsbehauptung: Wenn der Algorithmus mit ENDE 1 terminiert, sagen wir nach n Schleifendurchläufen, dann ist g_n unifizierbar, da g_n ein System von Mehrfachgleichungen in gelöster Form ist und l_n leer. Nach dem eben Gesagten existiert dann auch ein simultaner Unifikator für die Eingabeliste l_0. Mit anderen Worten, wenn kein simultaner Unifikator für l_0 existiert, dann terminiert der Algorithmus mit ENDE 2 oder ENDE 3. Nehmen wir umgekehrt an, daß ein simultaner Unifikator existiert, dann ist (nach Lemma 3 und 4) für jedes auftretende n auch $g_n \cup l_n$ unifizierbar. Nach Lemma 5 kann ENDE 2 nicht erreicht werden, und die Übungsaufgabe 2 zeigt, daß auch ENDE 3 nicht erreicht wird. Somit muß der Algorithmus mit ENDE 1 terminieren, und nach oben Gesagtem ist der ausgegebene Unifikator auch ein Unifikator für die Eingabefolge. □

Die Teilschritte in dem eben beschriebenen Algorithmus, die nicht in linearer Zeit bearbeitet werden, sind die Auswahl einer maximalen Mehrfachgleichung und die Bildung von Z(l'), wenn l' = R(l) ist. Das erste Problem läßt sich linearisieren, indem man zu jeder Mehrfachgleichung a = b einen Zähler n hinzufügt, der angibt, wie oft die Variablen in a noch an anderen Stellen in l auftreten. Die maximalen Mehrfachgleichungen sind genau diejenigen mit Zähler n=0. Der Zähler n wird bei der Berechnung von gT(b) und Z(R(l)) auf den jeweils aktuellen Stand gebracht.

Zur Berechnung von Z(l') sind keine linearen Algorithmen bekannt, wohl aber fast lineare. Mehr über diese beiden Beschleunigungen findet man in [Martelli, Montanari, 1982].
Weitere zumindest theoretisch effiziente Unifikationsalgorithmen findet man in [Peterson, Wegman, 1987], [Martelli, Montanari, 1976] und [Baxter, 1976]. Eine kurze Beschreibung des Algorithmus von Baxter findet man auch in [Cox, 1987].

4.3 Übungsaufgaben

Aufgabe 1
Man berechne gT(b) und Gr(b) für den Fall, daß die Liste b nur aus einem einzigen Term besteht, b = < t >.

Aufgabe 2
Falls eine Folge b von Termen unifizierbar ist, dann existiert gT(b).

Aufgabe 3
Sind S_1, S_2 Mengen von Mehrfachgleichungen, so daß für **jede** Substitution σ gilt:

σ ist simultaner Unifikator für S_1
gdw.
σ ist simultaner Unifikator für S_2,

dann gilt auch:

σ ist allgemeinster simultaner Unifikator für S_1
gdw.
σ ist allgemeinster simultaner Unifikator für S_2.

Aufgabe 4
Der aufmerksame Leser mag sich bei der Definition von Gr(b) im 2. Fall gefragt haben, ob die Festlegung "Gr(b) = die zur Multigleichung umgeschriebene Folge b" nicht mit der Forderung kollidiert, daß jede Multigleichung mindestens eine Variable enthalten muß. Man zeige, daß für jede Folge b von Termen gilt:

b enthält eine Variable
oder
Gr(b) = <>

5 Resolutionskalküle

Dieses Kapitel enthält eine Einführung in den Resolutionskalkül bis zum Beweis des Vollständigkeitssatzes. Außerdem werden als Varianten dieses Kalküls der negative Resolutionskalkül, die Stützmengen-Strategie und der Modelleliminationskalkül vorgestellt und als vollständig nachgewiesen.

5.1 Das Resolutionsprinzip

In Kapitel 2.3 haben wir die Ableitungsrelation $D \vdash A$ zwischen einer Formelmenge D und einer Formel A unter Bezugnahme auf ausschließlich modelltheoretische Begriffe definiert. Wir wollen in diesem Abschnitt eine rein syntaktische Charakterisierung dieser Relation vorstellen.

Wir beginnen mit zwei einfachen Möglichkeiten, das Vorliegen der Ableitbarkeitsrelation festzustellen. Nehmen wir an, in der Menge D liegt der universelle Satz

$$\forall x_1 \dots \forall x_n B$$

dann gilt für jede Substitution σ

$$D \vdash \forall y_1 \dots \forall y_m \sigma(B)$$

wenn $y_1,\dots,y_m$ alle Variablen sind, die in $\sigma(B)$ vorkommen. Eine andere, ebenfalls sehr einfache Schlußweise, bekannt unter dem Namen Modus Ponens, funktioniert wie folgt:

Gilt $D \vdash A \rightarrow B$ und $D \vdash A$, dann gilt auch $D \vdash B$. Das ist unmittelbar einsichtig.

Nach diesen Vorbereitungen wollen wir jetzt das von J. A. Robinson eingeführte Resolutionsprinzip erklären. Das Resolutionsprinzip bezieht sich auf zwei gegebene universelle Klauseln

$$L_1 \vee \dots \vee A \vee \dots \vee L_k$$

und

$$L'_1 \vee \dots \vee \neg B \vee \dots \vee L'_m$$

Wir haben der Einfachheit halber die universellen Quantoren nicht hingeschrieben. Die L_i und L'_i sind beliebige Literale, A und B sind atomare Formeln. Sei jetzt σ ein Unifikator für A und B, so heißt die universelle Klausel

$$\sigma(L_1 \vee ... \vee \square \vee ... \vee L_k \vee L'_1 \vee ... \vee \square \vee ... \vee L'_m)$$

eine **Basisresolvente** der beiden Ausgangsklauseln und die gesamte Regelanwendung eine **Basisresolution**. Wir haben dabei $\square$ benutzt, um anzuzeigen, daß das Literal A an der ersten Stelle und $\neg B$ an der zweiten Stelle weggelassen werden. Nimmt man für die Klausel K_1 ein Literal A und für K_2 eine Klausel der Form $\neg A \vee B$ (was wir auch als $A \to B$ schreiben können) und für σ die identische Substitution, so wird offensichtlich, daß der Modus Ponens ein Spezialfall des Resolutionsprinzips ist.

Wir müssen leider die Definition einer Resolvente zweier Klauseln durch zwei tüftelige, aber notwendige Zusätze (siehe Übungsaufgabe 3) komplizieren. Seien

$$K_1 = A_1 \vee ... \vee A_k \vee L_1 \vee ... \vee L_n$$

und

$$K_2 = \neg B_1 \vee ... \vee \neg B_r \vee L'_1 \vee ... \vee L'_m$$

Klauseln mit beliebigen Literalen L_i, L'_i und atomaren Formeln A_i, B_i und sei σ eine Substitution, so daß

$$\sigma(A_i) = \sigma(B_j) \ \forall \ i,j \ (1 \le i \le k, 1 \le j \le r),$$

dann ist

$$\sigma(L_1 \vee ... \vee L_n \vee L'_1 \vee ... \vee L'_m)$$

eine **erweiterte Basisresolvente** von K_1 und K_2, und die gesamte Regelanwendung nennen wir eine **erweiterte Basisresolution**. Wir haben die A_i und B_j an den Anfang der Klauseln K_1 bzw. K_2 geschrieben; das geschah allein zur notationellen Vereinfachung; die A_i und B_j können ebenso gut verstreut in K_1 bzw. K_2 vorkommen.

Wir nennen R eine **Resolvente** der Klauseln K_1 und K_2 und die gesamte Regelanwendung eine **Resolution**, wenn R eine erweiterte Basisresolvente von **Varianten** L_1 und L_2 von K_1 bzw. K_2 ist, soll heißen, es gibt Variablenumbenennungen μ_1 und μ_2, so daß $L_1 = \mu_1(K_1)$ und $L_2 = \mu_2(K_2)$ ist. Dieser zusätzliche Freiraum bei der Bildung von Resolventen wird dazu benutzt werden, zwei Klauseln K_1 und K_2 durch Variablenumbenennung zuerst in variablendisjunkte Klauseln L_1 und L_2 zu transformieren und danach einen Unifikator für atomare Formeln in L_1 und L_2 zu suchen.

Eine erweiterte Basisresolvente R von K_1 und K_2 heißt eine **AL-Resolvente** (**aussagenlogische Resolvente**), wenn die Substitution σ in der Definition einer Basisresolvente die Identität ist. Der zu einer AL-Resolventen führende Beweisschritt heißt eine **AL-Resolution**.

Eine Alternative zu der von uns benutzten erweiterten Basis-Resolution besteht in der Einführung einer zusätzlichen Ableitungsregel, einer sog. **Faktorisierungsregel**, die eventuell nach Anwendung einer geeigneten Substitution mehrfach auftretende Literale einer Klausel zu einem Literal zusammenzieht.

Betrachten wir jetzt zwei besonders einfache Klauseln, die beide nur aus einem Disjunktionsteil bestehen, und zwar einmal aus der variablenfreien atomaren Formel R(c) und zum zweiten aus der negierten atomaren Formel $\neg$R(c). Was ist die Resolvente dieser beiden Klauseln? Es ist die Klausel mit 0 Disjunktionen, die sog. **leere Klausel**, bezeichnet mit $\square$. Wie aus der Situation, die zur Einführung der leeren Klausel führte, zu erwarten ist, vereinbaren wir, daß $\square$ in allen Strukturen falsch ist.

Wir beginnen mit einem sehr einfachen, in seiner Konsequenz aber weitreichenden Lemma, denn es ist der wesentliche Schritt im Beweis von Satz 4, der häufig benutzt werden kann, um den allgemeinen prädikatenlogischen Fall auf eine aussagenlogische Situation zu reduzieren.

Lemma 1

1. Ist R eine erweiterte Basisresolvente von K_1 und K_2, dann gibt es eine Substitution σ, so daß R eine AL-Resolvente von $\sigma(K_1)$ und $\sigma(K_2)$ ist.

2. Unter den Voraussetzungen von 1. gibt es für jede Substitution μ eine Substitution σ, so daß $\mu(R)$ eine AL-Resolvente von $\sigma(K_1)$ und $\sigma(K_2)$ ist.

3. Ist in 2. $\mu(R)$ variablenfrei, so kann σ so gewählt werden, daß auch $\sigma(K_1)$ und $\sigma(K_2)$ variablenfrei sind.

Beweis:
Der Beweis von 1. ist völlig trivial.
War τ ein Unifikator zweier entgegengesetzter Disjunktionsglieder in K_1 und K_2, so ist es $\sigma = \mu * \tau$ um so mehr, und Teil 2 ist auch bewiesen.
Wir geben zunächst ein Beispiel, das zeigt, daß die 3. Teilbehauptung nicht trivial ist.

Beispiel

$$K_1 = p(x,f(a),y) \vee q(x)$$
$$K_2 = \neg p(g(b),z,y) \vee r(z)$$
$$\tau : \{<x,g(b)>, <z,f(a)>, <y,y>\}$$

$$R = q(g(b)) \vee r(f(a))$$
$$\mu = id.$$

$\mu(R)$ ist zwar eine AL-Resolvente von $\tau(K_1)$ und $\tau(K_2)$, aber diese beiden Klauseln sind nicht variablenfrei.

Zum Beweis von 3. genügt es, $\sigma' = \mu * \tau$ so zu σ abzuändern, daß $K''_1 = \sigma(K_1)$ und $K''_2 = \sigma(K_2)$ variablenfrei sind. Da σ und σ' sich nur auf Variablen unterscheiden, die sich bei der Resolventenbildung herauskürzen, ist $\sigma(R)$ wieder eine Resolvente von K''_1 und K''_2. □

Wir wenden uns jetzt zwei fundamentalen Eigenschaften der Resolventenbildung zu.

Definition I
Für eine Menge D von universellen Klauseln sei I(D) die kleinste Menge I universeller Klauseln mit den Eigenschaften:
1. D ist Teilmenge von I.
2. Für je zwei universelle Klauseln K_1 und K_2 in I liegt auch jede Resolvente von K_1 und K_2 in I.

Die Menge aller Klauseln erfüllt trivialerweise die Bedingungen 1 und 2. Da außerdem der Durchschnitt beliebig vieler Mengen, die 1 und 2 erfüllen, auch wieder 1 und 2 erfüllt, ist I(D) wohldefiniert.

Definition II

$I_0(D) = D$

$I_{n+1}(D) = I_n(D) \cup$ Menge aller Resolventen, die aus Klauseln in $I_n(D)$ gebildet werden können.

Die erste Definition charakterisiert I(D) sozusagen von oben, die zweite gibt einen Aufbau von I(D) von unten an. Das nächste Lemma zeigt, daß beide Definitionen zum selben Ergebnis führen.

Lemma 2

$$I(D) = \cup \{I_n(D) : n \geq 0\}$$

Beweis:
Nach Definition von I(D) ist für jedes n auch $I_n(D)$ in I(D) enthalten. Umgekehrt sieht man, daß die Vereinigung aller $I_n(D)$ die beiden Eigenschaften in der Definition von I(D) besitzt. □

Lemma 3

Gilt für eine Menge D universeller Klauseln und eine Struktur M: $M \models D$, dann gilt auch $M \models I(D)$.

Beweis:

Es genügt, für jede Resolvente R von zwei Klauseln K_1 und K_2, für die $M \models K_1$ und $M \models K_2$ gilt, auch $M \models R$ nachzuweisen. Variablenumbenennung und Ausführung von Substitutionen zerstören nicht die Gültigkeit in M. Wir können uns also auf den Fall beschränken, daß R eine AL-Resolvente von K_1 und K_2 ist. Etwa:

$$K_1 = K'_1 \vee A \vee \ldots \vee A$$
$$K_2 = K'_2 \vee \neg A \vee \ldots \vee \neg A$$

und

$$R = K'_1 \vee K'_2$$

für geeignete Klauseln K'_1, K'_2. Ist A falsch in M, dann muß $M \models K'_1$ gelten, woraus unmittelbar $M \models R$ folgt. Ist A wahr in M, dann muß $\neg A$ in M falsch sein, und damit gilt $M \models K'_2$, was ebenfalls $M \models R$ unmittelbar zur Folge hat. □

Definition

Ist D eine Menge universeller Klauseln, so bezeichnet **Subst(D)** die Menge aller variablenfreien Klauseln, die aus Klauseln in D durch Substitution entstehen.

Wir bemerken, daß Subst als mengenwertige Funktion stetig und damit auch monoton ist.

Der nächste Satz zeigt die Vertauschbarkeit der beiden Operatoren I und Subst.

Satz 4

Für jede Menge D universeller Klauseln gilt:

$$\mathrm{Subst}(I(D)) = I(\mathrm{Subst}(D))$$

Beweis:

Zunächst zeigen wir, daß I(Subst(D)) enthalten ist in Subst(I(D)). Dazu zeigen wir durch Induktion nach n, daß $I_n(\mathrm{Subst}(D))$ in Subst(I(D)) enthalten ist.

Der Induktionsanfang $\mathrm{Subst}(D) \subseteq \mathrm{Subst}(I(D))$, folgt aus $D \subseteq I(D)$ und der Monotonie von Subst.

Für den Induktionsschritt von n auf n+1 sei $R \in I_{n+1}(\mathrm{Subst}(D))$. Es gibt also zwei Klauseln K_1 und K_2 aus $I_n(\mathrm{Subst}(D))$, so daß R eine Resolvente von K_1 und K_2 ist. Nach Induktionsvoraussetzung existieren Substitutionen σ_1, σ_2, so daß für gewisse

K'_1 und K'_2 aus I(D) gilt: $K_1 = \sigma_1(K'_1)$ und $K_2 = \sigma_2(K'_2)$. Wir zeigen, daß R auch eine Resolvente von K'_1 und K'_2 ist. Wir benutzen hierzu den zusätzlichen Freiheitsgrad bei der Bildung von Resolventen und nehmen an, daß K'_1 und K'_2 variablendisjunkt sind. Wir können daher die beiden Substitutionen σ_1 und σ_2 zu einer einzigen Substitution σ zusammenfassen. Waren A und $\neg$B die beiden entgegengesetzten Disjunktionsglieder in K'_1, K'_2 mit $\sigma_1(A) = \sigma_2(B)$, so ist σ ein Unifikator von A und B und damit R als variablenfreie Resolvente von K_1 und K_2 erkannt.

Für die umgekehrte Inklusion genügt es wegen der Stetigkeit von Subst, durch Induktion über n

$$\mathrm{Subst}(I_n(D)) \subseteq I(\mathrm{Subst}(D))$$

zu beweisen. Nach Definition steht $\mathrm{Subst}(I_n(D))$ für die Menge aller variablenfreien Klauseln, die aus Klauseln in $I_n(D)$ durch Substitution entstehen. Für n = 0 ist $\mathrm{Subst}(I_0(D))$ in Subst(D) und umso mehr in I(Subst(D)) enthalten. Angenommen, wir haben schon gezeigt, daß $\mathrm{Subst}(I_n(D))$ in I(Subst(D)) enthalten ist, und R ist eine Resolvente der beiden Klauseln K_1 und K_2 aus $I_n(D)$, und σ ist eine variablenfreie Substitution, so daß also $\sigma(R)$ in $\mathrm{Subst}(I_{n+1}(D))$ liegt. Nach Lemma 1 Teil 3 gibt es eine Substitution μ, so daß $K'_1 = m(K_1)$ und $K'_2 = \mu(K_2)$ variablenfrei sind und $\sigma(R)$ eine AL-Resolvente von K'_1 und K'_2 ist. Nach Voraussetzung liegen K'_1 und K'_2 in I(Subst(D)) und damit auch die Klausel $\sigma(R)$, die ja als Resolvente von K'_1 und K'_2 erhalten werden kann. □

Satz 5

Sei D eine Menge universeller Klauseln. D besitzt ein Modell genau dann, wenn die leere Klausel □ nicht in I(D) liegt.

Beweis:

Besitzt D ein Modell M, dann gilt nach Lemma 3 auch M $\models$ I(D). Damit kann □ nicht in I(D) liegen.

Sei jetzt umgekehrt vorausgesetzt, daß □ nicht in I(D) liegt. Gelingt es uns, eine Herbrand-Stuktur H zu finden, in der Subst(I(D)) wahr ist, so ist H auch ein Modell für I(D), da das Universum von H gerade aus allen variablenfreien Termen besteht. Nach Satz 4 besteht unsere Aufgabe also darin, ein Modell für I(Subst(D)) zu finden. Diese Überlegungen zeigen, daß wir ohne Beschränkung der Allgemeinheit von Anfang an annehmen können, daß D variablenfrei ist. Gegeben ist eine Menge D variablenfreier Klauseln, so daß I(D) nicht □ enthält. Wir konstruieren ein Herbrand-Modell für I(D). Sei dazu $\{A_n : n \geq 1\}$ eine Liste aller variablenfreien atomaren Formeln des Vokabulars von D. Wir müssen für jedes n entscheiden, ob in der Herbrand-Struktur H A_n wahr oder falsch sein soll. Das geschieht durch Induktion nach n. Auf jeder Induktionsstufe n werden wir von jeder Klausel K, die nur die atomaren Formeln $A_1, \ldots, A_n$ oder deren Negation enthält, wissen, ob K in H wahr ist oder nicht; denn obwohl auf der Stufe n noch nicht die ganze Struktur H konstruiert ist, liegt der zur Auswertung von K notwendige Teil schon fest.

Sei jetzt für alle $m < n$ schon entschieden, ob A_m in H wahr oder falsch ist, und wir sollen jetzt diese Entscheidung für A_n treffen. Wir setzen A_n wahr in H, es sei denn, es gibt eine Klausel K in I(D) von der Form

$$K = K' \vee \neg A_n \vee \ldots \vee \neg A_n$$

wobei K' eine Klausel ist, die nur negative Literale $\neg A_i$ mit $i < n$ enthält, und K' in H ist nicht wahr. Damit ist die Definition von H abgeschlossen.

Wir zeigen durch Induktion nach der Anzahl k der positiven Literale in L, daß für L aus I(D) gilt: $H \models L$. Für $k = 0$ haben wir zu zeigen, daß jede Klausel L in I(D), die nur negative Literale enthält, in H wahr ist. Nach Voraussetzung ist L verschieden von □, und nach Konstruktion gilt offensichtlich $H \models L$. (Das ist die einzige Stelle, an der die Voraussetzung benutzt wird.)
Sei jetzt $k > 0$ und L von der Form

$$L_1 \vee A_j \vee L_2$$

1. Fall: Ist A_j wahr in H, so auch L und wir sind fertig.
2. Fall: A_j ist nicht wahr in H. Nach Konstruktion von H gibt es eine Klausel K in I(D)

$$K = K' \vee \neg A_j \vee \ldots \vee \neg A_j$$

so daß nicht $H \models K'$ gilt und K' nur negative Literale enthält. Sei R die Resolvente von L und K, die weder A_j noch $\neg A_j$ enthält. R liegt wieder in I(D) und enthält weniger positive Literale als L. Nach Induktionsvoraussetzung muß R in H wahr sein. Dann muß R aber auch ein Literal L' enthalten mit $H \models L'$, das von L herkommt, da ja K' nicht wahr ist in H. Dann ist aber auch L wahr in H. □

Bei näherem Hinsehen erkennt man, daß im Beweis von Satz 5 mehr gezeigt wurde als die Behauptung des Satzes. Bei jeder Resolvente war nämlich mindestens eine der beiden Elternklauseln negativ. Diese Beobachtung ist wichtig, da sie es erlaubt, die Definition von I_n so abzuändern, daß weniger Rechenschritte nötig sind, um I_{n+1} aus I_n zu berechnen.

Die formale Definition:

$J_0(D) \quad = D$

$J_{n+1}(D) = J_n(D) \cup$ Menge aller Resolventen, die aus Paaren K_1, K_2 von Klauseln aus $J_n(D)$ gebildet werden können, wobei mindestens eine der beiden negativ sein muß.

Schließlich sei J(D) = Vereinigung aller $J_n(D)$.

Lemma 6

J(D) ist die kleinste Menge J mit den Eigenschaften:

1. D ist eine Teilmenge von J.
2. Ist B eine Resolvente zweier Klauseln in J, wobei mindestens eine negativ ist, dann liegt B wieder in J.

Beweis: Analog zum Beweis von Lemma 3. □

Satz 7

Sei D eine Menge universeller Klauseln, dann gilt:

□ liegt nicht in J(D)
gdw.
D besitzt ein Modell.

Beweis:

Da offensichtlich J(D) in I(D) enthalten ist, ist die Implikation von rechts nach links eine Konsequenz von Satz 5. Die umgekehrte Implikation folgt nach der obigen Beobachtung aus dem Beweis von Satz 5. □

Wir wollen aus dem bisher Bewiesenen eine naheliegende Konsequenz besonders festhalten:

Satz 8 (Satz von Herbrand)

Ist eine Menge D universeller Klauseln inkonsistent, so gibt es schon eine endliche inkonsistente Teilmenge D_0 von Subst(D_0).

Beweis:

Nach Satz 5 ist D inkonsistent genau dann, wenn □ in I(D) liegt. Das ist, wie in einer der Übungsaufgaben behauptet wird, genau dann der Fall, wenn es eine endliche Teilmenge D_0 von D gibt, so daß □ bereits in I(D_0) liegt. Nach Satz 5 ist D_0 inkonsistent. □

Korollar 9 (Satz von Herbrand, zweite Version)

Sei A(x) eine quantorenfreie Formel, D eine Menge universeller Klauseln.

Dann gilt $D \vdash \exists x\, A(x)$ genau dann, wenn es eine natürliche Zahl n und variablenfreie Terme $t_1,\ldots,t_n$ gibt, so daß $D \vdash A(t_1) \vee \ldots \vee A(t_n)$ gilt.

Beweis:

Aus $D \vdash \exists x\ A(x)$ folgt die Inkonsistenz von $D \cup \{\forall x\ \neg A(x)\}$. Dann ist auch $D_1 = D \cup \{\neg A(t) : t$ ein variablenfreier Term$\}$ inkonsistent. Hätte nämlich D_1 ein Modell, so nach Satz 2.2 auch ein Herbrand-Modell H. In H gilt $\neg A(t)$ für jeden variablenfreien Term t, woraus schon $H \models \forall x\ \neg A(x)$ folgt. Satz 8 sagt, daß dann bereits eine endliche Teilmenge von $D \cup \{\neg A(t) : t$ ein variablenfreier Term$\}$ inkonsistent ist. Insbesondere gibt es also eine natürliche Zahl n und variablenfreie Terme $t_1,\ldots,t_n$, so daß $D \cup \{\neg A(t_1),\ldots,\neg A(t_n)\}$ inkonsistent ist, d. h. aber nichts anderes als $D \vdash A(t_1) \vee \ldots \vee A(t_n)$. Die Implikation in der umgekehrten Richtung ist trivial. □

5.2 Die Stützmengen-Strategie

Der Beweis von Satz 5 wurde geführt, indem ein Modell der Formelmenge D angegeben wurde unter der Voraussetzung, daß □ nicht in I(D) liegt. Wir wollen in dem nun folgenden Abschnitt zeigen, daß ein Beweis auch in der umgekehrten Richtung möglich ist, d.h. unter der Voraussetzung, daß eine Formelmenge D kein Modell besitzt, zeigen wir, daß □ in I(D) liegt. Um uns nicht zu wiederholen, beweisen wir eine Variante von Satz 5, die als Korollar die Vollständigkeit der sogenannten Stützmengen-Strategie (**set-of-support-Strategie**) nach sich ziehen wird.

Sei M eine beliebige Struktur.

Definition

$I_0{}^M(D) = D$

$I_{n+1}{}^M(D) = I_n{}^M(D) \cup$ Menge aller Resolventen, die aus Paaren K_1, K_2 von Klauseln aus $I_n{}^M(D)$ gebildet werden können, wobei mindestens eine der beiden Klauseln in M falsch ist.

Schließlich sei $I^M(D)$ = Vereinigung aller $I_n{}^M(D)$.

Lemma 10

Sei D eine inkonsistente Menge universeller Klauseln und M eine beliebige Struktur im Vokabular von D, dann liegt □ in $I^M(D)$.

Beweis:

Nach Satz 8 können wir ohne Beschränkung der Allgemeinheit annehmen, daß D eine endliche Menge variablenfreier Klauseln ist. Der Beweis wird durch Induktion über die Anzahl der atomaren Formeln geführt, die als Teilformeln von Klauseln in D auftreten.

Ist diese Zahl = 1, dann muß für die einzige auftretende atomare Formel A sowohl eine Klausel der Form A ∨ ... ∨ A als auch der Form ¬A ∨ ... ∨ ¬A in D liegen. Eine dieser beiden Klauseln muß in M falsch sein. Also liegt □ in $I_1^M(D)$.

Induktionsschritt: Wir wählen ein Literal L, so daß L oder das dazu komplementäre Literal ¬L in einer Klausel in D tatsächlich vorkommt und L in M falsch ist. Die Menge D' werde aus D erhalten, indem zunächst alle Klauseln, die ¬L enthalten, aus D gestrichen werden und sodann in den verbleibenden Klauseln das Literal L weggelassen wird. D' enthält echt weniger atomare Teilformeln als D, denn weder L noch ¬L treten auf. Außerdem ist D' inkonsistent, denn wäre v' eine Wahrheitswertbelegung, die D' wahr macht, so könnte man sie durch v(L) = falsch zu einer Wahrheitswertbelegung v fortsetzen, die D wahr macht. Nach Induktionsvoraussetzung liegt also □ in $I_n^M(D')$ für ein geeignetes n. Setzen wir L an allen Stellen wieder ein, an denen es weggelassen wurde, so erhalten wir $L \in I_n^M(D)$. (Es kann natürlich geschehen, daß wir schon $\square \in I_n^M(D)$ erhalten, dann erübrigt sich der Rest des Beweises).

Sei jetzt D" die Menge von Klauseln, die aus D erhalten wird, indem zuerst alle Klauseln, in denen L auftritt, weggestrichen werden und danach in den verbleibenden Klauseln das Literal ¬L weggelassen wird. D" ist wiederum inkonsistent und enthält echt weniger atomare Teilformeln als D. Nach Induktionsvoraussetzung liegt also □ in $I_k^M(D'')$ für ein geeignetes k. D" entsteht aus gewissen Klauseln aus D durch Weglassen von ¬L oder, was dasselbe ist, durch Resolution mit L. Da L in M falsch ist und $L \in I_n^M(D)$ gilt, haben wir $D'' \subseteq I_{n+1}^M(D)$, was insgesamt zu $\square \in I_{n+k+1}^M(D)$ führt. □

Will man die Stützmengen-Strategie bei der Herleitung von Klauseln aus einer Menge D universeller Klauseln benutzen, so muß man zuerst eine Teilmenge $S \subseteq D$ wählen, so daß $D \setminus S$ konsistent ist. S heißt eine **Stützmenge** (set-of-support) für D. Typischerweise wird eine inkonsistente Menge erhalten, indem man von einer Menge A von Axiomen ausgeht, die konsistent ist, und die Negation C eines vermuteten Theorems hinzufügt. In diesem Falle wäre {C} eine mögliche Stützmenge.
Formal können wir den Effekt der Stützmengen-Strategie mit Hilfe des Operators J_n^S wie folgt definieren:

Definition

$J_0^S(D) \quad = \quad D$

$J_1{}^S(D)$ = $D \cup$ Menge aller Resolventen, die aus Paaren K_1, K_2 von Klauseln aus D gebildet werden können, wobei mindestens eine der beiden Klauseln in S liegt.

für $n \geq 1$:

$J_{n+1}{}^S(D)$ = $J_n{}^S(D) \cup$ Menge aller Resolventen, die aus Paaren K_1, K_2 von Klauseln aus $J_n{}^S(D)$ gebildet werden können.

Schließlich sei $J^S(D)$ = Vereinigung aller $J_n{}^S(D)$.

Satz 11
Sei D eine inkonsistente Menge universeller Klauseln und S eine Stützmenge für D. Dann liegt $\square$ in $J^S(D)$.

Beweis:
Da nach Wahl von S die Formelmenge $D \setminus S$ konsistent ist, können wir ein Modell M von $D \setminus S$ wählen. Man sieht leicht, daß für alle n gilt $I_n{}^M(D) \subseteq J_n{}^S(D)$. Nach Lemma 10 liegt $\square$ in $I^M(D)$, also auch in $J^S(D)$. $\square$

5.3 Beweisdiagramme

Eine anschauliche Beschreibung der existentiellen Konjunktionen A, die aus einer Menge D universeller Klauseln folgen, bieten die **Beweisdiagramme** über D. Ein Beweisdiagramm ist ein binärer Baum, dessen Knoten mit universellen Klauseln markiert sind, wobei die Allquantoren einfachheitshalber nicht notiert werden.

Jedes Beweisdiagramm besitzt genau eine Wurzel. Ist B die Markierung eines Blattes in einem Beweisdiagramm über D, so muß B in D liegen. Sind die Knoten N_1, N_2 die beiden Söhne des Knotens N, ist N mit R markiert und N_i mit R_i, so muß R eine Resolvente von R_1 und R_2 sein.
Sind insbesondere zwei Beweisdiagramme über D gegeben mit den Wurzelmarkierungen B_1 und B_2 und ist B eine Resolvente von B_1 und B_2, so kann man daraus ein neues Beweisdiagramm über D bilden durch Hinzunahme eines neuen Wurzelknotens mit Markierung B. Die beiden Söhne der Wurzel sind die ursprünglichen Wurzeln der beiden Beweisdiagramme.

Lemma 12
Sei D eine Menge universeller Klauseln, A eine universelle Klausel. Dann liegt A in I(D) genau dann, wenn ein Beweisdiagramm über D mit Wurzelmarkierung A existiert.

Beweis:

Sei zunächst A ein Element von I(D). Sei k die kleinste Zahl, so daß A in $I_k(D)$ liegt. Der Beweis besteht in einer einfachen Induktion über k.

Zum Beweis der umgekehrten Implikation sei jetzt B eine Klausel, die als Wurzelmarkierung eines Beweisdiagramms Γ über D vorkommt. Man zeigt durch Induktion über die Anzahl k der Knoten in Γ, daß B in I(D) liegt. Für k = 1 ist B auch die Markierung eines Blattes und liegt somit sogar in D. Für k > 1 seien B_1, B_2 die Markierungen der beiden Nachfolgerknoten der Wurzel von Γ und Γ_1 bzw. Γ_2 die Teilbäume von Γ mit Wurzelmarkierungen B_1 bzw. B_2. Nach Induktionsvoraussetzung liegen B_1 und B_2 in I(D). Da B eine Resolvente von B_1 und B_2 ist, liegt auch B in I(D). □

Beispiel

Sei D = {A, B, C, D}, wobei

$$A = p(a) \vee q(a)$$
$$B = p(a) \vee \neg q(a)$$
$$C = \neg p(a) \vee q(a)$$
$$D = \neg p(a) \vee \neg q(a)$$

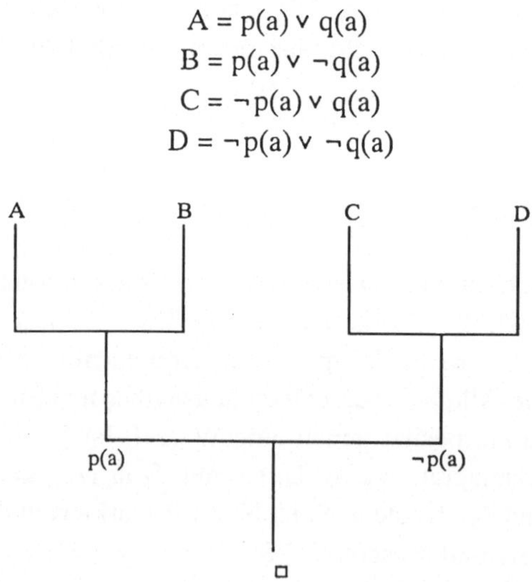

Abb.1 Ein Beweisdiagramm

Während die Aussage $B \in I_n(D)$ nur die Information enthält, daß B in n Resolutionsschritten aus D herleitbar ist, vermittelt ein Beweisdiagramm für B aus D eine detaillierte Beschreibung, wie B aus D hergeleitet werden kann. Die im nächsten Abschnitt behandelte Herleitungsstrategie z.B. läßt sich erst auf der Ebene der Beweisdiagramme formulieren; die Operator-Terminologie wäre dazu zu grob.

5.4 Modellelimination

Eine der Schwierigkeiten bei der Benutzung maschineller Resolutionsbeweiser liegt in der großen Zahl von Resolventen, die auf jeder Stufe einer Ableitung durchprobiert werden müssen. In Satz 7 haben wir bereits gesehen, daß man sich ohne Einbuße auf Resolventen beschränken kann, die eine negative Elternklausel haben. Im Fall von Ableitungen aus einer Menge universeller Hornklauseln zeigt Lemma 6.1, daß es genügt, Resolventen zu betrachten, bei denen mindestens eine Elternklausel eine der "Eingabeklauseln" aus D ist. Diese spezielle Form der Resolution nennt man **Eingabeklausel-Resolution (input resolution)**.

Die Definition in der Operator-Terminologie sieht wie folgt aus:

$\text{Input}_0(D) = D$

$\text{Input}_{n+1}(D) = \text{Input}_n(D) \cup$ Menge aller Resolventen, die aus Paaren von Klauseln K_1 in D und K_2 in $\text{Input}_n(D)$ gebildet werden können.

Schließlich sei $\text{Input}(D) = \cup \{\text{Input}_n(D) : 0 \leq n\}$.

Das folgende Beispiel zeigt, daß Eingabeklausel-Resolution im allgemeinen zu schwach ist:

$$D = \{A \vee B, \neg A \vee B, A \vee \neg B, \neg A \vee \neg B\}$$

D besitzt sicherlich kein Modell, aber $\square$ ist mit Eingabeklausel-Resolution nicht aus D ableitbar. Es gibt jedoch eine leichte Verstärkung der Eingabeklausel-Resolution, die wieder gleichwertig zur uneingeschränkten Resolution ist.

Wir definieren dazu den Begriff einer **Ableitungsfolge** über einer Menge D universeller Klauseln. Jede einelementige Folge von Klauseln ist eine Ableitungsfolge über D. Ist L eine Ableitungsfolge über D mit letztem Element A, so ist auch die um die Klausel B verlängerte Folge eine Ableitungsfolge über D, falls B entweder durch Resolution von A mit einer Klausel aus D oder durch Resolution mit einer Klausel in L entstanden ist. Das folgende Lemma enthält die wichtigste technische Eigenschaft, um aus einem Beweisdiagramm eine Ableitungsfolge herauszudestillieren.

Lemma 13

Gegeben seien drei Klauseln K, M, N. Aus M und N werde eine Resolvente R gewonnen; aus K und R werde seinerseits die Resolvente L hergeleitet. Dann gilt:

(1) Es gibt Resolventen L' von K und M, L" von L' und N, so daß L als Resolvente von L" und K erhalten werden kann,

oder

(2) es gibt eine Resolvente L' von K und M, so daß L eine Resolvente von L' und N ist,

oder

(3) wie (2), nur M mit N vertauscht.

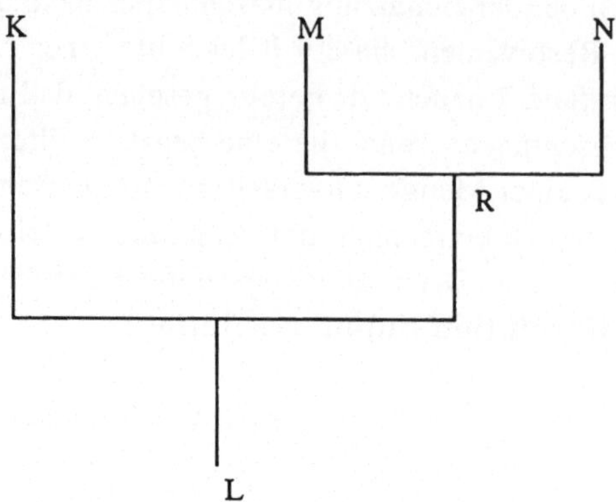

Abb. 2 Die Ausgangssituation

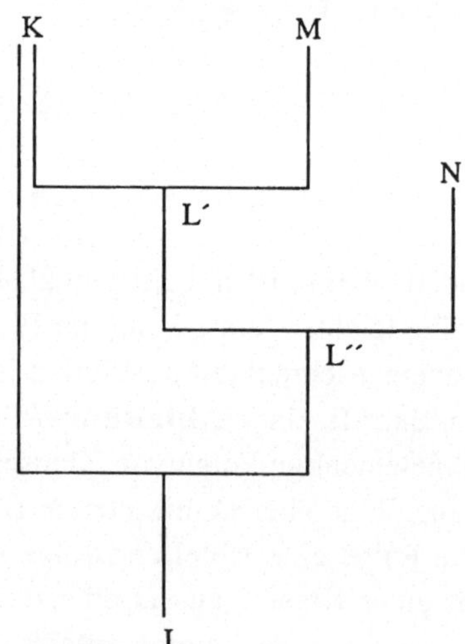

Abb. 3 Die veränderte Situation nach (1)

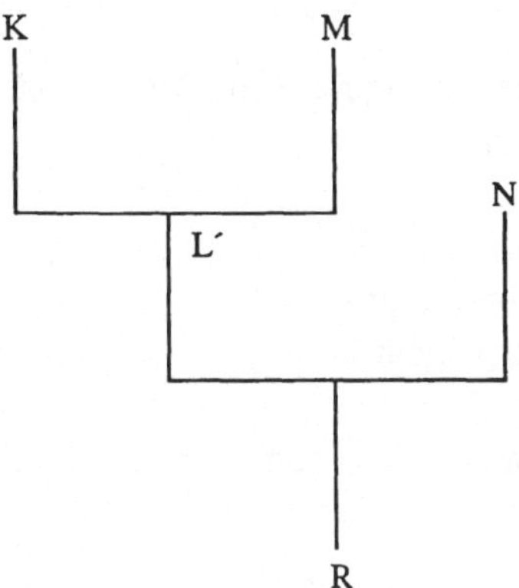

Abb. 4 Die veränderte Situation nach (2)

Nach Lemma 5.1 gibt es eine Substitution σ, so daß L eine AL-Resolvente von σ(K) und σ(R) ist. Wir können o.B.d.A. annehmen, daß σ(K), M, N und σ(R) variablendisjunkt sind. Daher läßt sich σ nach demselben Lemma so fortsetzen, daß σ(R) eine AL-Resolvente von σ(M) und σ(N) ist. Der notationellen Einfachheit wegen nehmen wir an, daß schon im ursprünglichen Diagramm nur AL-Resolutionen vorkommen.

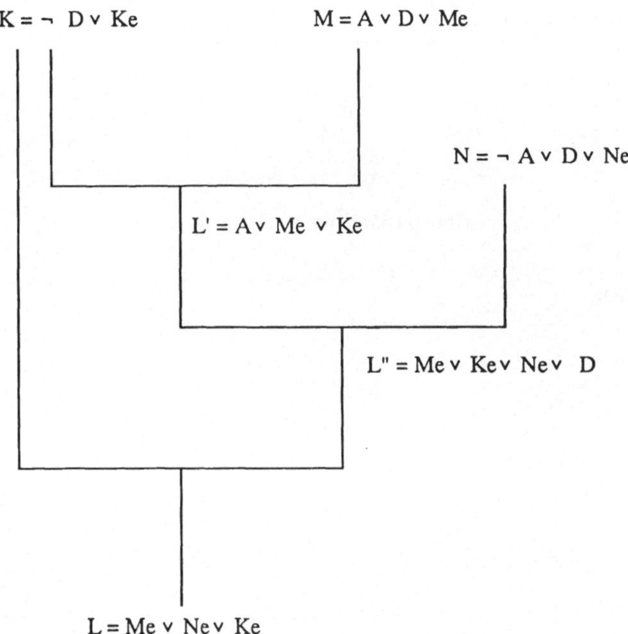

Abb. 5 Diagramm zu Fall 1

Beweis:
Sei $\neg D$, D das Literalpaar, das bei der Resolution von K und R benutzt wird. Es sind drei Fälle zu unterscheiden:

(1) D kommt in N und M vor,
(2) D kommt in M vor, aber nicht in N,
(3) D kommt in N vor, aber nicht in M.

Der Beweis im Fall (1) kann aus Abb. 5 abgelesen werden, wobei A, D Literale und Me, Ne, Ke Klauseln sind.

Im Fall (2) erhalten wir das Diagramm in Abb. 6.

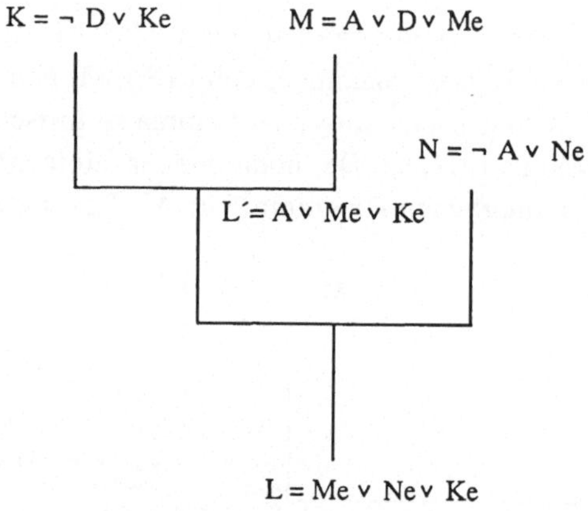

Abb. 6 Diagramm zu Fall 2

Fall (3) folgt analog. □

Beispiel
Ableitungsfolge zum Beweisdiagramm aus Abb.1:

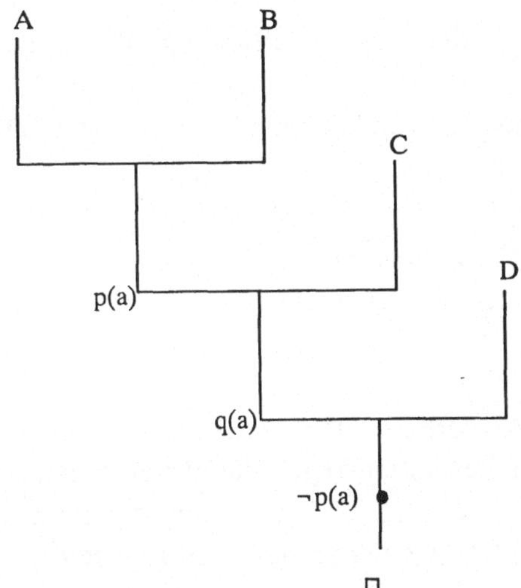

Abb. 7 Beispiel einer Ableitungsfolge

Satz 14
Sei D eine Menge universeller Klauseln und A eine einzelne universelle Klausel, so daß D ein Modell besitzt, $D \cup \{A\}$ aber nicht, dann gibt es eine Ableitungsfolge mit erstem Element A und letztem Element □.

Beweis:
Aus den Voraussetzungen folgt, daß ein Beweisdiagramm B existiert mit Wurzel □, so daß A mindestens einmal als Markierung eines Blattes auftritt. Sei **P** die Folge von Klauseln, die entlang des Pfades von einem mit A markierten Blatt bis zur Wurzel, beginnend mit A, auftreten. Mit jedem Element C aus **P** verbinden wir die natürliche Zahl n(C) = Anzahl der Elemente, die im Teilbaum von B mit Wurzel C, aber nicht in dem fixierten Pfad liegen. Zu gegebenem **P** sei n(**P**) = max {n(C) : C aus **P**} und m(**P**) = Anzahl der C in **P** mit n(C) = n(**P**). Wäre n(**P**) = 1, dann wäre **P** schon eine Ableitungsfolge. Man benutzt nun Induktion über das Paar (m(**P**), n(**P**)). Im Induktionsschritt benutzt man Lemma 13, um das aktuelle Beweisdiagramm B mit ausgezeichnetem Pfad **P** zu transformieren in ein Beweisdiagramm B' mit ausgezeichnetem Pfad **P**', so daß (m(**P**'), n(**P**')) in der lexikographischen Ordnung echt kleiner als (m(**P**), n(**P**)) ist. □

5.5 Übungsaufgaben

Aufgabe 1

Gilt $A \in I(D)$, dann gibt es eine endliche Teilmenge D_0, so daß bereits $A \in I(D_0)$ gilt.

Hinweis: Führe den Beweis durch Induktion über n für $A \in I_n(D)$.

Aufgabe 2

(1) Aus $E \subseteq D$ folgt $Subst(E) \subseteq Subst(D)$.

(2) $Subst(\cup\{D_i : i \in I\} = \cup\{Subst(D_i) : i \in I\}$

Aufgabe 3

Sei $D = \{A \vee A, \neg A \vee \neg A\}$. Offensichtlich ist D nicht erfüllbar. Zeigen Sie, daß mit Hilfe der eingeschränkten Resolutionsregel, die nur gestattet, jeweils ein Vorkommen eines Literals aus einer Klausel herauszukürzen, $\square$ nicht aus D herleitbar ist.

Hinweis: Achten Sie auf die Länge der produzierten Klauseln.

(a) Geben Sie ein Beispiel einer nicht erfüllbaren Klauselmenge D, so daß mit der Basisresolution allein die leere Klausel nicht aus D herleitbar ist.

(b) Geben Sie eine nicht erfüllbare Klauselmenge E an, so daß mit der erweiterten Basisresolution allein die leere Klausel nicht aus E abgeleitet werden kann.

Aufgabe 4

Für jede universelle Klausel K aus I(D) gilt: $D \vdash K$. Zeigen Sie, daß die umgekehrte Implikation nicht gilt.

Man sagt, der Resolutionskalkül ist **widerlegungsvollständig**, aber nicht **ableitungsvollständig**.

Aufgabe 5

Für zwei Klauseln

$$L_1 \vee \dots \vee A \vee \dots \vee L_k$$

und

$$L'_1 \vee \dots \vee \neg B \vee \dots \vee L'_m$$

erhält man eine allgemeinste Basisresolvente R_a, falls sie existiert, indem man den allgemeinsten Unifikator σ für A und B bildet und R_0 gleich der folgenden Formel setzt:

$$\sigma(L_1 \vee \dots \vee \square \vee \dots \vee L_k \vee L'_1 \vee \dots \vee \square \vee \dots \vee L'_m)$$

Zeigen Sie, daß für jede beliebige Basisresolvente R zweier Klauseln K_1 und K_2 eine Substitution μ existiert, so daß $\mu(R_a) = R$ gilt, für eine allgemeinste Basisresolvente R_a von K_1 und K_2.
Natürlich gilt dieses Ergebnis entsprechend auch für erweiterte Resolventen und Resolventen.

Aufgabe 6

Ist R eine Resolvente der Klausel $\sigma_1(K_1)$ und $\sigma_2(K_2)$, dann ist R auch eine Resolvente von K_1 und K_2.

Aufgabe 7

Wir nennen, allein für den Zweck dieser Übungsaufgabe, eine Klausel K eine **faktorisierende Resolvente** von K_1, K_2, wenn K_0 eine Resolvente von K_1, K_2 ist und K aus K_0 entsteht, indem mehrfach auftretende Literale in K in K_0 nur noch einfach auftreten.
Die Menge $I_f(D)$ werde wie I(D) gebildet, wobei jedoch **zusätzlich** noch faktorisierende Resolution erlaubt ist.
Zeigen Sie:

a) Es gibt Klauselmenge D, so daß nicht
$$I_f(D) \subseteq I(D).$$
b) $\square \in I_f(D)$ gdw $\square \in I(D)$.

6 PROLOG-Situationen

In diesem Kapitel betrachten wir nicht mehr beliebige Klauselmengen, sondern nur noch sogenannte PROLOG-Situationen. An die Stelle von Beweisdiagrammen treten in PROLOG-Situationen lineare Beweisdiagramme. Zur Beschreibung der Beweissuche werden Beweissuchbäume eingeführt und der elementare Zusammenhang zwischen Ableitbarkeit und erfolgreichen Pfaden in Beweissuchbäumen bewiesen. Die spezielle Situation im Endlichen erfolgloser Beweissuchbäume wird im letzten Unterkapitel genauer analysiert.

6.1 Lineare Resolution

Wir betrachten jetzt den Spezialfall, daß die Menge D universeller Klauseln sich als $D = P \cup \{\neg G\}$ darstellen läßt, wobei P eine Menge universeller Hornklauseln ist, die **Datenbasis** eines PROLOG-Programms, und G eine existentielle Formel, deren Matrix eine Konjunktion unnegierter atomarer Formeln ist, das **Ziel** eines PROLOG-Programms. Eine solche Menge D universeller Klauseln nennen wir eine **PROLOG-Situation**.

Definition
Ein Beweisdiagramm über D von der in Abb.1 gezeigten Form, wobei die Markierungen K_i aus D stammen, heißt ein **lineares Beweisdiagramm**.
Ohne auf eine graphische Darstellung Bezug zu nehmen, können wir ein lineares Beweisdiagramm über D als eine Folge von Klauseln

$$R_0, R_1, \dots, R_n,$$

ansehen, wobei R_0 in D liegt und jedes R_{i+1} eine Resolvente von R_i mit einer Klausel K_i in D ist.

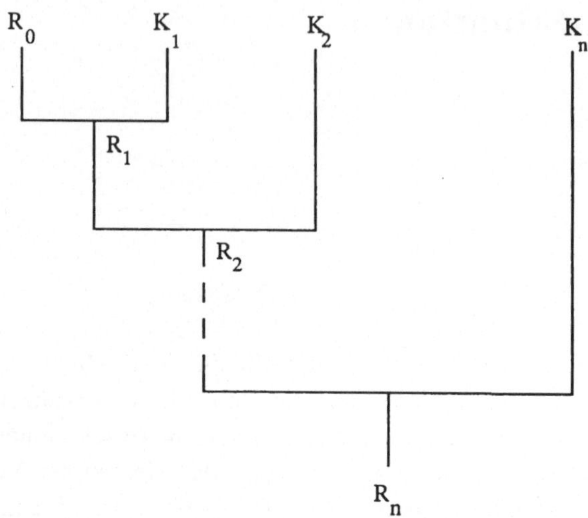

Abb. 1 Ein lineares Beweisdiagramm

Lemma 1

1. Sei $D = P \cup \{\neg G\}$ eine PROLOG-Situation, dann gilt $P \vdash G$ genau dann, wenn ein lineares Beweisdiagramm der in Abb. 2 gezeigten Form über D existiert, wobei alle K_i in P liegen.
2. $\square \in I(D) \iff \square \in J(D) \iff \square \in Input(D)$.

Beweis:

1. Gibt es ein Beweisdiagramm der angegebenen Art, so folgt aus Lemma 5.12 und Satz 5.5 $P \vdash G$.

Gilt jetzt $P \vdash G$, so gibt es nach den eben genannten Sätzen zunächst ein Beweisdiagramm $\mathcal{G}$ über D mit der leeren Klausel als Wurzelmarkierung. Wir formen das Beweisdiagramm $\mathcal{G}$ schrittweise um, und zwar ersetzen wir jedes Teildiagramm von $\mathcal{G}$ das die in Abb. 3 gezeigte Form besitzt, wobei die Markierungen M und N an Blättern stehen, M und N in P liegen und K, eine negative Klausel ist, durch das Teilstück in Abb. 4 bzw. Abb. 5.

Es bleibt nachzuweisen, daß eine Klausel L" der gewünschten Art gefunden werden kann.

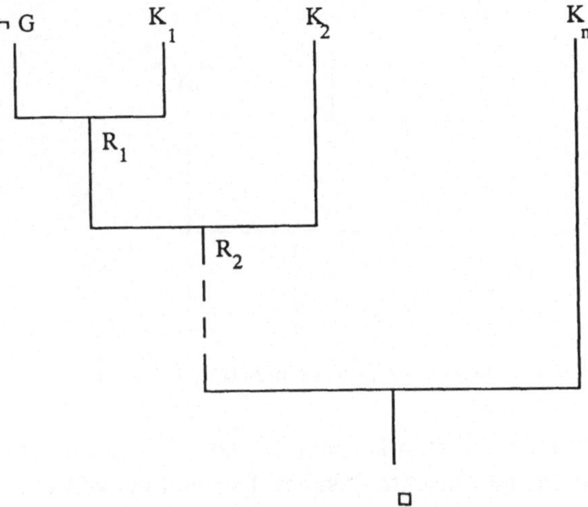

Abb. 2 Ein spezielles lineares Beweisdiagramm

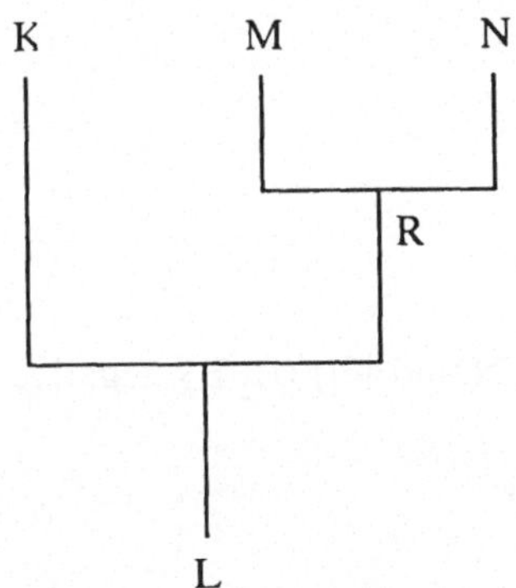

Abb. 3 Zu ersetzendes Teildiagramm

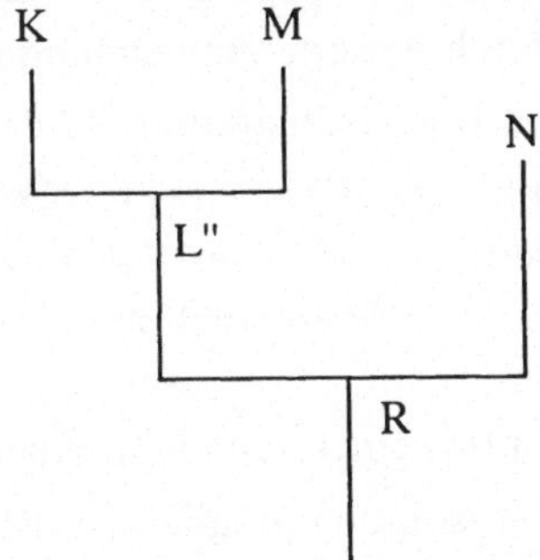

Abb.4 Eingesetztes Teildiagramm (erste Form)

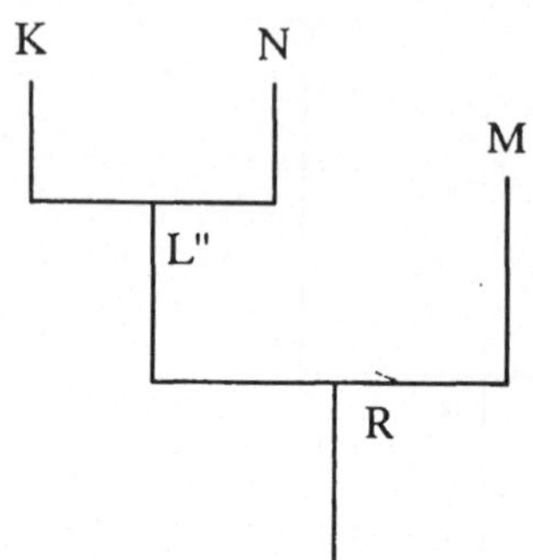

Abb.5 Eingesetztes Teildiagramm (zweite Form)

Wir orientieren uns am Beweis von Lemma 13. Die dort genannten Fälle (2) und (3) liefern unmittelbar das gewünschte Resultat. Der Fall (1) von Lemma 13 sieht in der augenblicklichen, spezielleren Situation so aus:

$$\begin{aligned} K &= \neg C \vee K_1 \\ M &= C \vee \neg C \vee B_1 \\ N &= C \vee B_2 \\ L &= C \vee B_1 \vee B_2 \\ R &= K_1 \vee B_1 \vee B_2 \end{aligned}$$

wobei C eine atomare Formel ist und K_1, B_1, B_2 negative Klauseln sind. Für

$$L'' = \neg C \vee K_1 \vee B_1$$

ergibt sich das gewünschte Stück des Beweisdiagramms.

Die angegebene Transformation des Beweisdiagramms G verändert nicht die Anzahl der Knoten in G. Sei G_0 das durch iterierte Anwendung der angegebenen Transformation aus G hervorgegangene Beweisdiagramm, so daß in G_0 keine Resolvente zweier mit Klauseln aus P markierter Blätter mehr vorkommt. ¬G muß tatsächlich als Markierung eines Blattes auftreten, da sonst ein Beweisbaum über P mit □ als Wurzelmarkierung vorläge, was im Widerspruch zur Konsistenz von P steht (Lemma 5.12 und Satz 5.5).

Jeder innere Knoten von G_0 ist mit einer negativen Klausel markiert. Da zwischen zwei negativen Klauseln keine Resolution möglich ist, ist an jeder Resolution in G_0 eine negative und eine Klausel aus P beteiligt. Daraus folgt unmittelbar die im Lemma behauptete Form von G_0.

2. $\mathrm{Input}_n(D) \subseteq I_n(D)$ und $J_n(D) \subseteq I_n(D)$ gelten trivialerweise.

Liegt □ in $I_n(D)$, so gibt es nach Lemma 5.12 einen Beweisbaum G über D mit

Wurzelknoten □. Γ kann wieder auf die in Teil 1 angegebene Form G_0 transformiert werden, woraus unmittelbar □ ∈ $\text{Input}_n(D)$ und □ ∈ $J_n(D)$ folgt.

□

6.2 Beweissuchbäume

Die bisher betrachteten Beweisbäume und die spezielle Form linearer Beweisbäume veranschaulichen jeweils einen einzigen Beweis. Im Gegensatz dazu wird in den jetzt einzuführenden Beweisbäumen das gesamte Spektrum der in einer gegebenen Ausgangssituation möglichen Beweise dargestellt. Damit ist auch der Weg gewiesen, wie man über reine Existenzaussagen, z. B. in Lemma 5.12 und Satz 5.14, hinauskommt. Ein Beweis kann, wenn er existiert, durch erschöpfende Suche im Beweissuchbaum gefunden werden. Der Preis der dafür gezahlt werden muß, ist die Einschränkung auf universelle Hornklauseln. Das Konzept des Beweissuchbaumes läßt sich nicht auf beliebige universelle Klauseln übertragen.

Der **allgemeine Beweissuchbaum** für die PROLOG-Situation $D = P \cup \{\neg C\}$ ist ein Baum, dessen Knoten mit negierten Konjunktionen atomarer Formeln markiert sind, die implizit als universell quantifiziert angenommen werden, so daß gilt:

1. Der Wurzelknoten ist mit $\neg C$ markiert.
2. Ist

$$\neg(A_1 \wedge \ldots \wedge A_r)$$

die Markierung eines Knotens K, dann gibt es für jede Formel

$$B \leftarrow B_1 \wedge \ldots \wedge B_n,$$

für die für ein i, $1 \leq i \leq r$, ein Unifikator σ von A_i und B existiert, einen Nachfolgerknoten von K, und dieser ist mit

$$\neg\sigma(A_1 \wedge \ldots \wedge A_{i-1} \wedge A_{i+1} \wedge \ldots \wedge A_r \wedge B_1 \wedge \ldots \wedge B_n)$$

markiert.

Die Blätter eines allgemeinen Beweissuchbaumes sind entweder mit □ markiert oder mit einer negierten Konjunktion $\neg(A_1 \wedge \ldots \wedge A_r)$, so daß für kein i, $1 \leq i \leq r$, eine universelle Hornklausel in P existiert, deren Kopf mit A_i unifizierbar ist.

Beispiel:

P = {weg(x,x).
weg(x,y) ← an(x,z) ∧ weg(z,y).
an(a,b).
an(b,c). }

Ein Ausschnitt aus dem allgemeinen Beweissuchbaum über P ∪ {¬weg(a,c)} zeigt Abbildung 6.

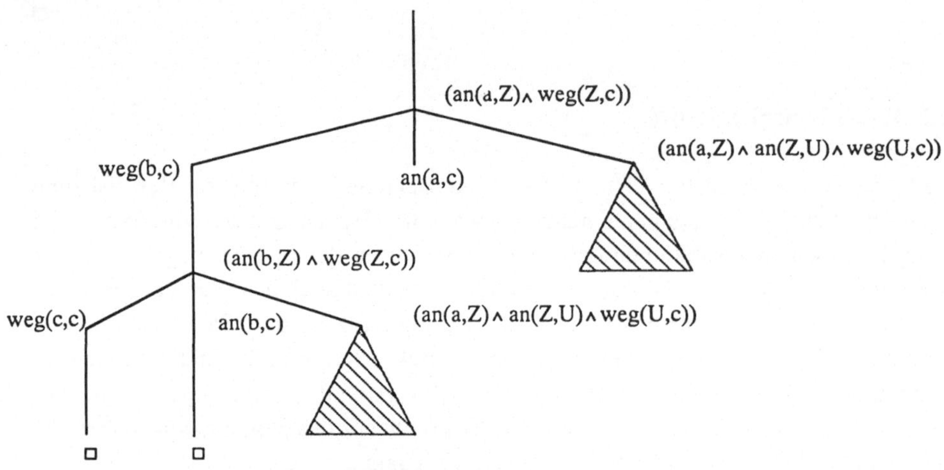

Abb.6. Ausschnitt eines Beweissuchbaums

In der Definition eines allgemeinen Beweissuchbaumes stehen verschiedene Notationsmöglichkeiten für die als Markierungen benutzten Formeln neben derjenigen, für die wir uns hier entschieden haben, zur Auswahl. Die konsequente Fortsetzung der Notation in Beweisdiagrammen wäre gewesen, universelle Klauseln als Markierungen zu benutzen. In der vorliegenden Situation würden dann nur negative Klauseln auftreten. Der Zusammenhang zur gewählten Variante wird durch Herausziehen des Negationszeichens und die Änderung der Disjunktionszeichen in Konjunktionszeichen hergestellt, also durch eine die logische Äquivalenz erhaltende Transformation.

Um die Definition eines allgemeinen Beweissuchbaumes B nicht unnötig zu überladen, ist ein Teil der in B enthaltenen Information nicht explizit dargestellt. Die Kante von einem mit

$$\neg(A_1 \wedge \ldots \wedge A_r)$$

markierten Knoten zu einem Nachfolgerknoten ist durch drei Parameter bestimmt:

1. eine natürliche Zahl i, $1 \leq i \leq r$,
2. eine Formel

$$B \leftarrow B_1 \wedge \ldots \wedge B_n$$

   in P, so daß B mit A_i unifizierbar ist,
3. einen Unifikator σ von B und A_i.

Beweissuchbäume werden in [Lloyd, 1986] unter dem Namen "SLD-trees" benutzt. Anstelle des Negationszeichens $\neg$ wird $\leftarrow$ verwendet.

Ein Pfad in einem allgemeinen Beweissuchbaum heißt **erfolgreich**, wenn er endlich ist und $\square$ als letzte Markierung trägt. Ein allgemeiner Beweissuchbaum heißt erfolgreich, wenn er einen erfolgreichen Pfad enthält. Ein Pfad heißt **erfolglos**, wenn er endlich ist und nicht in einem mit $\square$ markierten Blatt endet. Ein allgemeiner Beweissuchbaum B heißt **erfolglos**, wenn er keinen erfolgreichen Pfad enthält, d. h. wenn jeder seiner Pfade entweder erfolglos oder unendlich ist. Ist jeder Pfad von B erfolglos, so heißt B **im endlichen erfolglos**.

In einem allgemeinen Beweissuchbaum über $P \cup \{\neg C\}$ sind alle möglichen Ableitungen aus einer Formel $\neg C$ unter Benutzung der Hornklauselmenge P vorhanden, während ein Beweisdiagramm eine feste Herleitung der Formel, die als Wurzelmarkierung auftritt, aus P veranschaulicht. Ist D keine PROLOG-Situation, so lassen sich alle möglichen Beweisdiagramme nicht in einfacher Weise in einem allgemeinen Beweissuchbaum darstellen. Denn zu einem mit der Klausel K markierten Knoten müßten als Markierungen von Nachfolgerknoten nicht nur alle Resolventen von K mit den Klauseln in D, sondern auch Resolventen von K mit anderen abgeleiteten Klauseln auftreten.

Satz 2 (1. Hauptsatz der logischen Programmierung)
Sei $D = P \cup \{\neg G\}$ eine PROLOG Situation. Dann ist G eine logische Folgerung aus P genau dann, wenn der allgemeine Beweissuchbaum über D erfolgreich ist.

Beweis:

Es besteht eine eineindeutige Korrespondenz zwischen den erfolgreichen Pfaden des allgemeinen Beweissuchbaumes über D und linearen Beweisdiagrammen über D. Die restliche Argumentation ist jetzt einfach: Nach Lemma 1(2) ist C eine logische Folgerung aus P genau dann, wenn ein lineares Beweisdiagramm über D existiert. Nach der eben erwähnten Korrespondenz ist das genau dann der Fall, wenn der allgemeine Beweissuchbaum über D einen erfolgreichen Pfad besitzt, d. h. wenn der allgemeine Beweissuchbaum selbst erfolgreich ist.

$\square$

Der allgemeine Beweissuchbaum über einer PROLOG Situation $D = P \cup \{\neg G\}$ kann aufgefaßt werden als eine **prozedurale Semantik** für D. Dagegen nennt man die prädikatenlogische Deutung von P und die Interpretation des Zusammenhangs zwischen dem Ziel G und der Datenbasis P als die logische Folgerungsbeziehung $P \vdash G$ eine **deklarative Semantik** für D. Die in Satz 2 bewiesene Übereinstimmung zwischen prozeduraler und deklarativer Semantik ist eine der Gründe für die Attraktivität der Programmiersprache PROLOG.

Wir wollen an dieser Stelle noch ein bißchen ausführlicher auf die prozedurale Semantik eingehen. Man würde zunächst eine prozedurale Semantik in Form eines Programms erwarten, etwa wie das folgende:

```
Prog (Input: P, G) (Output: M)
      Z = < G > ;
      while  Z ≠ < > do
            begin
                  wähle G aus Z ;
                  if    ( es gibt A ← B1,..., Bn  aus P und eine Substitution σ mit
                        σ(A) = σ(G) )
                  then ( wähle ein A ← B1,..., Bn aus P und ein σ mit
                        σ(A) = σ(G) ) ;
                  else  ( M := "Mißerfolg" ; stop )
                  Z := σ ( ( Z \ {G} ) ∪ { B1,..., Bn } ) ;
            end
      M := "Erfolg" ;
  Prog end
```

Wir haben eine einfache while-Schleifen-Sprache benutzt, wie sie etwa in [Kfoury, Arbib, Moll, 1982] beschrieben wird, angereichert um die nichtdeterministische Auswahl und existentiell quantifizierte Testbedingungen. Man überzeugt sich leicht davon, daß die aufgrund des Indeterminismus möglichen verschiedenen Berechnungsfolgen des Programms eindeutig den Pfaden im Beweissuchbaum über $P \cup \{\neg G\}$ entsprechen. So einfach das Programm auch sein mag, es fehlen nur zwei Dinge, um den Kern eines PROLOG-Interpreters vor sich zu haben:

1. Die Ersetzung der nichtdeterministischen Auswahl durch eine fest vorgeschriebene Auswahlfunktion,
2. der Rücksprung zur letzten noch nicht berücksichtigten Wahlmöglichkeit, falls M := "Mißerfolg" auftritt und die Anweisung (M := "endgültiger Mißerfolg" ; stop) nachdem für alle Wahlmöglichkeiten ein Mißerfolg auftrat.

Betrachten wir die Menge P des letzten Beispiels, so ist der Beweissuchbaum über $P \cup \{\neg\exists x \exists y \; weg(x,y)\}$ erfolgreich, d. h. es gilt $P \vdash \exists x \exists y \; weg(x,y)$. Wir wissen aber viel mehr, z. B.

$$P \vdash weg(a,b)$$
$$P \vdash weg(a,c)$$
$$P \vdash \forall x \; weg(x,x) \; .$$

Könnten wir aus dem allgemeinen Beweissuchbaum über $P \cup \{\neg\exists x\ G(x)\}$ nur die Antwort ablesen "ja, es gilt $P \vdash \exists x\ G(x)$" oder "nein, $P \vdash \exists x\ G(x)$ gilt nicht", so wäre das ungefähr so hilfreich, als würden wir auf die Frage "Können Sie mir sagen, wie spät es ist?" die Antwort "ja" bekommen. Wie in der Übungsaufgabe 2.5 schon angeklungen ist, können wir im Fall existentieller Folgerungen aus einer Menge von Hornklauseln über die reine Existenzbehauptung hinausgehende Aussagen machen. Wir definieren dazu für jeden endlichen Pfad D in einem allgemeinen Beweissuchbaum die **Antwortsubstitution von D**. Wir stellen uns dazu vor, daß jeder Knoten des allgemeinen Beweissuchbaums zusätzlich zu der negativen Klausel R die bei der Resolventenbildung benutzte Substitution σ als Markierung trägt. Die Antwortsubstitution eines Pfades ist grob gesagt die Hintereinanderausführung aller auf dem Pfad liegenden Substitutionen, beginnend von der Wurzel her.
Die induktive Definition lautet wie folgt:

Sei V_0 die Menge der freien Variablen in G. Der Definitionsbereich der Antwortsubstitution von Pfaden im allgemeinen Beweissuchbaum über $D = P \cup \{\neg G\}$ ist stets eine Teilmenge von V_0. Die als Markierung an den Knoten stehenden Substitutionen μ werden im allgemeinen auch Variablen, die nicht in V_0 liegen, auf Terme abbilden, die nicht wieder Variable sind. Für die Antwortsubstitution ist jedoch nur die Einschränkung von μ auf V_0, $\mu|_{V_0}$ interessant.

- Besteht der Pfad P nur aus dem Wurzelknoten, so ist die Antwortsubstitution von P die Identität.
- Besteht der Pfad P aus einem Anfangsstück P_0 und dem letzten Knoten K mit Markierung $(\neg R, \mu)$ und ist σ_0 die Antwortsubstitution von P_0, so ist $\sigma = (\mu * \sigma_0)|_{V_0}$ die Antwortsubstitution von P.

Beispiel

Abb. 7 zeigt einen Ausschnitt aus dem Beweissuchbaum.

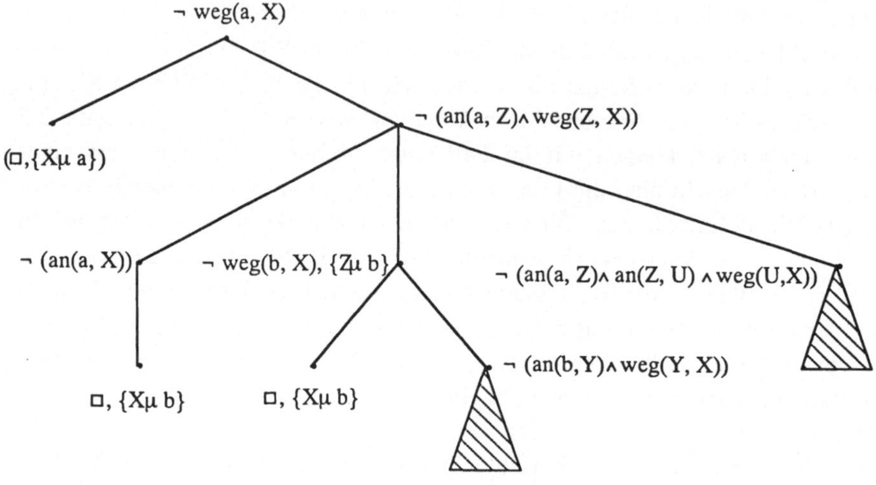

Abb. 7 Beweissuchbaum

Der kürzeste erfolgreiche Pfad, der durch die Resolution der Wurzelmarkierung mit dem Atom weg(x,x) aus P entsteht, liefert die Antwortsubstitution $\sigma = \{(x,a)\}$. Die anderen beiden erfolgreichen Pfade in dem obigen Ausschnitt tragen die Antwortsubstitution $\sigma = \{(x,b)\}$.

Satz 3 (2. Hauptsatz der logischen Programmierung)
Sei $D = P \cup \{\neg\exists y\ G\}$ eine PROLOG-Situation.

1. Ist σ die Antwortsubstitution eines erfolgreichen Pfades im allgemeinen Beweissuchbaum über D, dann gilt

$$P \vdash \forall\ x\ \sigma(G).$$

2. Ist σ eine Substitution, so daß $P \vdash \forall x\ \sigma(G)$ gilt, dann gibt es einen erfolgreichen Pfad im allgemeinen Beweissuchbaum über D mit Antwortsubstitution σ.

Beweis:
Teil 1:

Der Beweis geschieht durch Induktion über die Länge n des erfolgreichen Pfades. Ist $n = 1$, so gibt es ein Atom A in P und eine Substitution σ_1 mit $\sigma_1(A) = \sigma_1(G)$. In diesem Fall ist $\sigma = \sigma_1$.

Da A in P liegt, gilt $P \vdash \forall yA$ und damit umso mehr $P \vdash \forall x\sigma(A)$. Ist $n > 1$, so wird etwa das i-te Literal in $G = G_1 \wedge \ldots \wedge G_i \wedge \ldots \wedge G_k$ mit einer Klausel

$$A \leftarrow B_1 \wedge \ldots \wedge B_m$$

aus P resolviert. Es gilt also $\sigma_1(A) = \sigma_1(G_1)$ für eine Substitution σ_1. Der zweite Knoten N des Pfades ist somit mit der Formel

$$\neg G^* = \neg \sigma_1(G_1 \wedge ... \wedge G_{i-1} \wedge B_1 \wedge ... \wedge B_m \wedge G_{i+1} \wedge ... \wedge G_k)$$

markiert. Der mit N beginnende Pfad ist ein erfolgreicher Pfad der Länge n-1 im Beweissuchbaum über $P \cup \{\neg \exists y^* G^*\}$, sagen wir mit der Antwortsubstitution μ. Nach Induktionsvoraussetzung gilt

$$P \vdash \forall x\, \mu(G^*)$$

Die Antwortsubstitution des ursprünglichen Pfades ist somit $\sigma = \mu * \sigma_1$ und $P \vdash \forall \mathbf{x}\, \sigma(G_1 \wedge ... \wedge G_{i-1} \wedge B_1 \wedge ... \wedge B_m \wedge G_{i+1} \wedge ... \wedge G_k)$. Da $A \leftarrow B_1 \wedge ... \wedge B_m$ in P liegt, gilt insbesondere

$$P \vdash \forall\ x\, \sigma(A \leftarrow B_1 \wedge\ ... \wedge B_m).$$

Zusammengesetzt ergibt sich

$$P \vdash \forall\, \mathbf{x}\, \sigma(G_1 \wedge ... \wedge A \wedge ... \wedge G_k),$$

was wegen $\sigma(A) = \sigma(G_i)$ die gewünschte Konklusion ist.

Teil 2:

Es gelte $P \vdash \forall \mathbf{x}\, \sigma(G)(\mathbf{x})$. Sind $\mathbf{c} = \langle c_1,...,c_r \rangle$ Konstantensymbole, die nicht in P oder in $\sigma(G(x))$ vorkommen, so gilt auch $P \vdash \sigma(G)(\mathbf{c}/\mathbf{x})$. Nach Satz 2 gibt es einen erfolgreichen Pfad im Beweissuchbaum über $P \cup \{\neg \sigma(G)(\mathbf{c}/\mathbf{x})\}$. Ersetzt man in diesem Beweissuchbaum die Konstantensymbole wieder durch die ursprünglichen Variablen, so erhält man einen erfolgreichen Pfad im Beweissuchbaum über $P \cup \{\neg \exists \mathbf{x} \sigma(G)(\mathbf{x}))\}$ mit der identischen Abbildung als Antwortsubstitution. Der erste Schritt auf diesem Pfad bestehe in der Resolution eines Atoms $\sigma(G_i)$ von $\sigma(G)$ mit einer Klausel $A \leftarrow B_1 \wedge ... \wedge B_k$ in P und führe zur Markierung $\neg R$ des zweiten Knotens. Da am Schluß des Pfades die identische Abbildung als Antwortsubstitution herauskommt, wirkt die im ersten Schritt benutzte Substitution μ nur auf die Variablen in $A \leftarrow B_1 \wedge ... \wedge B_k$, also $\mu(A) = \sigma(G_i)$. Da wir o.B.d.A. annehmen können, daß G und $A \leftarrow B_1 \wedge ... \wedge B_k$ variablendisjunkt sind, können wir σ und μ in einer Substitution σ' zusammenfassen. Die Resolution von G mit $A \leftarrow B_1 \wedge ... \wedge B_k$ mittels σ' liefert wieder R. Auf diese Weise ist ein erfolgreicher Pfad im Beweissuchbaum über $P \cup \{\neg \exists y G\}$ mit Antwortsubstitution σ entstanden.

□

Als nächstes wollen wir zwei Einschränkungen für allgemeine Beweissuchbäume aufzeigen, die die Gültigkeit von Satz 2 nicht beeinträchtigen. Der **Beweissuchbaum** über D, also ohne den Zusatz "allgemein", ist der Teilbaum des allgemeinen Beweissuchbaums von D, der Kanten von einem mit

$$\neg(A_1 \wedge \ldots \wedge A_k)$$

markierten Knoten nur zu genau einem Nachfolgeknoten enthält, der bestimmt ist durch:

1. eine natürliche Zahl i, $1 \leq i \leq r$,
2. eine Formel

$$B \sim B_1 \wedge \ldots \wedge B_n$$

   in P, so daß B mit A_i unifizierbar ist,
3. den *allgemeinsten* Unifikator σ von B und A_i.

Wir wollen im folgenden nur Beweissuchbäume betrachten.

Lemma 4

Zu jedem erfolgreichen Pfad P_1 im allgemeinen Beweissuchbaum über $D \cup \{\neg G\}$ mit Antwortsubstitution σ_1 gibt es einen erfolgreichen Pfad P_2 im Beweissuchbaum über $D \cup \{\neg G\}$ mit Antwortsubstitution σ_2, so daß für ein geeignetes μ gilt : $\sigma_1 = \mu * \sigma_2$.

Beweis :

Der Beweis wird durch Induktion über die Länge n von P_1 geführt. Ist $n = 1$, so gibt es ein Atom A in D, so daß $\sigma_1(A) = \sigma_1(G)$ gilt. Ist σ_2 der allgemeinste Unifikator von A und G, so gilt $\sigma_1 = \mu * \sigma_2$ für eine geeignete Substitution μ und offensichtlich besitzt der Beweissuchbaum über $D \cup \{\neg G\}$ einen ein-elementigen erfolgreichen Pfad. Im Induktionsschritt gehen wir von einem n-elementigen erfolgreichen Pfad P_1 im allgemeinen Beweissuchbaum aus, der mit den Markierungen $\neg G$, $\neg G_1$, $\neg G_2$ beginnen möge.Wir beschreiben den Übergang von G zu G_1 etwas genauer. $G = L_1 \wedge \ldots \wedge L_i \wedge \ldots \wedge L_k$, $A \leftarrow B_1 \wedge \ldots \wedge B_r \in D$ und für eine Substitution θ_1 mit $\theta_1(A) = \theta_1(L_i)$ gilt $G_1 = \theta_1(G_1')$ mit $G_1' = L_1 \wedge \ldots \wedge B_1 \wedge \ldots \wedge B_r \wedge \ldots \wedge L_k$. Sei jetzt θ_2 der allgemeinste Unifikator von L_i und A. Dann gilt $\theta_1 = \mu' * \theta_2$ für ein geeignetes μ'. Anstelle des ursprünglichen Pfades betrachten wir den mit $\neg G$, $\neg\theta_2(G_1')$, $\neg G_2$, ... beginnenden Pfad P_3 im allgemeinen Beweissuchbaum über $D \cup \{\neg G\}$, der von der dritten Stelle an mit dem ursprünglichen übereinstimmt. Das ist möglich; denn wurde $\neg G_2$ als Resolvente von $\neg\mu' * \theta_2(G_1')$ und einer Klausel K aus D erhalten mit der unifizierenden Substitution ϱ, dann kann $\neg G_2$ als Resolvente von $\neg\theta_2(G_1')$ und K erhalten werden mit der unifizierenden Substitution $\varrho * \mu'$. Für die Antwortsubstitution σ_1'des Pfades P_1 gilt $\sigma_1 = \sigma_1' * \theta_1$. Wir betrachten den Pfad P_3', den Teilpfad von P_3, ohne den ersten Knoten. P_3' ist ein erfolgreicher Pfad im allgemeinen Beweissuchbaum über $D \cup \{\neg\theta_2(G_1')\}$ der Länge <n mit Antwortsubstitution $\sigma_1' * \mu'$.

Nach Induktionsvoraussetzung gibt es einen erfolgreichen Pfad P_2' im Beweissuchbaum über $D \cup \{\neg\theta_2(G_1')\}$ mit einer Antwortsubstitution σ_2', so daß für ein geeignetes μ gilt

$$\sigma_1' * \mu' = \mu * \sigma_2' .$$

Stellt man den Resolutionsschritt, der $\neg G$ mittels θ_2 in $\neg\theta_2(G_1')$ überführt, diesem Pfad voran, so erhält man einen erfolgreichen Pfad P_2 im Beweissuchbaum über $D \cup \{\neg G\}$ mit Antwortsubstitution $\sigma_2 = \sigma_2' * \theta_2$. Insgesamt erhält man für die beteiligten Antwortsubstitutionen :

$$\sigma_1 = \sigma_1' * \theta_1 = \sigma_1' * \mu' * \theta_2 = \mu * \sigma_2' * \theta_2 = \mu * \sigma_2.$$

□

Wir können jetzt die beiden Hauptsätze der logischen Programmierung mit dem Beweissuchbaum anstelle des allgemeinen Beweissuchbaums beweisen:

Korollar 5
Sei $D = P \cup \{\neg G\}$ eine Prolog-Situation. Dann gilt $P \vdash G$ genau dann, wenn der Beweissuchbaum über D erfolgreich ist.

Beweis:
Lemma 4 sagt insbesondere aus, daß der Beweissuchbaum einen erfolgreichen Pfad beseitzt, wenn der allgemeine Beweissuchbaum einen erfolgreichen Pfad besitzt. Da die umgekehrte Implikation trivialerweise gilt, folgt das Korollar unmittelbar aus Satz 2. □

Korollar 6
Sei $D = P \cup \{\neg\exists y G\}$ eine Prolog-Situation.

1. Ist σ die Antwortsubstitution eines erfolgreichen Pfades im Beweissuchbaum über D, dann gilt
$$P \vdash \forall\, x\, \sigma(G).$$
2. Ist σ eine Substitution, so daß $P \vdash \forall x \sigma(G)$ gilt, dann gibt es einen erfolgreichen Pfad im Beweissuchbaum über D mit Antwortsubstitution μ, so daß

$$\sigma = \varrho * \mu$$

für ein geeignetes ϱ gilt.

Beweis: folgt unmittelbar aus Satz 3 und Lemma 4 □

Die zweite Einschränkung von Beweissuchbäumen besteht in der Einführung von Auswahlregeln. Dabei ist eine **Auswahlregel** R für einen Beweissuchbaum eine Funktion von den Knoten des Baumes in die Menge aller atomaren Formeln, so daß für jeden Knoten K der Funktionswert R(K) als konjunktive Teilformel in der Markierung von K vorkommt.

Ein **R-Beweissuchbaum** ist der Teilbaum eines Beweissuchbaums, der Kanten von einem mit

$$\neg(A_1 \wedge \ldots \wedge A_k)$$

markierten Knoten K nur zu genau einem Nachfolgeknoten enthält, der bestimmt ist durch:

1. eine natürliche Zahl i, $1 \leq i \leq r$, so daß $A_i = R(K)$
2. eine Formel

$$B \leftarrow B_1 \wedge \ldots \wedge B_n$$

   in P, so daß B mit A_i unifizierbar ist,
3. den *allgemeinsten* Unifikator σ von B und A_i.

Die Definition einer Auswahlregel R ist bewußt möglichst allgemein gehalten. Sie würde gestatten, daß $R(K_1)$ und $R(K_2)$ verschiedene Atome sind, selbst wenn die beiden Knoten K_1 und K_2 mit derselben Konjunktion markiert sind. Mit anderen Worten: Die Auswahlfunktion kann nicht nur von der als Markierung auftretenden Formel abhängen, sondern auch von der Position des Knotens im Beweissuchbaum. In der Regel wird von dieser Allgemeinheit nicht Gebrauch gemacht.

Beispiele für Auswahlregeln

$R_1(K)$ ist die erste atomare Formel in der Markierung von K.

$R_2(K)$ ist die erste variablenfreie atomare Formel in der Markierung vonK, falls eine solche existiert. Andernfalls wie R_1.

Satz 7

Sei R eine Auswahlregel. Besitzt der Beweissuchbaum über $D \cup \{\neg G\}$ einen erfolgreichen Pfad mit Antwortsubstitution σ, dann besitzt auch der R-Beweissuchbaum über $D \cup \{\neg G\}$ einen erfolgreichen Pfad mit Antwortsubstitution σ.

Beweis :

Im Beweis von Satz 7 müssen wir uns um zwei Dinge kümmern. Erstens müssen wir eine Idee für einen Induktionsbeweis finden und zweitens müssen wir uns über den Induktionsschritt Gedanken machen. Sei P ein erfolgreicher Pfad im Beweissuchbaum über $D \cup \{\neg G\}$. Wir bezeichnen mit n die kleinste natürliche Zahl, so daß für den n-ten Knoten von P die Auswahlregel R nicht befolgt wird. Existiert ein solches n nicht, so ist P auch ein erfolgreicher Pfad im R-Beweissuchbaum, und wir setzen aus formalen Gründen n = L = Länge von P. Der n-te Knoten N von P sei mit

$$\neg(L_1 \wedge \dots \wedge L_k)$$

markiert, L_i werde in P ausgewählt, $R(N) = L_j$ mit $i \neq j$. Da P ein erfolgreicher Pfad ist, muß für einen Knoten N_1, der nach N auf P liegt, L_j ausgewählt werden; genauer wird $\varrho(L_j)$ für eine gewisse Substitution ϱ ausgewählt. Mit k bezeichnen wir die Anzahl der Knoten zwischen N und N_1, wobei N_1 mitgezählt wird, aber N nicht. Ist n = L, so setzen wir k = 0. Der Induktionsparameter ist das Paar (L-n,k), wobei in der lexikographischen Ordnung der Paare natürlicher Zahlen (L-n,k) die erste Komponente stärker gewichtet ist als die zweite.

Nach der Definition von n und k ist der Induktionsanfang (L-n,k) = (0,0) trivial. Im Induktionsschritt betrachten wir den Knoten N_1 in der oben eingeführten Notation, und dessen Vorgänger N_2. Wir zeigen, daß die Resolventenbildungen, die von N_2 zu N_1 und von N_1 zu dessen Nachfolger auf P führen, auch in umgekehrter Reihenfolge ausgeführt werden können, und die Hintereinanderausführung der beiden allgemeinsten Unifikatoren in beiden Versionen, bis auf eine Variablenumbenennung, dieselbe Substitution liefert. Für den durch diese Umstellung erhaltenen Pfad P' ist entweder k'< k oder, wenn k = 1 war, n' < n. Nach Induktionsvoraussetzung gibt es einen erfolgreichen Pfad im R-Beweissuchbaum mit derselben Antwortsubstitution wie P'. Wichtig ist zu bemerken, daß P' dieselbe Länge und dieselbe Antwortsubstitution wie P besitzt.

Kommen wir jetzt zum Kernstück des Beweises, zur Vertauschung der an den Knoten N_2 und N_1 vorgenommenen Resolutionsschritte.

Sei N_2 markiert mit

$$\neg(A \wedge B \wedge K)$$

wobei K eine Konjunktion von Atomen und A, B Atome sind. Für Konjunktionen K_1, K_2 von Atomen seien $C_1 \leftarrow K_1$, $C_2 \leftarrow K_2$ Klauseln in D.

Weiter sei σ ein allgemeinster Unifikator von A und C_1, so daß N_1 mit

$$\sigma(K_1 \wedge B \wedge K)$$

markiert ist.

Es sei μ ein allgemeinster Unifikator von $\sigma(B)$ und C_2, so daß der Nachfolgerknoten von N_1 mit

$$\mu\sigma(K_1 \wedge K_2 \wedge K)$$

markiert ist.
Wir können annehmen, daß die beiden Klauseln $C_1 \leftarrow K_1$, $C_2 \leftarrow K_2$ und die Markierungen der Knoten N_2, N_1 paarweise variablendisjunkt sind und somit auch

$$\sigma(C_2) = C_2$$

und

$$\mu(C_1) = C_1$$

voraussetzen. Der erste Schritt in vertauschter Reihenfolge besteht in der Suche nach einem Unifikator von B und C_2. Da sogar $\sigma(B)$ und $\sigma(C_2)$ unifizierbar sind, gilt das auch für B und C_2. Sei etwa ϱ ein allgemeinster Unifikator von B und C_2. Wir können außerdem

$$\varrho(C_1) = C_1$$

verlangen. Für den nächsten Resolutionsschritt müssen wir wissen, daß $\varrho(A)$ und C_1 unifizierbar sind. Das ist nicht selbstverständlich.
$\mu * \sigma$ ist auf jeden Fall ein Unifikator von B und C_2. Also gibt es ein ϱ' mit

$$\mu * \sigma = \varrho' * \varrho.$$

Da σ ein Unifikator von A und C_1 ist, gilt auch

$$\mu * \sigma(A) = \mu * \sigma(C_1).$$

Also

$$\varrho'(\varrho(A)) = \varrho' * \varrho(C_1) = \varrho'(C_1).$$

Somit sind $\varrho(A)$ und C_1 unifizierbar, und wir finden einen allgemeinsten Unifikator δ von $\varrho(A)$ und C_1. Das Ergebnis der zweiten Resolution im umgeordneten Pfad ist somit

$$\neg\delta\varrho(K_1 \wedge K_2 \wedge K).$$

Es bleibt zu zeigen, daß $\mu\sigma$ und $\delta\varrho$ auf der Menge der in $K_1 \wedge K_2 \wedge K$ vorkommenden Variablen bis auf Variablenumbenennung übereinstimmen.
Zuerst bemerken wir, daß $\delta\varrho$ ein Unifikator für A und C_1 ist. Also gilt für ein geeignetes σ'

$$\delta\varrho = \sigma'\sigma.$$

Daraus ergibt sich, daß σ' ein Unifikator von $\sigma(B)$ und C_2 ist. Also gilt für ein geeignetes σ''

$$\sigma' = \sigma'' * \mu.$$

Insgesamt gilt

$$\delta\varrho = \sigma'' * \mu\sigma.$$

Analog zeigt man die Existenz von ϱ'' mit

$$\mu\sigma = \varrho'' * \delta\varrho.$$

Daraus folgt unmittelbar, daß σ'' eine Variablenumbenennung auf der Menge der in $\delta\varrho(K_1 \wedge K_2 \wedge K)$ vorkommenden Variablen ist. □

Die beiden Hauptsätze der logischen Programmierung lassen sich jetzt auch für R-Beweisbäume formulieren:

Korollar 8
Sei $D = P \cup \{\neg G\}$ eine Prolog-Situation, R eine beliebige Auswahlregel.
Dann gilt $P \vdash G$ genau dann, wenn ein erfolgreicher Pfad im R-Beweissuchbaum über D existiert.

Korollar 9
Sei $D = P \cup \{\neg\exists yG\}$ eine Prolog-Situation, R eine beliebige Auswahlregel.
Gilt für eine Substitution σ $P \vdash \forall x\sigma(G)$, dann gibt es einen erfolgreichen Pfad im R-Beweissuchbaum über D mit Antwortsubstitution μ, so daß

$$\sigma = \varrho * \mu$$

für ein geeignetes ϱ.

Beweise:
unmittelbare Konsequenz aus Korollar 5 und 6 und Satz 7. □

6.3 Fixpunkte

Der Vollständigkeitssatz für allgemeine Beweissuchbäume über PROLOG-Situationen, Satz 2, wurde bewiesen, indem er über die Zwischenstationen Lemma 1.2 und Lemma 5.12 auf den Vollständigkeitssatz für den Resolutionskalkül, Satz 5.5, zurückgeführt wurde. In diesem Unterkapitel soll ein alternativer, direkter Beweis für Satz 2 vorgestellt werden, der sich auf die Theorie der Fixpunktoperatoren stützt, die zum ersten Mal in der Arbeit [van Emden, Kowalski, 1976] vorgestellt wurde. Die Vollständigkeit für allgemeine PROLOG-Situationen, genauer gesagt die eingeschränkten Versionen der Vollständigkeit, die in diesem allgemeineren Rahmen noch gelten, werden in den Kapiteln 8 und 9 für den dreiwertigen Fall nur noch mit Fixpunktoperatoren geführt. Insofern ist dieses Unterkapitel eine Einführung in die Fixpunkttechnik im einfachen Fall normaler PROLOG-Situationen. Der Text ist jedoch so angelegt, daß dieses Unterkapitel übersprungen werden kann, ohne das Verständnis nachfolgender Kapitel zu beeinträchtigen.

Jeder PROLOG-Datenbasis P wird ein Operator T_P zugeordnet, der als Argumente Mengen variablenfreier, atomarer Formeln akzeptiert und als Funktionswert wieder solche Mengen liefert nach der folgenden Vorschrift:

$T_P(I) = \{A$: A ist eine variablenfreie, atomare Formel, so daß eine Substitution σ und eine Klausel $B \leftarrow C_1 \wedge \ldots \wedge C_k$ in P existieren, mit $\sigma(B) = A$ und alle $\sigma(C_1), \ldots, \sigma(C_k)$ liegen in $I\}$

Lemma 10

1. T_P ist monoton, d.h. aus $I_1 \subseteq I_2$ folgt $T_P(I_1) \subseteq T_P(I_2)$.
2. T_P ist stetig, d. h. für jede aufsteigende Folge $< I_\alpha : \alpha \in A >$ von Mengen atomarer Formeln (es gilt also für $\alpha < \beta$ stets $I_\alpha \subseteq I_\beta$) gilt:

$$T_P(\cup\{I_\alpha : \alpha \in A\}) = \cup\{T_P(I_\alpha) : \alpha \in A\}$$

Beweis: Übungsaufgabe. □

Es ist wichtig zu bemerken, daß im allgemeinen I keine Teilmenge von $T_P(I)$ ist.

Durch iterierte Anwendung von T_P erhält man die folgende Hierarchie von Operatoren:

$$T^0{}_P(I) = I$$
$$T^1{}_P(I) = T_P(I)$$
$$T^{n+1}{}_P(I) = T_P(T^n{}_P(I))$$
$$T^\omega{}_P(I) = \cup\{T^n{}_P(I) : n < \omega\}$$

Von besonderem Interesse ist die folgende Hierarchie atomarer Formeln:

$$T^\alpha{}_P = T^\alpha{}_P(\emptyset) \text{ für } \alpha \geq 0.$$

Während die $I_n(D)$-Hierarchie (siehe Abschnitt 5.1) schrittweise die aus D ableitbaren *Klauseln* erzeugt, werden in der $T^n{}_P$ Hierarchie nur die aus P ableitbaren variablenfreien *atomaren Formeln* berücksichtigt. Der genaue Zusammenhang wird in dem folgenden Satz formuliert:

Satz 11
Ist P eine Menge universeller Hornklauseln und sind $A_1, \dots, A_k$ variablenfreie atomare Formeln, so gilt:
Es gibt ein $n \geq 1$, so daß $A_1, \dots, A_k \in T^n{}_P$ gilt genau dann, wenn es ein m so gibt, daß $\square \in I_m(P \cup \{\neg A_1 \vee \dots \vee \neg A_k\})$.

Beweis:
Wir beweisen zunächst die Implikation von links nach rechts durch Induktion nach n.
Aus $A_1, \dots, A_k \in T^1{}_P$ folgt die Existenz von atomaren Formeln $A'_1, \dots, A'_k \in P$ und Substitutionen $\sigma_1, \dots, \sigma_k$, so daß für alle $1 \leq i \leq k$ gilt: $A_i = \sigma_i(A'_i)$. Daraus folgt unmittelbar $\square \in I_m(P \cup \{\neg A_1 \vee \dots \vee \neg A_k\})$ für $m = k$.
Gilt $A_1, \dots, A_k \in T^{n+1}{}_P$, so gibt es nach Definition von T_P für i mit $1 \leq i \leq k$ Klauseln in P der Form $C_i \leftarrow C_{i,1} \wedge \dots \wedge C_{i,r_i}$ und Substitutionen σ_i, so daß $\sigma_i(C_i) = A_i$ für alle i und $\sigma_i(C_{i,j}) \in T^n{}_P$ für alle i, j gilt.
Sei C die Disjunktion aller $\neg\sigma_i(C_{i,j})$. Nach Induktionsvoraussetzung gibt es ein m mit $\square \in I_m(P \cup \{C\})$. Andererseits liegt die Klausel C in $I_k(P \cup \{\neg A_1 \vee \dots \vee \neg A_k\})$.
Daraus folgt $\square \in I_{m+k}(P \cup \{\neg A_1 \vee \dots \vee \neg A_k\}$.

Zum Beweis der umgekehrten Implikation ist es vorteilhaft, anstelle der bloßen Elementbeziehung $\square \in I_n(D)$ etwas genauer Beweisbäume für $\square$ über D zu betrachten.
Nach Lemma 1 gibt es ein lineares Beweisdiagramm B für $\square$ über $P \cup \{\neg A_1 \vee \dots \vee \neg A_k\}$. Wir zeigen durch Induktion nach der Länge von B die Existenz einer natürlichen Zahl n, so daß für alle i A_i in $T^n{}_p$ liegt. Die Länge von B kann nur dann 1 sein, wenn $k = 1$ ist und eine Klausel A'_1 in P und eine Substitution σ existieren mit $\sigma(A'_1) = A_1$. Daraus folgt aber sofort $A_1 \in T^1{}_p$. Hat B die Länge m+1, dann zerlegen wir B in ein Anfangsstück und ein Beweisdiagramm B_0 der Länge m. Genauer gibt es eine Hornklausel $A'_1 \leftarrow C_1 \wedge \dots \wedge C_r$ in P und eine Substitution σ, so daß $\sigma(A'_1) = A_1$ und B_0 ein lineares Beweisdiagramm für $\square$ ist über $P \cup \{\neg A_2 \vee \dots \vee \neg A_k, \neg\sigma(C_1) \vee \dots \vee \neg\sigma(C_r)\}$. Nach Induktionsvoraussetzung liegen alle $A_2, \dots, A_k, \sigma(C_1), \dots, \sigma(C_r)$ in $T^n{}_p$ für ein geeignetes n. Dann liegen $A_2, \dots, A_k, \sigma(C_1), \dots, \sigma(C_r)$ auch in $T^{n+1}{}_p$, und zusätzlich gilt auch $A_1 \in T^{n+1}{}_p$.

$\square$

Ist M eine beliebige Struktur, so bezeichnen wir mit **Diag(M)**, das Diagramm von M, die Menge der in M wahren variablenfreien, atomaren Formeln.

Die wichtigste Eigenschaft des Operators T_p gibt der folgende Satz:

Satz 12

Sei P eine Menge universeller Hornklauseln, H eine Herbrand-Struktur und I = Diag(H). Dann gilt:

$$H \models P \qquad \text{gdw.} \qquad T_p(I) \subseteq I$$

Beweis:

Satz 12 ist ein Spezialfall von Satz 8.6, der im achten Kapitel bewiesen wird.

□

Satz 13

Sei H(P) das kleinste Herbrand-Modell der Menge P universeller Hornklauseln, I = Diag(H(P)).

1. I ist der kleinste Fixpunkt von T_P
2. $I = T^{\omega}{}_P$

Beweis: (1.) Folgt aus Satz 12 und Satz 1.1.
(2.) Folgt aus (1.) und1.3. □

Um aus Satz 13 einen Beweis des Vollständigkeitssatzes für allgemeine Beweissuchbäume zu erhalten, werden die folgenden Lemmata benötigt.

Lemma 14

Ist für eine Substitution σ der allgemeine Beweissuchbaum über $P \cup \{\neg\exists x\sigma(G)\}$ erfolgreich, dann ist auch der allgemeine Beweissuchbaum über $P \cup \{\neg G\}$ erfolgreich.

Beweis:

Wir betrachten den Schritt vom Wurzelknoten zum ersten Knoten N_1 auf einem erfolgreichen Pfad im allgemeinen Beweissuchbaum über $P \cup \{\neg\sigma(G)\}$. Es sei $\neg G = \neg G_1 \vee \ldots \vee \neg G_k$, $A \leftarrow B_1 \wedge \ldots \wedge B_n$ aus P und μ eine Substitution mit $\mu(A) = \mu\sigma(G_i)$, so daß die Markierung von N_1 sich zu

$$\mu(\sigma(\neg G_1 \vee \ldots \vee \neg G_{i-1} \vee \neg G_{i+1} \vee \ldots \vee \neg G_k) \vee \neg B_1 \vee \ldots \vee \neg B_n)$$

berechnet. Da wir ohne Beschränkung der Allgemeinheit annehmen können, daß für alle i $\sigma(B_i) = B_i$ gilt (durch geeignete Umbenennungen der Variablen in $A \leftarrow B_1 \wedge \ldots \wedge B_n$), kann dieselbe Knotenmarkierung im allgemeinen Beweissuchbaum über P

$\cup$ {$\neg\exists$xG} erreicht werden. Man muß nur den Unifikator $\mu\circ\sigma$ anstelle von μ benutzen. Der Rest des erfolgreichen Pfades ist in beiden Beweissuchbäumen derselbe. □

Lemma 15

Für jede Folge von Formeln $A_1,\ldots, A_n$ in $T^{\omega}{}_P$ ist der allgemeine Beweissuchbaum über $P \cup \{\neg(A_1 \wedge \ldots \wedge A_n)\}$ erfolgreich.

Beweis:
Sei k die kleinste Zahl, so daß alle A_i in $T^k{}_p$ liegen. Der Beweis wird durch Induktion über k geführt. Im Falle k = 1 liegen alle A_i in P, die Behauptung ist offensichtlich richtig.
Liegt A_1 in $T^{k+1}{}_P$ und nicht schon in $T^k{}_P$, so gibt es $A \leftarrow B_1 \wedge \ldots \wedge B_m$ in P und eine Substitution σ ,so daß $\sigma(A) = A_1$ und alle $\sigma(B_i)$ liegen in $T^k{}_p$.
Nach Induktionsvoraussetzung ist der allgemeine Beweissuchbaum über $P \cup \{\neg\sigma(B_1 \wedge \ldots \wedge B_m)\}$ erfolgreich und damit auch über $P \cup \{\neg A_1\}$.
Dasselbe Argument läßt sich für jedes A_i wiederholen, so daß alle allgemeinen Beweissuchbäume über $P \cup \{\neg A_1\}, \ldots , P \cup \{\neg A_n\}$ erfolgreich sind.
Es bleibt noch, die erfolgreichen Pfade in den Bäumen über $P \cup \{\neg A_i\}$ zu einem erfolgreichen Pfad im Baum über $P \cup \{\neg(A_1 \wedge \ldots \wedge A_n)\}$ zu kombinieren. Man folgt dazu zunächst dem erfolgreichen Pfad in $P \cup \{\neg A_1\}$, wobei alle Knotenmarkierungen M in dem größeren Suchbaum durch $M \vee \neg(A_2 \wedge \ldots \wedge A_n)$ zu ersetzen sind. Am Ende des erfolgreichen Pfades in $P \cup \{\neg A_1\}$ steht also die Knotenmarkierung $\neg(A_2 \wedge \ldots \wedge A_n)$. Jetzt kommt der erfolgreiche Pfad aus dem Baum über $P \cup \{\neg A_2\}$ an die Reihe, usw. bis am Ende des erfolgreichen Pfades im Baum über $P \cup \{\neg A_n\}$ die leere Klausel als Knotenmarkierung auftritt.
Wichtig für die Korrektheit dieser Argumentation ist die Variablenfreiheit der A_i. Andernfalls würde am Ende des erfolgreichen Pfades in $P \cup \{\neg A_1\}$ im größeren Beweissuchbaum die Knotenmarkierung $\neg\varrho(A_2 \wedge \ldots \wedge A_n)$ für eine Antwortsubstitution ϱ stehen. Da die Voraussetzung eines erfolgreichen Pfades in $P \cup \{\neg A_2\}$ nicht notwendigerweise einen erfolgreichen Pfad in $P \cup \{\neg\varrho(A_2)\}$ garantiert, würde die Konstruktion zusammenbrechen. □

Satz 2

Sei $D = P \cup \{\neg\exists yG\}$ eine PROLOG-Situation. Dann ist $\exists$yG eine logische Folgerung aus P genau dann, wenn der allgemeine Beweissuchbaum über D erfolgreich ist.

Alternativer Beweis:

Ist der allgemeine Beweissuchbaum über D erfolgreich, so folgt mit Satz 3 (1) $P \vdash \forall x\sigma(G)$ für eine Antwortsubstitution σ und damit umso mehr $P \vdash \exists yG$. Man beachte, daß der Beweis von Satz 3 (1) nicht zurückgreift auf vorangegangene Korrektheitsresultate, sondern elementar geführt wird.
Gelte jetzt $P \vdash \exists yG$. Dann ist $\exists yG$ insbesondere im kleinsten Herbrand-Modell H(P) von P wahr. Die Elemente, deren Existenz behauptet wird, können in H(P) nur variablenfreie Terme sein. Es gibt also eine Substitution σ, so daß $H(P) \models \sigma(G)$. Ist $G = G_1 \wedge \ldots \wedge G_k$, so folgt daraus mit Satz 13 (2) $\sigma(G_i) \in T^{\omega}{}_P$ für alle i = 1, ..., k. Nach Lemma 15 ist der Beweissuchbaum über $P \cup \{\neg\sigma(G)\}$ erfolgreich und damit nach Lemma 14 auch der allgemeine Beweissuchbaum über $P \cup \{\neg\exists yG\}$.

□

6.4 Im Endlichen erfolglose Beweissuchbäume

Wir wollen uns an dieser Stelle einen Augenblick für eine grundsätzliche Überlegung Zeit nehmen. Ist $D = P \cup \{\neg G\}$ eine PROLOG-Situation und ist G tatsächlich eine logische Konsequenz von P, dann enthält nach Satz 2 der Beweissuchbaum über D einen erfolgreichen Pfad, und wir können ein Suchverfahren programmieren, das diesen Pfad auch findet. Wir wissen zwar nicht, wie lang der Pfad sein wird, aber unter der idealisierenden Annahme, daß Speicherplatz und Rechenzeit keine Beschränkungen sind, wird der erfolgreiche Pfad auch gefunden. Die Logiker nennen ein solches Verfahren ein **Semi-Entscheidungsverfahren**. Was können wir aber über den Fall sagen, wenn A keine logische Konsequenz aus P ist? Da ein Beweissuchbaum auch unendliche Pfade enthalten kann, können wir kein Verfahren programmieren, das feststellt, daß kein erfolgreicher Pfad existiert. Mit anderen Worten, das Problem festzustellen, ob A keine logische Konsequenz aus P ist, ist nicht einmal semi-entscheidbar.

Es gibt jedoch eine spezielle Klasse von Fällen, in denen A keine logische Konsequenz aus P ist und wir das durch ein Semi-Entscheidungsverfahren auch feststellen können. Das sind die Fälle, in denen der Beweissuchbaum über $P \cup \{\neg G\}$ im Endlichen erfolglos ist. Für gegebenes P können wir die Menge der atomaren Formeln G elegant charakterisieren, so daß der Beweissuchbaum über $P \cup \{\neg G\}$ im Endlichen erfolglos ist. Tritt die atomare Formel G nie als Kopf einer Klausel in P auf, so besteht der Beweissuchbaum über $P \cup \{\neg G\}$ nur aus einem Knoten, und der einzige Pfad dieses Baumes ist erfolglos. Ist

$$G \leftarrow B_1 \wedge \ldots \wedge B_k$$

die einzige Klausel in P mit Kopf G, und gibt es ein i, $1 \le i \le k$, so daß B_i nie als Kopf einer Klausel in P auftritt, dann ist wiederum der Beweissuchbaum über $P \cup \{\neg G\}$ im Endlichen erfolglos.

Nach diesen Vorüberlegungen kommen wir jetzt zur formalen Durchführung. Die folgenden Resultate und Definitionen sind in den Originalarbeiten [Apt, von Emden, 1982] und [Lassez, Maker, 1984] enthalten.

Sei P eine Menge von Hornklauseln.

Definition

$F^0{}_P$:= $\emptyset$

$F^{n+1}{}_P$:= die Menge aller atomaren Formeln A, so daß für jede Klausel $C \leftarrow B_1 \wedge \dots \wedge B_k$ in P, deren Kopf C mit A unifizierbar ist, mindestens für ein i, $1 \le i \le k$, $\sigma(B_i)$ in $F^n{}_P$ liegt, wobei σ ein allgemeinster Unifikator von C und A ist.

F_P := $\cup \{F^n{}_P : 0 \le n\}$

Man beachte, daß

$F^1{}_P$:= die Menge aller atomaren Formeln A, so daß keine Klausel $C \leftarrow B_1 \wedge \dots \wedge B_k$ in P existiert, deren Kopf C mit A unifizierbar ist.

Satz 16

Sei P eine Menge von Hornklauseln, G eine atomare Formel. G liegt in F_P genau dann, wenn eine Auswahlregel R existiert, so daß der R-Beweissuchbaum für P $\cup \{\neg G\}$ im Endlichen erfolglos ist.

Beweis:

Sei zunächst ein im Endlichen erfolgloser R-Beweissuchbaum S für $P \cup \{\neg G\}$ gegeben.

Der Beweis wird durch Induktion über die Tiefe d des Baumes S geführt. Ist diese Tiefe 1, so besteht S nur aus dem mit $\neg G$ markierten Wurzelknoten. Da S nach Annahme erfolglos ist, kann es keine Klausel in P geben, deren Kopf mit G unifizierbar ist, d. h. A liegt in $F^1{}_P$.

Ist die Tiefe d von S größer als 1, so enthält S für jede Klausel $C_i \leftarrow B_{i,1} \wedge \dots \wedge B_{i,k_i}$ in P, deren Kopf C_i mit G unifizierbar ist, der allgemeinste Unifikator sei σ_i, einen Nachfolgerknoten N_i des Wurzelknotens. Der Knoten N_i ist mit $\neg \sigma_i(B_{i,1} \wedge \dots \wedge B_{i,k_i})$ markiert. Wir können ohne Beschränkung der Allgemeinheit annehmen, daß $R(N_i) = \sigma_i(B_{i,1})$ ist. Mit S sind auch alle durch N_i als Wurzelknoten bestimmten Teilbäume S_i von S im Endlichen erfolglos. Nach Induktionsvoraussetzung liegen alle $B_{i,1}$ in $F^{d-1}{}_P$, woraus nach Definition unmittelbar $G \in F^d{}_P$ folgt.

Wir nehmen jetzt zum Beweis der umgekehrten Richtung an, daß A in F^n_P für eine natürliche Zahl n liegt. Wir definieren durch Induktion nach n eine Auswahlregel R, so daß der R-Beweissuchbaum über $P \cup \{\neg G\}$ im Endlichen erfolglos ist.

Für n = 1 beginnen wir mit dem Wurzelknoten, markiert mit $\neg G$. Aus der Definition von F^1_P kann man unmittelbar ablesen, daß damit schon ein im Endlichen erfolgloser Beweissuchbaum erreicht ist.

Ist n > 0, so gibt es für jede Klausel $C_i \leftarrow B_{i,1} \wedge \ldots \wedge B_{i,k_i}$ in P, deren Kopf C_i mit G unifizierbar ist, der allgemeinste Unifikator sei σ_i, ein r_i, $1 \leq r_i \leq k_i$, so daß $\sigma_i(B_{i,r_i})$ in F^{n-1}_P liegt. Nach Induktionsvoraussetzung gibt es Auswahlregeln R_i, so daß der R_i-Beweissuchbaum über $P \cup \{\neg \sigma_i(B_{i,r_i})\}$ im Endlichen erfolglos ist. Wir definieren eine Auswahlregel R für den Beweissuchbaum über $P \cup \{\neg G\}$, indem wir für jeden Nachfolgerknoten N_i des Wurzelknotens $R(N_i) = \sigma_i(B_{i,r_i})$ setzen und für den Teilbaum unterhalb N_i die Auswahlregel R_i übernehmen. Der so entstehende R-Beweissuchbaum ist dann ebenfalls im Endlichen erfolglos.

□

Die eine Richtung der Behauptung von Satz 16 läßt sich, [Lassez, Maher, 1984] folgend, noch verschärfen. Dazu benötigen wir den Begriff einer **fairen** Auswahlregel.

Eine Auswahlregel R für den Beweissuchbaum S heißt fair, wenn für jeden Knoten N mit Markierung $\neg(A_1 \wedge \ldots \wedge A_k)$ jeder in N beginnende Pfad entweder erfolglos ist oder für jedes i, $1 \leq i \leq k$, einen Knoten N' enthält, so daß $R(N') = \sigma(A_i)$ ist für eine Substitution σ.

Korollar 17

Liegt G in F_P, so ist für jede faire Auswahlregel R der R-Beweissuchbaum über $P \cup \{\neg G\}$ im Endlichen erfolglos.

Beweis:

Nach Voraussetzung gibt es ein n, so daß $G \in F^n_P$. Wir zeigen durch Induktion nach n, daß der R-Beweissuchbaum über $P \cup \{\neg G\}$ im Endlichen erfolglos ist. Der einfache Anfangsfall, n = 0, bleibt dem Leser überlassen.

Sei jetzt n > 0. Wir betrachten einen Pfad Z im R-Beweissuchbaum. Der Pfad beginnt mit dem Wurzelknoten. Der zweite Knoten von Z sei mit der Formel $\neg\sigma(B_1 \wedge \ldots \wedge B_k)$ markiert. Wir wissen außerdem aus der Definition eines Beweissuchbaums, daß eine Klausel $C \leftarrow B_1 \wedge \ldots \wedge B_k$ in P existiert mit $\sigma(C) = \sigma(G)$. Nach Definition von F^n_P gibt es ein i, $1 \leq i \leq k$, mit $\sigma(B_i) \varepsilon F^{n-1}_P$. Da R eine faire Auswahlregel ist, gibt es einen Knoten N auf dem Pfad Z, mit $R(N) = \mu(\sigma(B_i))$ für eine Substitution μ. Da $\mu(\sigma(B_i))$ auch in F^{n-1}_P liegt (siehe Übungsaufgabe 2), muß nach

Induktionsvoraussetzung jeder in N beginnende Beweisbaum im Endlichen erfolglos sein, insbesondere ist dann der Pfad Z endlich und erfolglos. □

Die durch das Konzept des Beweissuchbaums gegebene operationale Semantik ist die Grundlage für den in der Praxis wichtigsten Algorthmus zur Anfragebearbeitung in Hornklausel-Datenbasen. Daneben sind jedoch eine Vielzahl anderer Verfahren vorgeschlagen und untersucht worden. Eine leicht verständliche Übersicht findet man in [Bancilhon, Ramakrishnan 86]. Ein anderer Ansatz wird in [Neiman 90] vorgestellt. Einen für aussagenlogische Hornformeln linearen Algorithmus findet man z.B. in [Dowling, Gallier 84].

Eine operationale Semantik, die weniger auf logische und algorithmische Aspekte abzielt, sondern auf die Praxis der logischen Programmierung ausgerichtet ist und eingesetzt werden kann, z. B. zur Spezifikationsvorgabe für die Implementierer einer logischen Programmiersprache oder zur Formulierung von Standards, wird in den Arbeiten [Börger 90a], [Börger 90b], [Börger 91] gegeben.

6.5 Übungsaufgaben

Aufgabe 1

Zeigen Sie: Für jede Menge von Hornklauseln P und jedes $n \geq 0$ gilt:

$$T^n_P \subseteq T^{n+1}_P.$$

Aufgabe 2

Sei P eine Menge von Hornklauseln, A eine atomare Formel und σ eine Substitution, so daß A in F_P liegt, dann liegt auch $\sigma(A)$ in F_P.

Aufgabe 3

Sei At_0 die Menge aller variablenfreien, atomaren Formeln.

Zeigen Sie, daß für jedes n gilt:

$$Subst(F^n_P) = At_0 \setminus T^n_P(At_0).$$

Aufgabe 4

Für eine PROLOG-Datenbasis P definiere man den Operator Ta_P wie folgt:

$Ta_P(I) = \{A$: A ist eine atomare Formel, so daß eine Substitution σ und eine Klausel $B \leftarrow C_1 \wedge \ldots \wedge C_k$ in P existieren mit $\sigma(B) = A$ und alle $\sigma(C_1), \ldots, \sigma(C_k)$ liegen in I$\}$

Der Unterschied zum T_P-Operator liegt darin, daß für den Ta_P-Operator Mengen beliebiger, nicht notwendig variablenfreier, atomarer Formeln als Argumente und Werte auftreten.

$Ta^n{}_P$ wird analog zu $T^n{}_P$ definiert.

a) Sei I eine Menge atomarer Formeln, die unter beliebigen Substitutionen abgeschlossen ist, d. h. für alle $A \in I$ und jede Substitution σ gilt $\sigma(A) \in I$.
Zeigen Sie, daß dann für alle $n \geq 0$, alle $A \in Ta^n{}_P(I)$ und jede Substitution σ gilt
$$\sigma(A) \in Ta^n{}_P(I) .$$

b) Sei I wie unter a).
Zeigen Sie, daß der folgende Zusammenhang besteht:
$$\text{Subst}(Ta^n{}_P(I)) = T^n{}_P(\text{Subst}(I))$$
Ist insbesondere I variablenfrei, dann gilt:
$$\text{Subst}(Ta^n{}_P(I)) = T^n{}_P(I) .$$

c) Für jedes n und jede Formel $A(x) \in Ta^n{}_P(\emptyset)$ gilt:
$$P \vdash \forall x\, A(x).$$

d) Geben Sie ein Beispiel eines Programms P und einer Formel A in einem Vokabular V, so daß für jeden geschlossenen Term t gilt $P \vdash A(t)$, aber $P \vdash \forall x\, A(x)$ gilt nicht.

Aufgabe 5
Sind die allgemeinen Beweissuchbäume über $P \cup \{\neg C_1\}, \ldots, P \cup \{\neg C_k\}$ alle erfolgreich und die C_i paarweise variablendisjunkt, dann ist auch der allgemeine Beweissuchbaum über $P \cup \{\neg (C_1 \wedge \ldots \wedge C_k)\}$ erfolgreich.

Aufgabe 6
(1) Sei R eine AL-Resolvente von K_1 und K_2 und D eine beliebige Menge von Formeln. Zeigen Sie, daß aus
$$D \vdash \forall x\, \neg R(x) \text{ und } D \vdash \forall x\, K_2(x)$$
folgt
$$D \vdash \forall x\, \neg K_1(x).$$

(2) Geben Sie ein Beispiel, daß die Behauptung aus Teil a nicht für beliebige Resolventen richtig ist.

Aufgabe 7
Zeigen Sie: Zu jedem erfolgreichen Pfad im Beweissuchbaum über $D \cup \{\neg\theta(G)\}$ mit Antwortsubstitution σ gibt es einen erfolgreichen Pfad im Beweissuchbaum über $D \cup \{\neg G\}$ mit Antwortsubstitution μ, so daß für eine geeignete Substitution γ gilt: $\sigma * \theta = \gamma * \mu$.

Aufgabe 8

Sei $D = P \cup \{\neg G\}$ eine Prolog-Situation. Nach Lemma 1 gilt: "wenn $\square \in I(D)$, dann $\square \in Input(D)$.". Zeigen Sie, daß $I(D) \subseteq Input(D)$ nicht gelten muß.

Aufgabe 9

Sei P die Datenbasis einer Prolog-Situation. Wir schreiben $P = F \cup R$, wobei $F = \{ A \in At : A \in P\}$ die Fakten von P und $R = \{A \leftarrow B_1 \wedge \ldots \wedge B_k \in P : k \geq 0\}$ die Regeln von P sind. Gelegentlich findet man in der Literatur auch die folgende Definition analog zu $T_P{}^n$:

$$D_P{}^0 = F$$
$$D_P{}^{n+1} = \{ A \in At_0 : \text{es gibt } B \leftarrow C_1 \wedge \ldots \wedge C_k \in P \text{ und eine Substitution } \theta \text{ mit } A = \theta(B) \text{ und } \theta(C_i) \in D_P{}^n \text{ für alle } i \}$$

Zeigen Sie:

a) Im allgemeinen gilt $D_P{}^n \subseteq D_P{}^{n+1}$ nicht.

b) $T_P{}^n = \cup \{ D_P{}^m : m \leq n \}$.

Aufgabe 10

Die im Abschnitt 6.3 definierte Hierarchie von Mengen variablenfreier atomarer Formeln $T_P{}^\alpha$ wird in der Literatur meist mit $T_P \uparrow \alpha$ bezeichnet. Analog dazu wird eine zweite, absteigende Hierarchie $T_P \downarrow \alpha$ wie folgt definiert:

$$T_P \downarrow 0 = \text{Menge aller variablenfreien atomaren Formeln}$$
$$T_P \downarrow (\alpha+1) = T_P(T_P \downarrow \alpha)$$
$$T_P \downarrow \lambda = \bigcap\{T_P \downarrow \alpha : \alpha < \lambda \}$$

Zeigen Sie:

a) Ist I ein Fixpunkt von T_P, dann gilt für alle α $I \subseteq T_P \downarrow \alpha$.

b) Es gibt ein α , so daß $T_P \downarrow \alpha$ der größte Fixpunkt von T_P ist.

Aufgabe 11

Sei P das folgende Programm:

$p(a) \leftarrow p(x) \wedge q(x).$
$p(f(x)) \leftarrow p(x).$
$q(b).$
$q(f(x)) \leftarrow q(x).$

Berechnen Sie:

a) $T_P \downarrow \omega$ (= der kleinste Fixpunkt von T_P).

b) $T_P \downarrow \omega$

c) $T_P \downarrow (\omega + \omega)$

d) den größten Fixpunkt von T_P .

Aufgabe 12

Sei A eine variablenfreie, atomare Formel. Beweisen Sie die folgende Charakterisierung des größten Fixpunktes gfp(P) von T_P:

$A \in$ gfp(P) gdw comp(P) $\cup$ {A} besitzt ein Herbrand-Modell

Hinweis: Benutzen Sie Satz 8.10.

7 Eigenschaften von Hornklauseln

In diesem Kapitel wird zum einen gezeigt, daß die Formelklasse der universellen Hornklauseln von der deskriptiven Ausdrucksstärke her echt schwächer ist als die Klasse aller Formeln. Zum anderen wird die Turingvollständigkeit gezeigt, d.h. zu jeder partiell rekursiven Funktion f gibt es eine universelle Hornklausel, die f "repräsentiert".

7.1 Modelltheoretische Eigenschaften von Hornklauseln

In diesem Abschnitt wollen wir einige bemerkenswerte Eigenschaften von Hornformeln zusammenstellen. Beweistheoretische Aspekte dieser Formelklasse wurden bereits in Kapitel 6 ausführlich behandelt, hier geht es jetzt um Definierbarkeitseigenschaften.

Zunächst einige terminologische Vorbereitungen. Die bereits eingeführten universellen Hornklauseln sind die geeignete Klasse für die beweistheoretischen Untersuchungen. In diesem Unterabschnitt benötigen wir die andere der damals erwähnten Varianten.

Eine **Basis-Hornklausel** ist eine Disjunktion von Literalen, wobei höchstens ein Literal positiv ist. Eine **Hornformel** ist eine Formel, die aus Basis-Hornklauseln mit Hilfe von $\wedge$, $\forall$ und $\exists$ aufgebaut ist. Die Teilklassen **universeller Hornformeln** und **existentieller Hornformeln** werden in der gewohnten Weise eingeführt.

Weiter benötigen wir aus der universellen Algebra den Begriff des direkten Produktes von Strukturen.

Definition

Sei $\{M_i : i \in I\}$ eine Familie von Strukturen, dann ist das **direkte Produkt**

$$M = \prod\{M_i : i \in I\}$$

wie folgt festgelegt:

Das Universum von M ist das kartesische Produkt der Universa der M_i, d. h. die

Menge der Funktionen $f : I \to \cup\{M_i : i \in I\}$, so daß für alle $i \in I$ gilt: $f(i) \in M_i$. Für jedes Konstantensymbol c des betrachteten Vokabulars ist c_M das durch

$$c_M(i) = c_{M_i}$$

bestimmte Element des Universums von M.

Für jedes n-stellige Funktionszeichen g gilt für jedes $i \in I$ und jedes n-Tupel $f_1,\ldots,f_n$ von Elementen aus M:

$$g_M(f_1,\ldots,f_n)(i) = g_{M_i}(f_1(i),\ldots,f_n(i))$$

Für jedes n-stellige Relationszeichen R und jedes n-Tupel $f_1,\ldots,f_n$ von Elementen aus M gilt:

$$M \models P(f_1,\ldots,f_n)$$

gdw.

für alle $i \in I$ gilt: $M_i \models P(f_1(i),\ldots,f_n(i))$.

Zusammenfassend kann man sagen, daß die Definition von Funktionen und die Gültigkeit von Prädikaten im direkten Produkt komponentenweise auf die Faktorstrukturen M_i zurückgeführt wird.

Ist die Indexmenge $I = \{1,\ldots,k\}$ endlich, so schreibt man

$$M = M_1 \oplus \ldots \oplus M_k$$

Zwei Beispiele sollen zeigen, wie direkte Produkte auf natürliche Weise in vertrauten mathematischen Begriffen auftreten.

Beispiel

Für $I = \mathbb{N}$, $M_i = (\mathbb{R}, +)$ für alle $i \in I$ ist das direkte Produkt $M = \Pi\{M_i : i \in I\}$ die Menge aller (unendlichen) Folgen reeller Zahlen mit der komponentenweisen Addition.

Beispiel

Für $(E, \leq) = (\mathbb{R}, \leq) \oplus (\mathbb{R},)$ ist das Universum E die reelle Ebene, bestehend aus allen Paaren $<r,s>$ reeller Zahlen $r,s \in \mathbb{R}$ und

$<r_1,s_1> \leq <r_2,s_2>$ gdw. $r_1 \leq r_2$ und $s_1 \leq s_2$.

Also $<0,1> \leq <1,2>$,

aber weder $<0,1> \leq <-1,2>$ noch $<-1,2> \leq <0,1>$.

Definition
Man sagt, eine Formel ψ bleibt unter direkten Produkten **erhalten**, falls für jede Familie $\{M_i : i \in I\}$ von Strukturen, so daß für alle $i \in I$ gilt $M_i \models \psi$, die Formel ψ auch im direkten Produkt $M = \prod\{M_i : i \in I\}$ wahr ist.

Die angekündigte Eigenschaft kann nun in dem folgenden Satz formuliert werden.

Satz 1
Ein universeller Satz ψ des Prädikatenkalküls bleibt unter direkten Produkten erhalten genau dann, wenn ψ logisch äquivalent zu einer universellen Hornformel ist.

Beweis:
Wir beginnen mit der einfachen Implikation und nehmen an, daß ψ eine universelle Hornformel ist. Da wir die Matrix von ψ in konjunktive Normalform bringen können und der $\forall$-Quantor mit Konjunktionen vertauschbar ist, können wir o.B.d.A. annehmen, daß

$$\psi = \forall \mathbf{x} \, (L_1 \vee \ldots \vee L_k)$$

ist, wobei höchstens ein Literal L_i positiv ist. Gelte weiterhin für jedes i aus einer Indexmenge I: $M_i \models \psi$. Wir müssen zeigen, daß ψ auch im direkten Produkt $M = \prod\{M_i : i \in I\}$ gilt. Sei b eine Belegung der quantifizierten Variablen $\mathbf{x}$ mit Elementen aus M. Wir müssen $M \models L_1(b/\mathbf{x}) \vee \ldots \vee L_k(b/\mathbf{x})$ zeigen. Nach Voraussetzung gilt für jedes i: $M_i \models L_1(b(i)/\mathbf{x}) \vee \ldots \vee L_k(b(i)/\mathbf{x})$. Aus der Definition des direkten Produkts folgt, daß ein negatives Literal, das in einer Faktorstruktur M_i gilt, auch im direkten Produkt gilt. Ein positives Literal gilt dagegen im direkten Produkt, wenn es in allen Faktorstrukturen gilt. Gibt es also ein $i \in I$, so daß ein negatives Literal $L_j(b(i)/\mathbf{x})$ in M_i wahr ist, dann ist $L_j(b(i)/\mathbf{x})$ und damit auch $L_1(b(i)/\mathbf{x}) \vee \ldots \vee L_k(b(i)/\mathbf{x})$ in M wahr. Im anderen Fall ist für jedes $i \in I$ ein positives Literal von ψ in M_i wahr. Da es aber nur ein positives Literal gibt, ist für jedes i dasselbe positive Literal von ψ in M_i und damit auch in M wahr.

Zum Beweis des zweiten Teiles von Satz 1 benötigen wir eine simple kombinatorische Tatsache, die im folgenden Lemma 2 bereitgestellt wird.

Wieder können wir die Matrix von ψ in konjunktive Normalform bringen

$$\begin{aligned}\psi = \forall \mathbf{x} \, (\, & K_1 \vee L_{1,1} \vee \ldots \vee L_{1,r_1} \\ & K_2 \vee L_{2,1} \vee \ldots \vee L_{2,r_2} \\ & \quad \vdots \\ & K_n \vee L_{n,1} \vee \ldots \vee L_{n,r_n} \,)\end{aligned}$$

wobei die K_i Disjunktionen negativer Literale sind und alle $L_{i,j}$ positive Literale sind. Der Fall $r_i = 0$ kann auftreten. Sei $\Gamma = \{i : 1 \le i \le n\}$ und für jedes $\gamma \in \Gamma$ sei $Y_\gamma = \{0, 1, 2, \ldots, r_\gamma\}$. Für jedes y aus dem kartesischen Produkt $Y = \prod\{Y_\gamma : \gamma \in \Gamma\}$ sei χ_y die folgende Formel:

$$\forall \mathbf{x} (\bigwedge \{ K_\gamma \vee L_{\gamma, y(\gamma)} : \gamma \in \Gamma \})$$

Ist $y(\gamma) = 0$, so ist $(K_\gamma \vee L_{\gamma,y(\gamma)})$ zu lesen als K_γ. Offensichtlich sind alle χ_γ universelle Hornformeln und für jedes y ist $\chi_y \to \psi$ eine Tautologie. Wir zielen dahin, wenigstens für ein γ die umgekehrte Implikation als allgemeingültig nachzuweisen. Angenommen das ist nicht der Fall. Dann gibt es für jedes $y \in Y$ eine Struktur M_y, so daß

1. $M_y \models \psi$
2. Es gibt eine Belegung $\mathbf{b}_y$ der quantifizierten Variablen $\mathbf{x}$ mit Elementen aus M, so daß

$$M \models \neg \bigwedge \{ K_\gamma(\mathbf{b}_y / \mathbf{x}) \vee L_{\gamma, y(\gamma)}(\mathbf{b}_y / \mathbf{x}) : \gamma \in \Gamma \}$$

Für das Folgende sei eine Familie $\{M_y : y \in Y\}$ von Strukturen, die 1. und 2. erfüllen, fest gewählt. Aus 2. folgt, daß für jedes $y \in Y$ ein $\gamma \in \Gamma$ existiert, so daß

$$\neg(K_\gamma(\mathbf{b}_y/\mathbf{x}) \vee L_{\gamma,y(\gamma)}(\mathbf{b}_y/\mathbf{x}))$$

in M_y wahr ist. Sei F eine Funktion, die für jedes solche y ein solches γ auswählt. Nach Lemma 2 gibt es ein $\gamma \in \Gamma$ mit

$$\{y(F(y)) : y \in Y'\} = \{0, 1, \ldots, r_\gamma\}$$

wobei $Y' = \{y : y \in Y \text{ und } F(y) = \gamma\}$.
Mit anderen Worten:

Für jedes $y \in Y'$ gilt die Konjunktion positiver Literale $\neg K_\gamma$ in M_y. Also gilt auch $\neg K_\gamma$ in dem direkten Produkt $M = \{M_y : y \in Y'\}$.

Für jedes i, $1 \le i \le r_\gamma$ gibt es ein $y \in Y'$, so daß $\neg L_{\gamma,i}$ in M_y gilt. Somit gilt $\neg(L_{\gamma,1} \vee \ldots \vee L_{\gamma,r_n})$ im direkten Produkt M.

Zusammengefaßt haben wir gezeigt, daß $\neg(\forall \mathbf{x} (K_\gamma \vee L_{\gamma,1} \vee \ldots \vee L_{\gamma,r_n}))$ und damit auch $\neg\psi$ in M gilt. Andererseits gilt ψ in allen M_y. Da ψ nach Voraussetzung unter direkten Produkten erhalten bleibt, muß ψ auch in M wahr sein. Dieser Widerspruch beendet den Beweis von Satz 1. □

Lemma 2
Sei $\{Y_\gamma : \gamma \in \Gamma\}$ eine Familie nichtleerer Mengen. Sei F eine Funktion von dem kartesischen Produkt $Y = \prod\{Y_\gamma : \gamma \in \Gamma\}$ in die Indexmenge Γ, dann gibt es einen Index γ_0, so daß

$$\{y(F(y)) : y \in Y \text{ und } F(y) = \gamma_0\} = Y_{\gamma_0}$$

gilt.

Beweis:
Anstelle eines formalen Beweises betrachten wir eine textliche Einkleidung von Lemma 2. Dabei treten eine Menge Γ von Nationen zu einem sportlichen Wettbewerb an. Jede Nation $\gamma \in \Gamma$ schickt ein Läuferteam Y_γ ins Rennen. Die Mannschaften müssen nicht alle dieselbe Anzahl von Läufern aufweisen, aber die leere Mannschaft ist nicht zugelassen. Abweichend vom üblichen Reglement werden in unserem Fall zu jeder Kombination, die genau einen Läufer aus jedem Team enthält, ein Rennen gelaufen. Dieses Verfahren kann man sich leisten, da die Anzahl der verfügbaren Aschenbahnen größer als die Anzahl der teilnehmenden Nationen ist. Ein Lauf kann somit durch ein Element y des kartesischen Produkts Y bezeichnet werden. F(y) sei der Gewinner des Laufes y. Das Reglement sieht vor, daß diejenige Nation gewinnt, für welche jeder ihrer Läufer mindestens einmal Sieger eines Laufes war. Gibt es mehrere solcher Nationen, ist ein weiterer Entscheidungskampf vorgesehen. Die Aussage von Lemma 2 behauptet, daß es immer mindestens einen Gewinner gibt.

□

Satz 1 ist auch noch wahr für $\forall\exists$-Hornsätze, allerdings ist der Beweis um ein vielfaches schwieriger. Nähere Informationen und eine Diskussion verwandter Erhaltungssätze findet man in [Chang, Keisler, 1974] in Kapitel 6.2.

7.2 Die Turingvollständigkeit des Hornklauselfragments

Neben der deskriptiven Ausdrucksstärke gibt es noch ein zweites wichtiges Kriterium zur Beurteilung eines Fragments prädikatenlogischer Formeln: Welche berechenbaren Funktionen können in diesem Fragment beschrieben werden? Welche Berechnungen können in ihm kodiert werden?

Um eine fundierte Antwort auf die Frage geben zu können, welche berechenbaren Funktionen durch universelle Hornklauseln kodiert werden können, müssen wir zunächst eine mathematisch präzise Definition der Klasse der berechenbaren Funktionen geben. Wir beschränken uns dabei auf Funktionen, die als Argumente und

Werte natürliche Zahlen annehmen. Außerdem ist es zweckmäßig, partielle Funktionen, d. h. z. B. n-stellige Funktionen, die nicht für alle n-Tupel natürlicher Zahlen definiert sind, zu betrachten. Die Klasse der **partiell rekursiven Funktionen** PR wird wie folgt definiert:

1. die einstellige Funktion 0, die für jedes Argument den Wert 0 hat: $0(x) = 0$, liegt in PR.
2. die Nachfolgerfunktion s liegt in PR,

$$s(x) = x + 1$$

3. für jedes m und jedes i, $1 \leq i \leq m$, liegt die Projektionsfunktion $p^m{}_i$ in PR,

$$p^m{}_i(x_1,\ldots,x_m) = x_i$$

4. liegen die k-stellige Funktion h in PR und ebenfalls die n-stelligen Funktionen $g_1,\ldots,g_k$, dann liegt auch die n-stellige Funktion

$$f(\mathbf{x}) = h(g_1(\mathbf{x}),\ldots,g_k(\mathbf{x}))$$

   in PR.
5. liegen die Funktionen g und h in PR, dann auch die durch folgende Rekursion definierte Funktion f:

$$f(0,x_2,\ldots,x_n) = g(x_2,\ldots,x_n)$$
$$f(x_1+1,x_2,\ldots,x_n) = h(x_1,\ldots,x_n,f(x_1,x_2,\ldots,x_n))$$

6. liegt g in PR, dann auch die Funktion

$$f(\mathbf{x}) = \mu y\ (g(\mathbf{x},y) = 0),$$

   wobei $\mu y\ (g(\mathbf{x},y) = 0) = n$ ist, wenn $g(\mathbf{x},n) = 0$ ist und für alle $m < n$ $g(\mathbf{x},m)$ definiert und von 0 verschieden ist.

Das folgende Lemma wird im weiteren Verlauf dieses Kapitels mehrmals benutzt werden.

Lemma 3

Sei $D = P \cup \{\neg A\}$ eine PROLOG-Situation, wobei A variablenfrei ist, und sei

$$A' \leftarrow B_1 \wedge \ldots \wedge B_n$$

die einzige Klausel in P, so daß ein allgemeinster Unifikator σ von A und A' existiert, dann gilt:

$$P \vdash A$$
gdw.
es gibt eine Substitution μ, so daß
$$P \vdash \mu^*\sigma(B_i)$$
für alle i, $1 \le i \le n$, gilt und alle $\mu^*\sigma(B_i)$ variablenfrei sind.

Beweis:
Existiert eine Substitution μ mit den angegebenen Eigenschaften, dann folgt insbesondere

$$P \vdash \exists x\, (\sigma(B_1 \wedge \ldots \wedge B_n))\,.$$

Ebenso gilt:

$$P \vdash \exists x\, (\sigma(A') \leftarrow \sigma(B_1 \wedge \ldots \wedge B_n))\,.$$

Da $A = \sigma(A')$ keine Variable enthält, ist das gleichbedeutend mit

$$P \vdash A \leftarrow \exists x\, (\sigma(B_1 \wedge \ldots \wedge B_n))\,.$$

Es folgt also $P \vdash A$.
Gelte jetzt umgekehrt $P \vdash A$. Der Beweissuchbaum über $P \cup \{\neg A\}$ ist also erfolgreich. Nach der Voraussetzung des Lemmas besitzt der Wurzelknoten genau einen Nachfolger, und dieser ist mit $\neg\sigma(B_1 \wedge \ldots \wedge B_n)$ markiert. Sei μ_0 die Antwortsubstitution über $P \cup \{\neg\sigma(B_1 \wedge \ldots \wedge B_n)\}$, dann gilt nach Satz 6.6

$$P \vdash \forall\, x\, \mu_0\sigma(B_1 \wedge \ldots \wedge B_n).$$

Sei μ irgendeine Spezialisierung von μ_0, so daß $\mu\sigma(B_1 \wedge \ldots \wedge B_n)$ variablenfrei ist. Es gilt weiterhin

$$P \vdash \forall\, x\, \mu\sigma(B_1 \wedge \ldots \wedge B_n)$$

Wegen Variablenfreiheit gilt auch für alle i , $1 \le i \le n$

$$P \vdash \mu\sigma\, B_i$$

□

Wir nennen eine n-stellige, partielle Funktion f von den natürlichen Zahlen in die natürlichen Zahlen **repräsentierbar durch eine Menge P_f universeller Hornklauseln**, wenn in P_f ein (n+1)-stelliges Prädikatszeichen F_f auftritt, so daß für jedes (n+1)-Tupel $a_1,\ldots,a_n,b$ natürlicher Zahlen gilt:

$$P_f \vdash F_f(r(a_1),\ldots,r(a_n),r(b))$$
gdw.
$$f(a_1,\ldots,a_n) = b.$$

Wir nennen dann P_f eine Repräsentation von f.
Dabei ist r(c) eine Repräsentation der natürlichen Zahl c im Vokabular von P_f. Wir benutzen im folgenden

$r(c) = s(\ldots s(0)\ldots)$ (c-fache Wiederholung des Funktionszeichens s).

Der Einfachheit halber erlauben wir uns die kleine Ungenauigkeit, den Operator r wegzulassen; tritt in P oder einer Zielformel eine natürliche Zahl c auf, so wissen wir, daß sie als r(c) aufzufassen ist.

Satz 4
Jede partiell-rekursive Funktion ist durch eine Menge universeller Hornklauseln repräsentierbar.

Beweis:
Der Beweis wird durch Induktion über die rekursive Definition der Menge PR geführt. Der Induktionsanfang besteht in der Angabe von Hornklauselmengen P_f mit den gewünschten Eigenschaften für die unter Punkt 1 bis 3 der Definition von PR genannten Anfangsfunktionen f.

P_0 : $F_0(x,0)$
P_s : $F_s(x,s(x))$
$P^m{}_i$: $F^m{}_i(x_1, \ldots, x_m, x_i)$

Es gilt offensichtlich:

$$P_0 \vdash F_0(a,c) \quad \text{gdw} \quad c = 0$$
$$P_s \vdash F_s(a,c) \quad \text{gdw} \quad c = a + 1.$$
$$P^m{}_i \vdash F^m{}_i \; (a_1, \ldots, a_m, c) \quad \text{gdw} \quad c = a_i.$$

Seien jetzt Programme P_h, P_1,..,P_k gegeben, so daß gilt

$$P_h \vdash F_h(\mathbf{a},c) \text{ gdw. } h(\mathbf{a}) = c$$

und für alle i, $1 \leq i \leq k$

$$P_i \vdash F_i(\mathbf{b},d) \text{ gdw. } g_i(\mathbf{b}) = d$$

Wir können ohne Beschränkung der Allgemeinheit annehmen, daß die Programme P_h, P_1, .., P_k kein Prädikats- oder Funktionszeichen gemeinsam haben, und außerdem das (k+1)-stellige Prädikatszeichen F_f in keinem dieser Programme vorkommt. P_f besteht aus der Vereinigung $P_h \cup P_1 \cup \ldots \cup P_k$ und der folgenden Klausel :

$$F_f(\mathbf{x},y) \leftarrow F_1(\mathbf{x},z_1) \wedge \ldots \wedge F_k(\mathbf{x},z_k) \wedge F_h(z_1,\ldots,z_k,y)$$

Nach Lemma 3 gilt

$$P_f \vdash F_f(\mathbf{a},c)$$

genau dann, wenn es eine Substitution σ gibt, mit

$$P_1 \vdash F_1(\mathbf{a},d_1), \ldots, P_k \vdash F_k(\mathbf{a},d_k)$$

und $P_h \vdash F_h(d_1,\ldots,d_k,c)$,
wobei wir $\sigma(z_i)$ durch d_i abgekürzt haben. Aus den Eigenschaften der Programme P_h, $P_1,\ldots,P_k$ und der Definition von f folgt jetzt unmittelbar

$$P_f \vdash F_f(\mathbf{a},c) \text{ gdw. } f(\mathbf{a}) = c$$

Wir kommen nun zu dem Induktionsschritt, der der fünften Klausel in der Definition der partiell rekursiven Funktion entspricht. Nach Induktionsvoraussetzung existieren Programme P_g und P_h, so daß

$$P_g \vdash F_g(a_2,\ldots,a_n,c) \text{ gdw. } g(a_2,\ldots,a_n) = c$$

und

$$P_h \vdash F_h(\mathbf{a},b,c) \text{ gdw. } h(\mathbf{a},b) = c$$

Wieder nehmen wir an, daß die Programme P_g,P_h keine Prädikats- oder Funktionszeichen gemeinsam haben und auch F_f nicht in ihnen vorkommt. P_f besteht aus $P_g \cup P_h$ und den beiden Klauseln :

$$F_f(0,x_2,\ldots,x_n,y) \leftarrow F_g(x_2,\ldots,x_n,y)$$
$$F_f(s(x_1),x_2,\ldots,x_n,y) \leftarrow F_f(x_1,\ldots,x_n,z) \wedge F_h(x_1,\ldots,x_n,z,y)$$

Man zeigt leicht, unter Benutzung von Lemma 3, daß $P_f \vdash F_f(\mathbf{a},c)$ gdw. $f(\mathbf{a}) = c$ gilt.
Wir kommen zum letzten und aufwendigsten Induktionsschritt entsprechend der Klausel 6 in der Definition. Nach Induktionsvoraussetzung gibt es ein Programm P_g, so daß

$$P_g \vdash F_g(\mathbf{x},y,z) \text{ gdw. } g(\mathbf{x},y) = z$$

Das Programm P_f für die Funktion $f(\mathbf{x}) = \mu y(g(\mathbf{x},y) = 0)$ benutzt das Hilfsprädikat R. P_f besteht aus P_g plus den folgenden Klauseln :

$$F_f(\mathbf{x},z) \leftarrow F_g(\mathbf{x},0,y) \wedge R(\mathbf{x},0,y,z)$$
$$R(\mathbf{x},u,0,u).$$
$$R(\mathbf{x},u,s(v),z) \leftarrow F_g(\mathbf{x},s(u),y) \wedge R(\mathbf{x},s(u),y,z)$$

Zwischenbehauptung:

$$P_f \vdash R(\mathbf{a},b,c,d)$$
gdw.
$$(b = d \text{ und } c = 0)$$
oder
$$(b < d,\ g(\mathbf{a},d) = 0)$$
und für alle b_0, $b < b_0 \leq d$ ist $g(\mathbf{a},b_0)$ definiert und $\neq 0$.

Aus der Zwischenbehauptung folgt wieder unter Zuhilfenahme von Lemma 3

$$P_f \vdash F_f(\mathbf{a},c) \text{ gdw. } f(\mathbf{a}) = c.$$

Gilt $P_f \vdash R(\mathbf{a},b,c,d)$, so enthält der R_0-Beweissuchbaum über $P_f \cup \{\neg R(\mathbf{a},b,c,d)\}$ einen erfolgreichen Pfad; wobei R_0 eine Auswahlregel ist, die zuerst Ziele auswählt, die mit den in P_g vorkommenden Prädikaten gebildet sind,, bevor eventuell ein mit R gebildetes Ziel an die Reihe kommt. Wir beweisen zunächst durch Induktion nach der Länge L des kürzesten erfolgreichen Pfades, daß $b \leq d$ sein muß. Ist $L = 1$, so muß die Markierung $\neg R(\mathbf{a},b,c,d)$ des Wurzelknotens mit der positiven Klausel $R(\mathbf{x},u,0,u)$ aus P_f resolviert worden sein; das heißt $b = d$. Ist $L > 0$, so besitzt der Wurzelknoten genau einen Nachfolgerknoten und dieser ist mit

$$\neg(F_g(\mathbf{a},s(b),y) \wedge R(\mathbf{a},s(b),y,d))$$

markiert. Da der Pfad erfolgreich ist, enthält er aufgrund der Auswahlregel R_0 einen mit

$$\neg R(\mathbf{a},s(b),c,d)$$

markierten Knoten N. Wir bemerken schon an dieser Stelle, was für den weiteren Verlauf des Beweises wichtig sein wird, daß das Stück zwischen dem Wurzelknoten und N ein erfolgreicher Pfad im Beweissuchdiagramm über $P_g \cup \{\neg F_g(\mathbf{a},s(b),c)\}$ ist, daß nach Induktionsvoraussetzung also $g(\mathbf{a},s(b)) = c$ ist. Der Rest des Pfades unterhalb und einschließlich N ist ein erfolgreicher Pfad im Beweissuchdiagramm über $P_f \cup \{\neg R(\mathbf{a},s(b),c,d)\}$. Also gilt $P_f \vdash R(\mathbf{a},s(b),c,d)$, und somit folgt $s(b) \leq d$ nach Induktionsvoraussetzung und damit auch $b < d$.
Als nächstes wollen wir die Implikation von links nach rechts in der Zwischenbehauptung zeigen. Gelte also $P_f \vdash R(\mathbf{a},b,c,d)$. Wie gerade gezeigt, muß $b \leq d$ gelten,

und wir können Induktion nach (d - b) führen. Für b = d ist die Behauptung trivial. Für d > b zerlegen wir den erfolgreichen Pfad im Beweissuchdiagramm über $P_f \cup \{\neg R(\mathbf{a},b,c,d)\}$ wie oben. Aus $P_f \vdash R(\mathbf{a},s(b),c,d)$ und $(d - s(b))<(d - b)$ folgt für $s(b) < d$ aus der Induktionsvoraussetzung $g(\mathbf{a},d) = 0$ und für alle b_0, $s(b) < b_0 \leq d$ ist $g(\mathbf{a},b_0)$ definiert und $\neq 0$. Wie oben schon erwähnt, ist $g(\mathbf{a},s(b)) = c$. Wäre c = 0, so wäre ein Pfad, der die Markierung $\neg R(\mathbf{a},s(b),c,d)$ enthält, erfolglos. Also gilt $c \neq 0$. Es bleibt schließlich der Fall s(b) = d zu betrachten. Hierzu überlegt man sich, daß kein Pfad in dem Beweissuchbaum über $P_f \cup \{\neg R(\mathbf{a},d,c,d)\}$ erfolgreich sein kann, wenn $c \neq 0$ ist. Also c = 0, und in beiden Fällen ist gezeigt :

$$b < d,\ g(\mathbf{a},d) = 0 \text{ und für alle } b_0,\ b < b_0 \leq d \text{ ist } g(\mathbf{a},b_0) \text{ definiert und } \neq 0.$$

Den einfachen Beweis der Implikation von rechts nach links in der Zwischenbehauptung überlassen wir dem Leser. □

Eine direkte Simulation alternierender Turingmaschinen durch logische Programme wird in [Shapiro 84] gegeben.

7.3 Übungsaufgaben

Aufgabe 1

Die Aussage: "Die Kardinalität des Universums ist verschieden von n" läßt sich durch eine Formel des Prädikatenkalküls erster Stufe ausdrücken, z. B. durch

$$\phi_n : \forall x_0 \ldots \forall x_{n-1} (\bigwedge_{\{i<j<n\}} \neg (x_i = x_j)) \rightarrow \exists y \bigwedge_{\{i<n\}} \neg (y = x_i))$$

Zeigen Sie:

(1) Ist n eine Primzahl, dann bleibt die obige Aussage unter direkten Produkten erhalten.

(2) Eine einfache Umformung macht aus ϕ_2 eine $\forall\exists$-Hornformel.

(3) Eine nicht mehr ganz so einfache Umformung macht aus ϕ_3 eine $\forall\exists$-Hornformel.

Eine Lösung für den allgemeinen Fall einer Primzahl p und Hinweise zur Geschichte dieser Aufgabe findet man in [Blass, 1984] und [Tulipani, 1985].

Aufgabe 2

Welche der folgenden Aussagen bleiben in der Klasse der partiellen Ordnungen unter direkten Produkten erhalten?

(1) Die Existenz eines größten Elements
(2) Die Baumeigenschaft
(3) Die Existenz unvergleichbarer Elemente
(4) Diskretheit, d. h. jedes Element hat einen unmittelbaren Vorgänger und einen unmittelbaren Nachfolger
(5) Die Verbandseigenschaft.

Aufgabe 3
Zeigen Sie, daß für jedes im Beweis von Satz 4 konstruierte Programm P_f der R_0-Beweissuchbaum über $P_f \cup \{\neg F_f(a,c)\}$ genau einen Pfad besitzt, wobei R_0 eine Auswahlregel ist, die innerhalb jedes Programms P_h zuerst die zu den bei der induktiven Konstruktion von P_h benutzten Unterprogrammen gehörende Ziele auswählt.

8 Allgemeine PROLOG-Situationen

In diesem Kapitel werden allgemeine Hornklauseln und allgemeine Ziele eingeführt, die anstelle positiver Literale auch negative enthalten dürfen. Als prozedurale Semantik dafür werden NF-Beweissuchbäume eingeführt und die entsprechenden Korrektheits- und Vollständigkeitssätze bewiesen in der abgeschwächten Version, in der sie gültig sind.

8.1 NF - Beweissuchbäume

Aus einer Menge P universeller Hornklauseln kann keine negative Information abgeleitet werden. Genauer meinen wir damit, daß für keine universell quantifizierte atomare Formel A die Aussage $P \vdash \neg A$ gilt. Denn $P \vdash \neg A$ ist gleichbedeutend damit, daß $P \cup \{A\}$ kein Modell besitzt. Als eine Menge universeller Hornklauseln besitzt $P \cup \{A\}$ nach Satz 2.1 jedoch stets ein Modell. Eine mögliche Reaktion auf dieses Faktum wäre, in allen Situationen, in denen die Benutzung negativer Information unumgänglich ist, das Hornklauselfragment zu verlassen und zum allgemeinen Resolutionskalkül zurückzukehren. Das ist wegen der damit verbundenen drastischen Erhöhung der Berechnungskomplexität in praktischen Anwendungen keine verlockende Alternative. Wir wollen in diesem Kapitel einen Versuch vorstellen, zumindest eine gewisse Art negativer Information zu berücksichtigen und dabei möglichst im Rahmen der Beweistheorie für PROLOG-Situationen zu bleiben.

Definition
Eine **allgemeine PROLOG-Situation** $D = P \cup \{\neg G\}$ besteht aus einer Menge P universell quantifizierter **allgemeiner Hornklauseln**, d. h. Formeln der Art

$$A \leftarrow L_1 \wedge \ldots \wedge L_k ,$$

wobei A eine atomare Formel ist, und die L_i beliebige Literale sind, und einer existentiell quantifizierten Konjunktion G beliebiger Literale.

P heißt die **Datenbasis** der allgemeinen PROLOG-Situation D oder ein allgemeines PROLOG-Programm. G heißt das **Ziel** der allgemeinen PROLOG-Situation D.

Beispiele für allgemeine Programme:

P_1: $q \leftarrow \neg p$ P_2 $p \leftarrow \neg q$

P_3: $q \leftarrow \neg p$
$p \leftarrow p$

Alle Programme sind logisch äquivalent zu $q \vee p$.

Das folgende Beispiel einer typischen Verwendung der Negation in PROLOG-Programmen ist entnommen aus [Coelho, Cotta 1988], Problem 30.

Beispiel

weg (U, V, G, P) ← weg1 (U, [V], G, P)
weg1 (U, [U / P], G, [U / P])
weg1 (U, [W / Q], G, P) ← kante (V-W, G) ∧ ¬element (V, Q) ∧
  weg1 (U, [V, W / Q], G, P)
kante (V-W, [V-W / G])
kante (W-V, [V-W / G])
kante (V-W, [E / G]) ← kante (V-W, G)

In diesem Beispiel haben wir die übliche Notation für eine Liste mit Kopf H und Restliste T benutzt. In unserer Notation, wie in Abschnitt 2.1 beschrieben, müßten wir kr(H, T) anstelle von [H / T] und kr(H, nil) für [H] schreiben. Da diese syntaktischen Variationen keinen Einfluß haben auf die Bedeutung der symbolischen Ausdrücke und die Sätze, die für sie gelten, benutzen wir im vorliegenden Fall und ähnlichen Fällen die gebräuchlichere Variante. [V, W / Q] steht für [V / [W / Q]].

Die Relation weg (a, b, g, p) soll zuteffen, wenn p ein zyklenfreier Weg von a nach b im ungerichteten Graphen g ist. Das Hilfsprädikat weg1 (a, l, g, p) trifft zu, wenn l und p Listen von Knoten des ungerichteten Graphen g sind, l ein Endstück von p ist und p \ tail(l) ein zyklenfreier Weg in g von a nach head(l) ist, so daß p \ tail(l) und tail(l) disjunkt sind. Graphen g werden dabei durch Listen der Form [a-b, b-c, b-d] repräsentiert mit einem Infix-Funktionszeichen -. Für g = [a-b, b-c, b-d] gilt z. B.

$$P \vdash \text{weg1 (a, [b, c], g, [a, b, c])},$$

aber auch

$$P \vdash \text{weg1 (a, [b, c, d], g, [a, b, c, d])}$$

und

$$P \vdash \text{weg1 (a, [b, c, d, d], g, [a, b, c, d, d])}$$

Die folgenden Beispiele, ebenfalls aus [Coelho, Cotta, 1988], Problem 31, zeigen ineinander geschachtelte Aufrufe negativer Ziele.

Beispiel

hamilton (G, C) ← kante (U-V, G) ∧ weg (U, V, G, C) ∧ ¬lückenhaft (C, G)
lückenhaft (C, G) ← knoten (V, G) ∧ ¬element (V, C)
knoten (V, G) ← kante (V-W, G)

Das Prädikat hamilton(g, c) soll zuteffen, wenn c ein Hamiltonscher Kreis in dem ungerichteten Graphen g ist, d. h. ein zyklenfreier Weg in g, der jeden Knoten einmal durchläuft.

Beispiel

baum (T) ← ¬unzusammenhängend (T) ∧ ¬zyklisch (T)
unzusammenhängend(T) ← knoten (U, T) ∧ knoten (V, T) ∧ ¬weg (U, V, T, P)
zyklisch (T) ← kante (U-V, T) ∧ weg (U, V, T, [U, X, Y / P)

Offensichtlich läßt sich jede universelle Klausel, die mindestens ein positives Literal enthält, in eine logisch äquivalente, universelle, allgemeine Hornklausel umschreiben. Dieser Aspekt der logischen Ausdrucksstärke stand jedoch nicht im Mittelpunkt der Überlegungen bei der Einführung allgemeiner PROLOG-Situationen. Als Orientierung diente vielmehr eine prozedurale Auffassung der Negation als Nichtbeweisbarkeit, bekannt geworden unter dem Schlagwort "negation as failure". Wir werden deshalb als erstes ein Analogon der Beweissuchbäume für PROLOG-Situationen, NF-Beweissuchbäume, für allgemeine PROLOG-Situationen definieren. Die grundlegende Idee kann wie folgt zusammengefaßt werden:

Ist in einem NF-Beweissuchbaum ein negatives Ziel G = ¬B zu erfüllen, so wird versucht, den NF-Beweissuchbaum S über P ∪ {¬B} zu konstruieren. Ist S im Endlichen erfolglos, so wird das Ziel G als erfolgreich abgearbeitet angesehen. Ist S erfolgreich, so war das Ziel G nicht zu erreichen. In dem Fall, daß S weder erfolgreich noch im Endlichen erfolglos ist, wir das Ergebnis der Bearbeitung von G als undefiniert angesehen. Jetzt zur formalen Definition.

Definition

Sei D = P ∪ {¬G} eine allgemeine PROLOG-Situation. Der **NF-Beweissuchbaum über D** ist ein Baum, dessen Knoten mit (implizit universell quantifizierten) negierten Konjunktionen beliebiger Literale oder mit den Etiketten "erfolglos" oder "undefiniert" markiert sind, so daß gilt:

Der Wurzelknoten ist mit ¬G markiert.

Ist $\neg(L_1 \wedge \ldots \wedge L_r)$ die Markierung eines Knotens N, dann gibt es

- für jedes i, $1 \leq i \leq r$, so daß L_i ein positives Literal ist und für jede Formel

$$B \leftarrow B_1 \wedge \ldots \wedge B_n$$

in P, für die ein Unifikator σ von L_i und B existiert, einen Nachfolgerknoten von N, und dieser ist mit

$$\neg\sigma(L_1 \wedge \ldots \wedge L_{i-1} \wedge L_{i+1} \wedge \ldots \wedge L_r \wedge B_1 \wedge \ldots \wedge B_n)$$

markiert
- für jedes i, $1 \leq i \leq r$, so daß L_i ein negatives Literal ist, einen Nachfolgerknoten N, und dieser ist markiert mit
  1. $\neg(L_1 \wedge \ldots \wedge L_{i-1} \wedge L_{i+1} \wedge \ldots \wedge L_r)$, falls ein im Endlichen erfolgloser NF-Beweissuchbaum über $P \cup L_i$ existiert,
  2. "erfolglos", falls der NF-Beweissuchbaum über $P \cup L_i$ erfolgreich ist,
  3. "undefiniert", in allen anderen Fällen.

Beispiel

Abb.1 zeigt einen Ausschnitt aus dem NF-Beweissuchbaum über P ∪ {¬dm(a<a,b>,<c,d>)}, wobei

P = {dm(X,Y,Z) ← member(X,Y) ∧ ¬ member(X,Z),
member(X, [X / T])
member(X, [Y / T]) ← member(X,T)}

Wir schreiben deshalb für $[a_1 / [a_2 \ldots / [a_n / nil]\ldots]$ auch $<a_1,\ldots,a_n>$. Die Konstante nil steht für die leere Liste

Beispiel

Abb. 2 zeigt den NF-Beweissuchbaum, über

P ∪ {¬ dm(a,<a,b>,<a,c>}

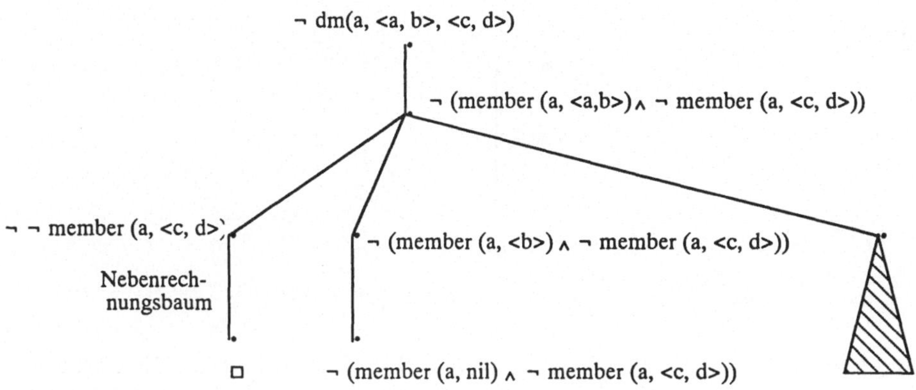

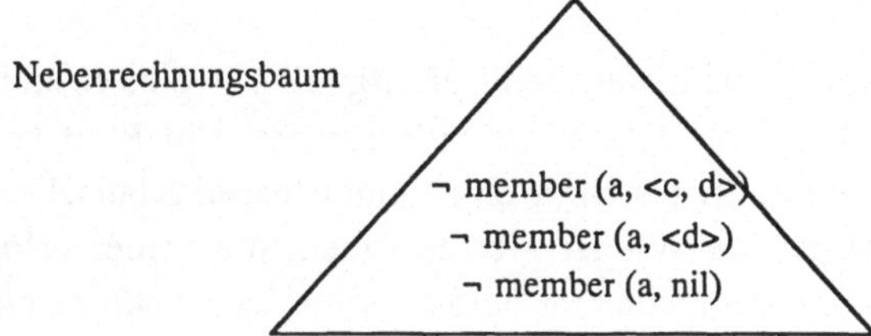

Abb. 1 Der NF-Beweissuchbaum über P ∪ {¬dm(a<a,b>,<c,d>)}

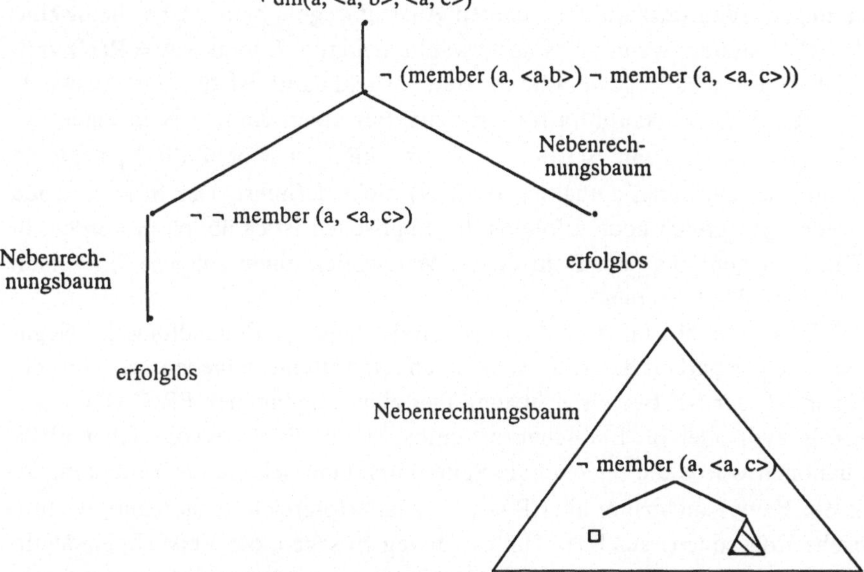

Abb. 2 NF-Beweissuchbaum über P ∪ {¬dm(a,<a,b>,<a,c>}

Beispiel

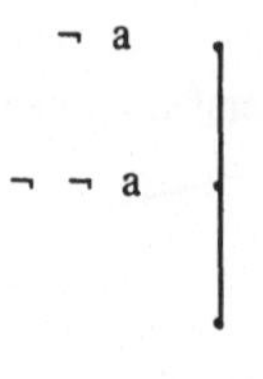

Abb. 3 Der NF-Beweissuchbaum über {a ← ¬a} ∪ {¬a}

Um die Markierung des letzten Knotens in Abb.3 zu finden, muß der Beweissuchbaum über {a ← ¬a} ∪ {¬a} ermittelt werden, dieser ist aber weder im Endlichen erfolglos, noch besitzt er einen erfolgreichen Pfad.

Ein Pfad in einem NF-Beweissuchbaum heißt **erfolgreich**, wenn er endlich ist und sein letzter Knoten mit der leeren Klausel □ markiert ist. Ein Pfad heißt **erfolglos**, wenn er endlich ist und entweder mit einer nicht-leeren Klausel oder mit dem Etikett "erfolglos" markiert ist. Wieder gibt es Pfade, die weder erfolgreich noch erfolglos sind. Ein NF-Beweissuchbaum heißt erfolgreich, wenn er einen erfolgreichen Pfad enthält, und **im Endlichen erfolglos**, wenn alle Pfade erfolglos sind.

Man beachte, daß bei der erfolgreichen Abarbeitung eines negativen Zieles (Fall 1 in der obigen Zählung) keine Variablenbindungen erzeugt werden. Von besonderer Bedeutung werden deshalb die sicheren Auswahlregeln sein. Dabei heißt eine Auswahlregel R **sicher**, wenn jedes ausgewählte negative Literal ¬A = R(N) variablenfrei ist. Wie im Falle gewöhnlicher Beweissuchbäume ist für eine Auswahlregel R der **R-NF-Beweissuchbaum** definiert. Für einen Knoten N in einem R-NF-Beweissuchbaum, der mit $\neg(L_1 \wedge ... \wedge L_r)$ markiert ist, wobei alle L_i negative Literale sind, die Variablen enthalten, ist R(N) nicht definiert. Der in N endende Pfad ist weder erfolgreich noch erfolglos. Im Englischen ist es üblich geworden, in diesem Fall zu sagen "the path **flounders**". Wir wollen einen solchen Pfad einen **abgebrochenen Pfad** nennen.

Der NF-Beweissuchbaum stellt die prozedurale Seite der Behandlung der Negation als Nichtbeweisbarkeit dar. Man kann einen Algorithmus angeben, der versucht zu berechnen, ob der NF-Beweissuchbaum über einer allgemeinen PROLOG-Situation D erfolgreich oder im Endlichen erfolglos ist. Im Falle gewöhnlicher PROLOG-Situationen wurde die prozedurale Seite durch eine deklarative Seite komplementiert. Ein Beweissuchbaum über P ∪ {¬G} ist erfolgreich genau dann, wenn G eine logische Konsequenz aus P ist. Um es vorweg zu sagen, der Versuch, ein ähnliches Ergebnis für allgemeine PROLOG-Situationen zu erhalten, wird nur unter sehr einschränkenden Voraussetzungen gelingen.

8.2 Die Vervollständigung

Unter den allgemeinen PROLOG-Situationen $D = P \cup \{\neg G\}$ kommen insbesondere solche vor, in denen P aus gewöhnlichen Hornklauseln besteht und G eine negative Formel ist. Die naive Fortsetzung des Zusammenhangs zwischen prozeduraler und deklarativer Interpretation würde zu der Vermutung führen, daß der NF-Beweissuchbaum über D genau dann erfolgreich ist, wenn das negative Literal G eine logische Konsequenz aus P ist. Wie wir zu Anfang dieses Kapitels gesehen haben, ist G nie eine logische Konsequenz aus P. Damit ist die Unzulänglichkeit dieses Vorgehens klar geworden. Ein Ausweg aus diesem Dilemma wurde von [Clark 1978] aufgezeigt. Er argumentiert, daß wir beim Aufschreiben des Programms P außer den tatsächlich notierten Formeln noch eine weitere Information mitteilen wollen, nämlich diejenige, daß alle Beziehungen, die nicht explizit erwähnt wurden, als falsch anzusehen sind. Kommt z. B. das einstellige Relationszeichen R als Kopf einer Klausel in P nur in den beiden Fällen

$$R(x) \leftarrow S(x)$$
$$R(x) \leftarrow T(x)$$

vor, so soll damit

$$\forall x(R(x) \leftrightarrow S(x) \vee T(x))$$

gemeint sein.
Die **Vervollständigung comp(P)** des Programms P einer allgemeinen PROLOG-Situation wird wie folgt in drei Schritten definiert:

1. Schritt
Ersetze jede Klausel

$$p(t_1,\ldots,t_n) \leftarrow q_1 \wedge \ldots \wedge q_k$$

in P durch

$$p(x_1,\ldots,x_n) \leftarrow \exists y_1 \ldots \exists y_m (x_1 \equiv t_1 \wedge \ldots \wedge x_n \equiv t_n \wedge q_1 \wedge \ldots \wedge q_k),$$

wobei die x_i neue Variablen sind und $y_1,\ldots,y_m$ die in $t_1,\ldots,t_n,q_1,\ldots,q_k$ vorkommenden Variablen. Wir benutzen $\equiv$ als objektsprachliches Symbol für die Gleichheitsrelation, um Verwechslungen mit der metasprachlichen Gleichheit vorzubeugen.

Beispiele

$$p(f(a),g(y)) \leftarrow q(a,y)$$

geht über in

$$p(x_1,x_2) \leftarrow \exists y\, (x_1 \equiv f(a) \wedge x_2 \equiv g(y) \wedge q(a,y))$$

$$p(b,f(z))$$

geht über in

$$p(x_1,x_2) \leftarrow \exists z\, (x_1 \equiv b \wedge x_2 \equiv f(z))$$

$$p(x) \leftarrow q(x,y)$$

geht über in

$$p(x_1) \leftarrow \exists x\, \exists y\, (x_1 \equiv x \wedge q(x,y))$$

2. Schritt

Fasse alle Klauseln mit gleichem Kopf

$$p(x_1,\ldots,x_n) \leftarrow LS_i$$

zusammen zu

$$p(x_1,\ldots,x_n) \leftrightarrow LS_1 \vee \ldots \vee LS_m$$

Für m = 0 setzt man

$$\neg p(x_1,\ldots,x_n).$$

3.Schritt

comp(P) = Konjunktion aller im 2. Schritt erhaltenen Äquivalenzen und Negationen $\cup$ CET.

In dem Ausgangsprogramm P kommen keine Gleichungen vor, wohl aber in der Vervollständigung. Damit das Gleichheitszeichen auch richtig behandelt wird und nicht wie ein beliebiges binäres Relationszeichen, wird die Gleichungstheorie **CET** in comp(P) mit aufgenommen. CET steht für "Clark´s equational theory" und ist die folgende Menge von Axiomen:

1. Axiome, die aussagen, daß $\equiv$ eine Kongruenzrelation ist. Im einzelnen:

   $\forall x\, (x \equiv x)$
   $\forall x \forall y \forall z\, (x \equiv z \leftarrow x \equiv y \wedge y \equiv z)$
   $\forall x \forall y\, (x \equiv y \leftrightarrow y \equiv x)$
   $\forall x \forall y\, (f(x_1,\ldots,x_k) \equiv f(y_1,\ldots,y_k) \leftarrow x_1 \equiv y_1 \wedge \ldots \wedge x_k \equiv y_k)$,

2. Für je zwei verschiedene Funktionszeichen f und g: $\neg(f(x_1,\ldots,x_n) \equiv g(y_1,\ldots,y_k))$.

3. Für jeden Term t, in dem x vorkommt: $\neg(x \equiv t)$

4. $f(x_1,\ldots,x_n) \equiv f(y_1,\ldots,y_n) \rightarrow x_1 \equiv y_1 \wedge \ldots \wedge x_n \equiv y_n$ für jedes Funktionszeichen f.

Beispiele für comp(P)

$$\text{comp}(P_1) = \{q \leftrightarrow \neg p, \neg p\} \cup \text{CET}$$
$$\text{comp}(P_2) = \{p \leftrightarrow \neg q, \neg q\} \cup \text{CET}$$
$$\text{comp}(P_3) = \{q \leftrightarrow \neg p, p \leftrightarrow p\} \cup \text{CET}$$

$$\text{comp}(P_1) \vdash q \wedge \neg p$$
$$\text{comp}(P_2) \vdash p \wedge \neg q$$
$$\text{comp}(P_3) \nvdash q$$
$$\text{comp}(P_3) \nvdash p$$

Die bisherigen Beispiele sollten in erster Linie die syntaktische Transformation von P zur Vervollständigung comp(P) veranschaulichen. Das folgende Beispiel soll helfen, die inhaltliche Bedeutung von comp(P) zu verstehen.

Beispiel

P: element(H, [H / T]).
element(E, [H / T]) ← element(E, T)

comp(P): $\text{element}(X, Y) \leftrightarrow \exists H \exists T (X \equiv H \wedge Y \equiv [H|T]) \vee$
$\exists E \exists H \exists T (X \equiv E \wedge Y \equiv [H|T] \wedge \text{element}(E, T))$
$\cup$ CET

Bemerkungen zum Beispiel:

(1) Mit einfachen logischen Umformungen erhält man

$$\text{comp}(P) \vdash \text{element}(X, Y) \leftrightarrow \exists T (Y \equiv [X|T]) \vee \exists H \exists T (Y \equiv [H|T] \wedge \text{element}(X, T))$$

(2) $P \vdash \neg\text{element}(a, [b, c, d])$ gilt nicht, aber $\text{comp}(P) \vdash \neg\text{element}(a, [b, c, d])$. Das vorliegende Beispiel zeigt sehr deutlich, daß die intendierte Bedeutung der zweistelligen Relation "element" durch comp(P) genauer axiomatisiert wird als durch P.

Beispiel

Vervollständigung des Programms zur Wegsuche in ungerichteten Graphen.

$$\text{weg}(X, Y, G, Z) \leftrightarrow \text{weg1}(X, [Y], G, Z)$$
$$\text{weg1}(X, Y, G, Z) \leftrightarrow \exists P (Y \equiv [X|P]) \wedge Z \equiv [X|P]) \vee$$
$$\exists V \exists W \exists Q (Y \equiv [W|Q] \wedge \text{kante}(V\text{-}W, G) \wedge$$
$$\neg\text{element}(V, Q) \wedge \text{weg1}(X, [V, W|Q], G, Z))$$
$$\text{kante}(X, Y) \leftrightarrow \ldots$$

Bevor wir die CET genauer untersuchen, sind einige Hinweise zur Semantik der Gleichheitsrelation ≡ angebracht.

Die Hinzunahme der Gleichheitsrelation zum Prädikatenkalkül erster Stufe ist entgegen dem Eindruck, den man aus der Fülle der Literatur über Gleichheitslogik gewinnen kann, zunächst eine einfache Sache. In das Vokabular wird ein zweistelliges Relationszeichen eq aufgenommen, für welches man die Axiome KR für eine Kongruenzrelation (= Gruppe 1 der Axiome für CET) zu den logischen Axiomen und Ableitungsregeln eines beliebigen vollständigen und korrekten Kalküls hinzufügt. Ist $\mathbf{M} = <M, eq_M>$ ein Modell für KR, so ist eq_M eine Kongruenzrelation auf dem Universum von **M**. Das ist nicht ganz genau das, was wir wollten; wir wollten Gleichheitsmodelle, d. h. solche **M**, für die eq_M die Gleichheitsrelation auf dem Universum von **M** ist.

Notation: Zwei prädikatenlogische Strukturen **M**, **N** zum selben Vokabular V heißen **elementar äquivalent**, in Zeichen $\mathbf{M} \equiv \mathbf{N}$, wenn in beiden dieselben geschlossenen Formeln gelten. Formaler:

$\mathbf{M} \equiv \mathbf{N}$ gdw. für jede geschlossene Formel A in Fml(V) gilt $\mathbf{M} \models A$ gdw. $\mathbf{N} \models A$.

Erstaunlicherweise gilt der folgende Satz.

Satz 1

Sei Σ eine beliebige Formelmenge des Prädikatenkalküls und A eine beliebige geschlossene Formel, in denen das Relationszeichen q vorkommen kann. Dann gilt:

$\Sigma \cup KP \vdash A$ gdw. in allen Gleichheitsmodellen von Σ ist A wahr.

Beweis:

Gilt S · KP ⊢ A, dann ist A in allen Modellen von $\Sigma \cup KP$ wahr. Da jedes Gleichheitsmodell von S auch ein Modell von KR ist, folgt die rechte Seite der Behauptung.

Zum Beweis der umgekehrten Richtung werden wir zeigen, daß zu jedem Modell **M** von $\Sigma \cup KR$ ein elementar äquivalentes Gleichheitsmodell **N** existiert, was offensichtlich genügt.

Für ein Element m von **M** sei m^0 die eq_M-Kongruenzklasse von m, d. h.

$$m^0 = \{ m' : m \; eq_M \; m' \}.$$

Auf der Menge $N = \{m^0 : m \text{ aus } M\}$ definieren wir die Struktur **N** zum Vokabular V wie folgt

$$f_N(m^0{}_1,\ldots,m^0{}_k) = (f_M(m_1,\ldots,m_k))^0$$
$$c_N = c^0{}_M$$

für Konstantenzeichen c und Funktionssymbole f in V.

Für Relationszeichen p in V setzen wir:

$$\mathbf{N} \models p(m^0{}_1,\ldots,m^0{}_k) \quad \text{gdw.} \quad \mathbf{M} \models p(m_1,\ldots,m_k)$$

Man beachte, daß damit insbesondere

$$\mathbf{M} \models m_1 \text{ eq } m_2 \quad \text{gdw.} \quad m^0{}_1 = m^0{}_2$$

gesetzt wird.

Die Voraussetzung, daß eq_M eine Kongruenzrelation ist, stellt sicher, daß diese Definition unabhängig von der Wahl des Repräsentanten der Kongruenzklassen ist. Man zeigt nun leicht durch Induktion nach Formelaufbau, daß für jede Formel A mit freien Variablen $x_1,\ldots,x_n$ und jedes n-Tupel $m_1,\ldots,m_n$ von Elementen aus **M** gilt:

$$\mathbf{M} \models [A\, m_1,\ldots,m_n] \quad \text{gdw.} \quad \mathbf{N} \models A\, [m^0{}_1,\ldots,m^0{}_n].$$

Für geschlossene Formeln erhält man insbesondere

$$\mathbf{M} \models A \quad \text{gdw.} \quad \mathbf{N} \models A.$$

□

Gestützt auf Satz 1 werden wir im folgenden nur Gleichheitsmodelle betrachten, d. h. das Zeichen eq wird für uns stets durch die Gleichheitsrelation interpretiert. Um diese Festlegung auch notationell hervorzuheben, werden wir anstelle von eq das Symbol ≡ benutzen, was typographisch dem Gleichheitszeichen nähersteht. Schwierigkeiten mit der beschriebenen Methode der Gleichheitsbehandlung treten auf, wenn man nach effizienten, implementierungsnahen Kalkülen sucht. Die Hinzunahme der Axiome KR zu einem ansonsten unveränderten Beweiser hat sich als zu ineffizient herausgestellt. Der Übergang zu Kongruenzklassen ist theoretisch vorteilhaft. Beim Rechnen mit Kongruenzklassen treten jedoch schwierige Probleme bezüglich der Wahl geeigneter Repräsentanten, Normalformen etc. auf.
Wir benötigen später das technische Lemma:

Lemma 2
Sei $A(x_1,\ldots,x_n)$ eine beliebige Formel mit den freien Variablen $x_1,\ldots,x_n$, seien $t_1,\ldots,t_n$Terme, **y** alle Variablen in $t_1,\ldots,t_n$, alle y_i verschieden von allen x_i und A' = $A({}^{t_1}/_{x_1},\ldots,{}^{t_n}/_{x_n})$. Dann ist aus KR ableitbar

$$\forall\, \mathbf{y}(\exists x_1 \ldots \exists x_n (\bigwedge_i \; x_i \equiv t_i \wedge A) \leftrightarrow A')$$

Beweis:
Man argumentiert am besten modelltheoretisch, d.h. man zeigt, daß in allen KR-Modellen die angegebene Äquivalenz gilt, oder was nach Satz 1 dasselbe ist, daß sie in allen Gleichheitsmodellen gilt. Das aber ist einfach. □

Wir beginnen die Untersuchungen von CET mit dem folgenden Lemma.

Lemma 3
Jede Herbrand-Struktur ist ein Modell von CET.

Beweis:
Einfaches Nachprüfen der Gültigkeit der Axiome. □

Die entscheidenden Eigenschaften von CET sind im folgenden Lemma zusammengefaßt.

Lemma 4
Seien $s_1,\ldots, s_m$, $t_1,\ldots, t_m$ zwei m-Tupel von Termen und $\mathbf{x} = <x_1,\ldots,x_k>$ alle darin vorkommenden Variablen.

1. Besitzt die Folge $(s_1,t_1),\ldots,(s_m,t_m)$ keinen simultanen Unifikator, dann gilt

$$\mathrm{CET} \vdash \forall \mathbf{x} \ \neg \bigwedge_i \ s_i \equiv t_i$$

2. Ist θ ein allgemeinster, simultaner Unifikator für $(s_1,t_1),\ldots,(s_m,t_m)$, wobei die in $\theta(x_1),\ldots,\theta(x_k)$ auftretenden Variablen **z** zu **x** disjunkt sein sollen, dann gilt

$$\mathrm{CET} \vdash \forall \mathbf{x} \, (\bigwedge_i \ s_i \equiv t_i \ \leftrightarrow \ \exists \mathbf{z} \bigwedge_j \ x_j \equiv \theta(x_j))$$

Bevor wir mit dem Beweis beginnen, ist es zumindest für den zweiten Teil der Behauptung hilfreich, an einem kleinen **Beispiel** aufzuschreiben, was bewiesen werden soll.
Sind f (x,g(x)), f (h(y), g(h(z)) zwei Terme, so ist θ gegeben durch

$$\theta(x) = h(u)$$
$$\theta(y) = u$$
$$\theta(z) = u$$

ein allgemeinster Unifikator der beiden Terme, der auch die geforderte Variablendisjunktheitsbedingung erfüllt. Behauptet wird nun, daß die Formel

$$\forall x \forall y \forall \ z \,(f(x, g(x)) \equiv f(h(y), g(h(z))) \leftrightarrow$$
$$\exists u \,(x \equiv h(u) \wedge \ y \equiv u \ \wedge \ z \equiv u))$$

aus CET ableitbar ist.

Beweis:
Teil 1
Wir führen Induktion nach der Anzahl aller Teilterme in der Folge $s_1,\ldots,s_m$, $t_1,\ldots,t_m$.
Der Induktionsanfang bleibe dem Leser überlassen, wir kommen gleich zum Induktionsschritt. Dabei sind drei Fälle zu unterscheiden.

Fall 1: Eines der Termpaare, wir können ohne Beschränkung der Allgemeinheit annehmen, es wäre das Paar (s_1,t_1), ist von der Form $(f(s_{11}, \ldots, s_{1k}), f(t_{11}, \ldots, t_{1k}))$.

Die Folge $s_{11}, \ldots, s_{1k}, s_2, \ldots, s_m, t_{11}, \ldots, t_{1k}, t_2, \ldots, t_m$ enthält echt weniger Teilterme als die ursprüngliche Folge, und es existiert kein simultaner Unifikator für $(s_{11}, t_{11}), \ldots, (s_{1k}, t_{1k}), (s_2, t_2), \ldots, (s_m, t_m)$. Nach Induktionsvoraussetzung gilt somit

$$CET \vdash \forall \mathbf{x}\ \neg(\bigwedge_j s_{1j} \equiv t_{1j} \wedge \bigwedge\{s_i \equiv t_i : 2 \leq i \leq m\}.$$

Wegen Axiom 4 gilt dann auch

$$CET \vdash \forall \mathbf{x}\ \neg \bigwedge \{s_i \equiv t_i : 1 \leq i \leq m\}.$$

Fall 2: Eines der Termpaare, o.B.d.A. wieder das erste, sei von der Form $(f(\mathbf{r}), g(\mathbf{u}))$ für verschiedene Funktionszeichen, 0-stellige zugelassen, f und g.

Dann folgt unmittelbar aus Axiom 2

$$CET \vdash \forall \mathbf{x}\ \neg(s_1 \equiv t_1)$$

und damit umso mehr

$$CET \vdash \forall \mathbf{x}\ \neg \bigwedge \{s_i \equiv t_i : 1 \leq i \leq m\}.$$

Fall 3: Liegt weder Fall 1 noch Fall 2 vor, so sind alle s_i, t_i von der Form (eventuell nach Vertauschung von s_i und t_i) (x_i, t_i).

Wir definieren für $1 \leq i_1, i_2 \leq m$ die Relation R:

$$i_1 \mathrel{R} i_2 \quad \text{gdw.} \quad x_{i_1} \text{ kommt in } t_{i_2} \text{ vor.}$$

Wäre diese Relation zyklenfrei, so hätten wir ein System von Gleichungen in gelöster Form vor uns, welches nach Lemma 4.2 einen simultanen Unifikator besitzt. Nach Voraussetzung für Teil 1 kann das nicht sein. Also gibt es einen kürzesten Zyklus

$$i_1 \mathrel{R} i_2 \mathrel{R} \ldots i_r \mathrel{R} i_1.$$

Die Termfolge $u_1,\ldots,u_r$ ist wie folgt definiert

$$\begin{aligned} u_1 &= t_{i_1} \\ u_2 &= t_{i_2}(u_1 / x_{i_1}) \\ &\vdots \\ u_{j+1} &= t_{i_{j+1}}(u_j / x_{i_j}) \\ &\vdots \\ u_r &= t_{i_r}(u_{r-1} / x_{i_{r-1}}) \end{aligned}$$

Wegen des vorausgesetzten R-Zyklus kommt x_{i_r} als Teilterm von t_{i_1} tatsächlich vor, und somit kommt wegen i_r R i_1 auch x_{i_r} in u_r vor, was nach Axiom 3

$$\text{CET} \vdash \forall \mathbf{x} \ \neg \ (x_{i_r} \equiv u_r)$$

impliziert. Daraus ergibt sich sukzessive (siehe Übungsaufgabe 1)

$$\text{CET} \vdash \forall \mathbf{x} \ \neg \ (x_{i_r} \equiv t_{i_r} \wedge x_{i_{r-1}} \equiv u_{r-1})$$
$$\vdots$$
$$\text{CET} \vdash \forall \mathbf{x} \ \neg \ (x_{i_r} \equiv t_{i_r} \wedge \ldots \wedge x_{i_1} \equiv t_{i_1})$$

und also auch

$$\text{CET} \vdash \forall \mathbf{x} \ \neg \ \bigwedge \{x_i \equiv t_i : 1 \leq i \leq m\}.$$

Teil 2
Wir führen Induktion nach demselben Parameter wie in Teil 1 und gehen ebenfalls wieder zum Induktionsschritt über.
Fall 1: wie in Teil 1.
Der gegebene allgemeinste, simultane Unifikator ist auch ein allgemeinster, simultaner Unifikator für $(s_{11}, t_{11}),\ldots,(s_{1k}, t_{1k}), (s_2, t_2),\ldots,(s_m, t_m)$.
Nach Induktionsvoraussetzung erhalten wir

$$\text{CET} \vdash \forall \mathbf{x} \ (\bigwedge_l s_{i_l} \equiv t_{i_l} \wedge \bigwedge\{s_i \equiv t_i : 2 \leq i \leq m\} \quad \leftrightarrow \quad \exists \mathbf{z} \, (\bigwedge_j x_j \equiv \theta(x_j)) \,)$$

und wegen Axiom 2 und 4

$$\text{CET} \vdash \forall \mathbf{x} \ (\bigwedge\{s_i \equiv t_i : 1 \leq i \leq m\} \quad \leftrightarrow \quad \exists \mathbf{z} \, (\bigwedge_j x_j \equiv \theta(x_j)) \,)$$

wie gewünscht.

Fall 2: Liegt Fall 1 nicht vor, so müssen wegen der vorausgesetzten Unifizierbarkeit alle s_i, t_i von der Form (x_i, t_i) sein.

Außerdem muß die im Fall 3 des 1. Teils definierte Relation R zyklenfrei sein; vergleiche Lemma 4.5. Wir können somit die gegebenen Gleichungen so umordnen, daß ein Gleichungssystem in gelöster Form entsteht. Der Einfachheit halber nehmen wir an, daß schon die ursprüngliche Numerierung ein System in gelöster Form ist:

$$\begin{array}{c} x_1 \equiv t_1 \\ \vdots \\ x_r \equiv t_r \end{array}$$

Insbesondere kommt die Variable x_1 in keinem Term t_i vor. Sei θ ein allgemeinster, simultaner Unifikator für die gesamte Folge von Gleichungen. Die durch

$$\begin{aligned} \theta^*(x_1) &= x_1 \\ \theta(x_j) &= \theta^*(x_j) \qquad \text{für } 2 \le j \le r \end{aligned}$$

gegebene Substitution ist ein allgemeinster, simultaner Unifikator für die Folge

$$\begin{array}{c} x_2 \equiv t_2 \\ \vdots \\ x_r \equiv t_r \end{array}$$

und es gilt
$$\begin{aligned} \theta(x_1) &= \theta(t_1) = \theta^*(t_1) \\ &= t_1\left({}^{\theta^*(x_2)}/_{x_2}, \dots, {}^{\theta^*(x_r)}/_{x_r} \right) \end{aligned}$$

Nach Induktionsvoraussetzung gilt

(A) $$\mathrm{CET} \vdash \forall x_2,\dots,x_r \left(\bigwedge \{x_j \equiv t_j : 2 \le j \le r\} \leftrightarrow \exists \mathbf{z} \left(\bigwedge \{x_j \equiv \theta^*(x_j) : 2 \le j \le r\} \right) \right).$$

Mit Hilfe der Behauptung

(B) $$\mathrm{CET} \vdash \forall \mathbf{x}\, \forall \mathbf{z}\, \left(x_1 \equiv t_1 \wedge x_2 \equiv \theta^*(x_2) \wedge \dots \wedge x_r \equiv \theta^*(x_r) \rightarrow x_1 \equiv t_1\left({}^{\theta^*(x_2)}/_{x_2}, \dots, {}^{\theta^*(x_r)}/_{x_r} \right) \right)$$

folgt zunächst

(D1) $$\mathrm{CET} \vdash \forall \mathbf{x} \left(\bigwedge_j (x_j \equiv t_j) \rightarrow \exists \mathbf{z} \left(\bigwedge_j (x_j \equiv \theta^*(x_j)) \right) \right)$$

Berücksichtigt man die syntaktischen Gleichheiten

$$\theta^*(t_1) = t_1({}^{\theta^*(x_2)} /_{x_2}, \ldots, {}^{\theta^*(x_r)} /_{x_r}) = \theta(t_1)$$

und

$$\theta(x_1) = \theta(t_1) ,$$

so folgt aus

(C) $\quad \mathrm{CET} \vdash \forall \mathbf{x} \, \forall \mathbf{z} \, (\bigwedge_j x_j \equiv \theta(x_j) \rightarrow x_1 \equiv \theta(t_1) \wedge \theta(t_1) \equiv t_1) ,$

woraus mit der Transitivität geschlossen werden kann auf:

(D2) $\quad \mathrm{CET} \vdash \forall \mathbf{x} \, (\bigwedge_j (x_j \equiv t_j) \quad \leftarrow \quad \exists \mathbf{z} \, (\bigwedge_j (x_j \equiv \theta(x_j))) \,)$

(B) und (C) sind offensichtlich Instanzen einer gemeinsamen allgemeinen Beziehung, siehe Übungsaufgabe 1. □

Nachdem wir mit Lemma 4 die Eigenschaften von CET, die uns im folgenden auf der Ebene technischer Details interessieren, zusammengestellt haben, wollen wir uns noch die Zeit nehmen, die Bedeutung von CET aus einer höheren Perspektive zu erklären. Beginnen wir diesmal mit dem Resultat und tragen erst dann nach, was dazu gesagt werden muß.

Satz 5
Ist die Vereinigungsmenge der Konstanten- und Funktionszeichen im Vokabular V unendlich, dann ist CET eine vollständige Gleichungstheorie.

Beweis:
Siehe [Maher, 1988].

Als erstes muß erklärt werden, was eine vollständige Theorie und was eine vollständige Gleichungstheorie ist. Eine Menge Σ von Formeln des Prädikatenkalküls heißt eine **vollständige Theorie**, wenn sie konsistent ist und für jede geschlossene Formel A entweder $\Sigma \vdash A$ oder $\Sigma \vdash \neg A$ gilt. Bei einer **vollständigen Gleichungstheorie** wird die Forderung eingeschränkt auf geschlossene Formeln A, die als einziges Relationszeichen $\equiv$ enthalten.

Vollständigkeit ist oft eine gewünschte Eigenschaft von Axiomensystemen. Der Nachweis, daß eine vorgegebene Menge von Formeln eine vollständige Theorie beschreibt, ist jedoch in der Regel nicht einfach. Wir verweisen den Leser hierzu auf die in der mathematischen Logik entwickelten Standardtechniken, z. B. den Satz von Fraissé und Ehrenfeuchtspiele in [Ebbinghaus, Flum, Thomas 1978], Kapitel XI, die

Quantorenelimination in [Enderton 1972] oder den Vaughtschen Test und das Primmodellkriterium in [Robinson 1965].

Ist H eine Herbrand-Struktur und A eine geschlossene Formel, die nur $\equiv$ als Relationszeichen enthält und in H wahr ist. Da $H \models$ CET nach Lemma 3 gilt, kann nicht CET $\vdash \neg A$ gelten. Wegen der Vollständigkeit von CET muß daher CET $\vdash A$ gelten. Zusammenfassend gilt für jede Herbrand-Struktur H:

(*) $$\text{CET} \vdash A \quad \text{gdw.} \quad H \models A$$

Das eröffnet die Möglichkeit eines eleganten Beweises von Lemma 4. Als erstes zeigt man die Gültigkeit der beiden geschlossenen Gleichungsformeln in Herbrand-Strukturen. Das ist einfach, da die Gleichheit von Termen die syntaktische Gleichheit ist. Aus (*) folgt dann unmittelbar die Behauptung von Lemma 4.
Einen Haken hat die Sache allerdings: Die Unendlichkeit von Kon(V) $\cup$ Fkt(V) ist unverzichtbar. Ist Kon(V) $\cup$ Fkt(V) = $\{c_1,\ldots,c_m\} \cup \{f_1,\ldots,f_r\}$ endlich, wobei f_i ein n_i-stelliges Funktionszeichen ist, so gilt für die Formel

$$DCA_V = \forall\, x\, (\bigvee_i (x \equiv c_i) \;\vee\; \bigvee_j \;\exists \mathbf{z}_j\, (x \equiv f_j(\mathbf{z})))$$

weder CET $\vdash DCA_V$ noch CET $\vdash \neg DCA_V$
Es gilt aber wieder

Satz 6
Ist die Vereinigungsmenge der Konstanten- und Funktionszeichen im Vokabular V endlich, dann ist CET $\cup \{DCA_V\}$ eine vollständige Gleichungstheorie.

Beweis:
Siehe [Maher, 1988].

Das nächste Lemma rechtfertigt die Terminologie. Beim Übergang von P zur Vervollständigung comp(P) eines allgemeinen PROLOG-Programms geht die in P vorhandene Information nicht verloren, sie wird nur vervollständigt.

Lemma 7
Sei P eine Menge allgemeiner Hornklauseln, dann gilt

$$\text{comp}(P) \vdash P$$

Beweis:
Die Behauptung comp(P) $\vdash$P ist bewiesen, wenn jedes Modell M von comp(P) auch als ein Modell von P erkannt ist.

Sei $A(t_1,\ldots,t_r) \leftarrow L_1 \wedge \ldots \wedge L_k$ eine Klausel in P, und $y_1,\ldots,y_m$ seien alle Variablen in dieser Klausel. Außerdem fixieren wir eine Belegung $a_1,\ldots,a_m$ der Variablen mit Elementen aus M, so daß

$$M \models L_1 \wedge \ldots \wedge L_k \, [a_1,\ldots,a_m]$$

Wir müssen $M \models A(t_1,\ldots,t_r)[a_1,\ldots,a_m]$ zeigen. In comp(P) ist die Formel

$$A(x_1,\ldots,x_r) \leftrightarrow E_1 \vee \ldots \vee E_s$$

enthalten, wobei

$$\exists y_1 \ldots \exists y_m \, (x_1 = t_1 \wedge \ldots \wedge x_r = t_r \wedge L_1 \wedge \ldots \wedge L_k)$$

als ein E_i auftritt. Setzt man $b_j = I(M,a_1,\ldots,a_m)(t_j)$ für $1 \leq j \leq r$, dann gilt

$$M \models E_i[b_1,\ldots,b_r],$$

denn die in E_i auftretenden existentiell quantifizierten Variablen $y_1,\ldots,y_m$ können mit $a_1,\ldots,a_m$ belegt werden.
Da M ein Modell von comp(P) ist, gilt auch

$$M \models A(x_1,\ldots,x_r)[b_1,\ldots,b_r]$$

und damit auch

$$M \models A(t_1,\ldots,t_r)[a_1,\ldots,a_m] \; \square$$

8.3 Der Korrektheitssatz für NF-Beweissuche

Satz 8 (Korrektheitssatz für NF-Beweissuche)
Sei $D = P \cup \{\neg\exists x G\}$ eine allgemeine PROLOG-Situation und R eine sichere Auswahlregel. Dann gilt:

- Besitzt der R-NF-Beweissuchbaum über D einen erfolgreichen Pfad, dann gilt:

$$\text{comp}(P) \vdash \exists x \, G.$$

- Ist der R-NF-Beweissuchbaum über D im Endlichen erfolglos, dann gilt

$$\text{comp}(P) \vdash \forall x \, \neg G.$$

Beweis:
Wird in dem Beweissuchbaum über D an einem Knoten N ein negatives Ziel $\neg A$ ausgewählt, so ist der Beweissuchbaum über $P \cup \{\neg A\}$, dessen Eigenschaften für

die Fortsetzung des ursprünglichen Beweissuchbaums unterhalb des Knotens N entscheidend sind, nach der gegebenen Definition nicht selbst Bestandteil des ursprünglichen Beweissuchbaumes, er ist vielmehr so etwas wie eine Nebenrechnung. Für den Beweis von Satz 8 ist es erforderlich, den ursprünglichen NF-Beweissuchbaum zusammen mit allen seinen Nebenrechnungsbäumen und deren Nebenrechnungsbäumen usw. gemeinsam zu betrachten. Dieser **totale R-NF-Beweissuchbaum** über D, den wir mit $\mathbf{B_{total}}$ bezeichnen, besteht zunächst aus einem erfolgreichen Pfad im R-NF-Beweissuchbaum über D im Falle der ersten Teilbehauptung und zunächst aus dem im Endlichen erfolglosen R-NF-Beweissuchbaum über D für die zweite Teilbehauptung. Außerdem enthält B_{total} unterhalb eines erfolglosen negativen Ziels $\neg A$ einen erfolgreichen Pfad des R-NF-Beweissuchbaums für $P \cup \{\neg A\}$ und unterhalb jedes erfolgreichen negativen Ziels $\neg A$ einen im Endlichen erfolglosen R-NF-Beweissuchbaum für $P \cup \{\neg A\}$.

Nach Voraussetzung ist B_{total} also endlich. Somit ist es möglich, den Beweis des Satzes durch vollständige Induktion zu führen. Das geschieht simultan für beide Teilbehauptungen. Der Induktionsparameter n ist die Anzahl der Knoten, an denen die Auswahlfunktion R ein negatives Ziel auswählt.

Induktionsanfang n = 0

Teil 1: Aufgrund der bisher gemachten Annahmen existiert ein erfolgreicher Pfad im R-NF-Beweissuchbaum über D, in dem kein negatives Ziel ausgewählt wird. Derselbe Pfad tritt damit schon im R-Beweissuchbaum über D auf und aus Satz 6.4 folgt $P \vdash \exists \mathbf{x}\ G$, was nach Lemma 7 $comp(P) \vdash \exists \mathbf{x}\ G$ zur Folge hat.

Teil 2: Der R-NF-Beweissuchbaum über D ist im Endlichen erfolglos, und die Auswahlregel R wählt an keinem Knoten ein negatives Ziel aus. Der Nachweis der Behauptung $comp(P) \vdash \forall \mathbf{x}\ \neg G$ wird durch eine zweite Induktion geführt. Der Induktionsparameter ist diesmal die Tiefe des Beweissuchbaums. Es genügt offensichtlich, die beiden folgenden Hilfsbehauptungen zu beweisen:

Der Knoten N des Beweissuchbaums sei mit $\neg G = \neg(C_1 \wedge \ldots \wedge C_k)$ markiert und $R(N) = C_i = p(t_1,\ldots,t_m)$ sei ein positives Literal.

1. Ist N ein Blatt, dann gilt:

$$comp(P) \vdash \forall\ \mathbf{x}\ \neg(C_1 \wedge \ldots \wedge C_k).$$

2. Ist N kein Blatt, und sind $\neg G_1,\ldots,\neg G_r$ die Markierungen aller Nachfolgerknoten von N, dann gilt:

$$\exists \mathbf{z_1}\ G_1 \vee \ldots \vee \exists\ \mathbf{z_r}\ G_r \leftrightarrow \exists\ \mathbf{x}\ G.$$

Man beachte, daß die Behauptung unter 2. durch einfache aussagenlogische Umformungen äquivalent ist zu:

$$\forall\ \mathbf{x}\ \neg G \leftrightarrow \forall \mathbf{z_1}\ \neg G_1 \wedge \ldots \wedge \forall \mathbf{z_r}\ \neg G_r$$

Nachweis von 1:

Da der Beweissuchbaum über D als im Endlichen erfolglos vorausgesetzt ist, gibt es keine Klausel in P, deren Kopf mit C_i unifizierbar ist. Das kann erstens der Fall sein, weil das Prädikatszeichen p nie im Kopf einer Klausel in P auftritt. In diesem Fall gehört die Formel $\forall z_1 \ldots \forall z_m \neg p(z_1,\ldots,z_m)$ zu comp(P), und wir erhalten unmittelbar comp(P) $\vdash \forall x \neg C_i$ und damit auch comp(P) $\vdash \forall x \neg G$.

Zweitens müssen wir den Fall betrachten, daß in P zwar Klauseln $p(s^j{}_1,\ldots,s^j{}_m) \leftarrow b^j$ existieren, aber für alle j $p(s^j{}_1,\ldots,s^j{}_m)$ und $p(t_1,\ldots,t_m)$ nicht unifizierbar sind. Wir setzen dabei voraus, daß die Terme $t_1,\ldots,t_m$ variablendisjunkt sind zu allen Termen $s^j{}_i$. Es sei **x** die Folge aller Variablen in den t_i, **y** die Folge aller Variablen in den $s^j{}_i$. Nach Lemma 4 (1) folgt somit für alle j:

$$\forall \mathbf{x} \neg \exists \mathbf{y} (t_1 \equiv s^j{}_1 \wedge \ldots \wedge t_m \equiv s^j{}_m)$$

aus CET und damit durch Abschwächung auch

(1) $$\text{comp}(P) \vdash \forall \mathbf{x} \neg \exists \mathbf{y} (t_1 = s^j{}_1 \wedge \ldots \wedge t_m = s^j{}_m \wedge b^j)$$

für jedes j. Da in comp(P) die zum Prädikat p gehörige Vervollständigung

$$p(z_1,\ldots,z_m) \leftrightarrow E_1(\mathbf{z}) \vee \ldots \vee E_q(\mathbf{z})$$

mit

$$E_j(z) = \exists \mathbf{y} (z_1 \equiv s^j{}_1 \wedge \ldots \wedge z_m \equiv s^j{}_m \wedge b^j)$$

enthalten ist, erhalten wir aus (1) zunächst

(2) $$\text{comp}(P) \vdash \forall \mathbf{x} \neg E_j (t_1,\ldots, t_m).$$

Da j beliebig gewählt war, haben wir sogar

$$\text{comp}(P) \vdash \forall \mathbf{x} \neg (E_1(\mathbf{t}) \vee \ldots \vee E_q(\mathbf{t}))$$

und damit

$$\text{comp}(P) \vdash \forall \mathbf{x} \neg p(t_1,\ldots, t_m)$$

wie gewünscht.

Nachweis von 2:

Wir übernehmen die Notation aus dem Nachweis von 1. Wir haben jetzt den Fall zu betrachten, daß $p(t_1,\ldots,t_m)$ mit einigen der Klauselköpfe $p(s^j{}_1,\ldots,s^j{}_m)$ unifizierbar ist. Wir nehmen ohne Einschränkung der Allgemeinheit an, daß es ein

$r \leq q$ gibt, so daß für alle $j \leq r$ der Klauselkopf $p(s^j_1,\ldots,s^j_m)$ mit $p(t_1,\ldots,t_m)$ unifizierbar ist, für j, $r < j \leq q$ jedoch nicht. Nach (2) ist dann

$$\forall\, \mathbf{x}\, (p(\mathbf{t}) \leftrightarrow E_1(\mathbf{t}) \vee \ldots \vee E_q(\mathbf{t}))$$

eine Folgerung aus comp(P).

Sei θ_j der allgemeinste simultane Unifikator von $(t_1, s^j_1),\ldots,(t_m, s^j_m)$ und $\mathbf{z}$ alle Variablen, die in $\theta_j(\mathbf{x})$ und $\theta_j(\mathbf{y})$ vorkommen. Wir können voraussetzen, daß die z-Variablen verschieden sind von allen x- und y-Variablen. Nach Lemma 4 (2) gilt zunächst

(3) $$\forall \mathbf{x} \forall \mathbf{y}\, (\textstyle\bigwedge_i t_i \equiv s^j_i \leftrightarrow \exists \mathbf{z}_j\, [\bigwedge_x x \equiv \theta_j(x) \wedge \bigwedge_y y \equiv \theta_j(y)]).$$

Die Formel $\exists \mathbf{x}\, G$ ist zunächst äquivalent zu jeder der folgenden vier Formeln, wie man durch schrittweise elementar-logische Umformungen einsieht

$$\exists \mathbf{x}\, (C_1 \wedge \ldots \wedge C_i \wedge \ldots \wedge C_k)$$
$$\exists \mathbf{x}\, (C_1 \wedge \ldots \wedge (E_1(\mathbf{t}) \vee \ldots \vee E_r(\mathbf{t})) \wedge \ldots \wedge C_k)$$
$$\exists \mathbf{x}\, \lozenge_j\, (C_1 \wedge \ldots \wedge E_j(\mathbf{t}) \wedge \ldots \wedge C_k)$$
$$\textstyle\bigvee_j \text{æ}\mathbf{x}\, (C_1 \wedge \ldots \wedge E_j \wedge \ldots \wedge C_k),$$

was sich durch Einsetzen der Definition von E_j weiter auflösen läßt zu

$$\textstyle\bigvee_j \exists \mathbf{x}\, \exists \mathbf{y} (\bigwedge_i t_i \equiv s^j_i \wedge C_1 \wedge \ldots \wedge b^j \wedge \ldots \wedge C_k).$$

Nach Lemma 4 (2) ist diese Formel in comp(P) äquivalent zu

$$\textstyle\bigvee_j \exists \mathbf{x}\, \exists \mathbf{y}\, \exists \mathbf{z}_j\, (\bigwedge_x x \equiv \theta_j(x) \wedge \bigwedge_y y \equiv \theta_j(y) \wedge C_1 \wedge \ldots \wedge b_j \wedge \ldots \wedge C_k).$$

Nach Lemma 2 läßt sich diese Formel weiter äquivalent umformen zu

$$\textstyle\bigvee_j \exists \mathbf{z}_j\, \theta_j(C_1 \wedge \ldots \wedge b_j \wedge \ldots \wedge C_k).$$

Das ist aber definitionsgemäß

$$\textstyle\bigvee_j \exists \mathbf{z}_j\, G_j\, .$$

Induktionsschritt $n > 0$

Wir fixieren einen Knoten N in B_{total} mit Markierung $\neg G = \neg(C_1 \wedge \ldots \wedge C_k)$, so daß $R(N) = C_i = \neg A$ ein negatives Literal ist. Der Knoten N sei außerdem ein Knoten mit geringster Tiefe, der diese Eigenschaft besitzt.

Wir betrachten zunächst den Fall, daß N auf einem erfolgreichen Pfad liegt, entsprechend der ersten Teilbehauptung des Satzes. Der Nachfolgeknoten von N ist mit $\neg(C_1 \wedge \ldots \wedge C_{i-1} \wedge C_{i+1} \wedge \ldots \wedge C_k)$ markiert, und nach Induktionsvoraussetzung gilt:

$$\mathrm{comp}(P) \vdash \exists x\,(C_1 \wedge \ldots \wedge C_{i-1} \wedge C_{i+1} \wedge \ldots \wedge C_k)$$

Weiter wissen wir, daß der R-NF-Beweissuchbaum über $P \cup \{\neg A\}$ im Endlichen erfolglos ist. Woraus nach Induktionsvoraussetzung jetzt für die zweite Teilbehauptung $\mathrm{comp}(P) \vdash \forall x\, \neg A$ folgt. Da R eine sichere Auswahlregel ist, ist A variablenfrei, und somit gilt auch $\mathrm{comp}(P) \vdash \neg A$. Zusammengenommen ergibt sich:

$$\mathrm{comp}(P) \vdash \exists x\,(C_1 \wedge \ldots \wedge C_k).$$

Durch wiederholte Anwendung der zweiten Hilfsbehauptung folgt schließlich

$$\mathrm{comp}(P) \vdash \exists x\, G.$$

Hierbei wird die spezielle Wahl des Knotens N benutzt.

Jetzt kommen wir zu dem Fall, daß N ein Knoten innerhalb eines im Endlichen erfolglosen R-NF-Beweissuchbaumes ist. Es genügt,

$$\mathrm{comp}(P) \vdash \forall x\, \neg(C_1 \wedge \ldots \wedge C_k)$$

zu zeigen, daraus folgt dann $\mathrm{comp}(P) \vdash \forall x\, \neg G$ durch wiederholte Anwendung der zweiten Hilfsbehauptung. Ist die Bearbeitung des negativen Ziels $\neg A$ erfolgreich, so ist der Nachfolgerknoten von N mit der Markierung $\neg(C_1 \wedge \;\; \wedge C_{i-1} \wedge C_{i+1} \wedge \;\; \wedge C_k)$ versehen. Nach Induktionsvoraussetzung folgt:

$$\mathrm{comp}(P) \vdash \forall x\, \neg(C_1 \wedge \ldots \wedge C_{i-1} \wedge C_{i+1} \wedge \ldots \wedge C_k).$$

Dann gilt natürlich umso mehr:

$$\mathrm{comp}(P) \vdash \forall x\, \neg(C_1 \wedge \ldots \wedge C_k).$$

Ist die Abarbeitung des negativen Ziels $\neg A$ erfolglos gewesen, so enthielt der R-NF-Beweissuchbaum über $P \cup \{\neg A\}$ einen erfolgreichen Pfad. Nach Induktionsvoraussetzung folgt hieraus:

$$\mathrm{comp}(P) \vdash \exists x\, A.$$

Wegen der Variablenfreiheit von A gilt auch

$$\mathrm{comp}(P) \vdash A,$$

was wir auch als

$$comp(P) \vdash \neg C_i$$

schreiben können. Umso mehr gilt dann auch

$$comp(P) \vdash \forall\, x \neg (C_1 \wedge \ldots \wedge C_k).$$

□

Wir betrachten zwei Beispiele, die helfen sollen, die Aussage von Satz 8 besser zu verstehen.

Beispiel 1
Sei $P = \{p(a), q(f(a))\}$ und das Ziel $G = \exists x \neg p(x)$. Die Vervollständigung von P berechnet sich zu:

$$comp(P) = \{p(x) \leftrightarrow x = a,\ q(x) \int x = f(a)\} \cup CET.$$

Es ist wichtig zu bemerken, daß für eine sichere Auswahlregel R der R-NF-Beweissuchbaum über $D = P \cup \{\neg G\}$ nicht im Endlichen erfolglos ist, oder mit anderen Worten, daß in diesem Fall der Interpreter nicht mit Fehlschlag terminiert. Das würde nämlich nach dem Korrektheitssatz

$$comp(P) \vdash \forall\, x\ p(x)$$

implizieren. Im vorliegenden Fall gilt aber

$$comp(P) \vdash \exists x \neg p(x),$$

nämlich

$$comp(P) \vdash \neg p(f(a)) .$$

Der R-NF-Beweissuchbaum über D enthält einen abgebrochenen Pfad und ist daher weder erfolgreich noch im Endlichen erfolglos.

Bemerkung
Jedem erfolgreichen Pfad in einem NF-Beweissuchbaum läßt sich eine Antwortsubstitution σ zuordnen. Die Definition von σ unterscheidet sich von der Definition in Beweissuchbäumen ohne Negation nur durch den Hinweis, daß bei der erfolgreichen Abarbeitung eines negativen Teilziels σ nicht verändert wird. Man sieht leicht aus dem Beweis von Satz 8, daß sich der erste Teil der Behauptung verschärfen läßt zu:

Ist σ die Antwortsubstitution eines erfolgreichen Pfades im R-NF-beweissuchbaum über D, dann gilt

$$\text{comp}(P) \vdash \forall z\sigma(G(x))$$

Beispiel 2
Betrachten wir $P = \{p \leftarrow \neg p\}$, so ist die Vervollständigung von P

$$\text{comp}(P) = \{p \leftrightarrow \neg p\} \cup \text{CET}$$

inkonsistent. In diesem Fall sind die Aussagen von Satz 8 trivialerweise richtig, denn aus der inkonsistenten Formelmenge comp(P) folgt jede Formel.

8.4 Fixpunkte

Wir haben die Vervollständigung comp(P) in erster Linie zum Studium allgemeiner PROLOG-Programme eingeführt. Diese Konstruktion ist jedoch ebenso wichtig für normale PROLOG-Programme P, wenn man versucht, negative Informationen aus P herzuleiten. Es soll hier hervorgehoben werden, daß wir uns in diesem Unterabschnitt ausschließlich mit normalen PROLOG-Programmen beschäftigen.

Wir kommen jetzt auf den in Kapitel 6 definierten Operator T_P zurück und wollen insbesondere den Zusammenhang zwischen Modellen von P bzw. comp(P) für eine Menge P von Hornklauseln und Eigenschaften von T_P untersuchen.

Sei **M** eine Struktur zum Vokabular V. Das Vokabular V_M entsteht aus V durch Hinzunahme eines neuen Konstantensymbols c_m für jedes Element m aus dem Universum von **M**. Die Struktur **M** wird zu einer Struktur $\mathbf{M}_M$ zum Vokabular V_M, indem als Interpretation für das Konstantensymbol c_m das Element m gewählt wird. Die Struktur $\mathbf{M}_M$ heißt die **Konstantenexpansion** von **M**. Wir bezeichnen die Konstantenexpansion von **M** häufig ebenfalls mit **M**. Ist **M** eine Struktur für das Vokabular V, so ist das **Diagramm** von **M**, bezeichnet mit Diag(**M**), die Menge aller variablenfreien, atomaren Formeln im Vokabular V_M, die in der Konstantenexpansion von **M** wahr sind.

Wir benötigen in diesem Abschnitt eine Verallgemeinerung des im 6. Kapitel eingeführten Operators T_P. Der zu definierende Operator $T^M{}_P$ hängt von einer V_M-Struktur **M** ab. Sei P eine Menge universeller Hornklauseln. Der Operator $T^M{}_P$ liefert zu jeder Menge I atomarer, variablenfreier V_M-Formeln wieder eine solche Menge nach der folgenden Vorschrift:

$T^M{}_P(I) = \{A(t_1,\ldots,t_n) : A(t_1,\ldots,t_n)$ ist eine atomare, variablenfreie V_M-Formel, so daß eine Klausel $A(s_1,\ldots,s_n) \leftarrow C_1 \wedge \ldots \wedge C_k$ in P und eine Belegung σ der Variablen in $A \leftarrow C_1 \wedge \ldots \wedge C_k$ mit Elementen aus **M** existieren, so daß die Gleichheiten

$$I(\mathbf{M}_M, \sigma)(s_1) = I(\mathbf{M}_M, \sigma)(t_1)$$
$$\vdots$$
$$I(\mathbf{M}_M, \sigma)(s_n) = I(\mathbf{M}_M, \sigma)(t_n)$$

gelten und alle $\sigma(C_1),\ldots,\sigma(C_k)$ in I liegen. $\}$

Trifft die Gleichheit $I(\mathbf{M}_M, \sigma)(s) = I(\mathbf{M}_M, \sigma)(t)$ zu, so sagen wir auch einfacher "die Gleichung $\sigma(s) = \sigma(t)$ gilt in M".

Im Unterschied zur Definition von T_P wird in der Definition von $T^M{}_P$ zwischen $\sigma(s_i)$ und $\sigma(t_i)$ nicht mehr die syntaktische Gleichheit der beiden Zeichenfolgen verlangt, sondern die Gleichheit in der vorgegebenen Struktur **M**.

Der Funktionswert $T^M{}_P(I)$ hängt nur ab von der Interpretation der Funktions- und Konstantenzeichen des Vokabulars V in **M**, nicht jedoch von der Interpretation der Prädikatszeichen aus V. Ist V^0 die Menge der in V auftretenden Konstanten- und Funktionszeichen, so nennen wir eine Struktur für V^0 auch eine **Prästruktur für V**. Wir halten also fest, daß zur Bildung des Operators $T^M{}_P$ eine Prästruktur **M** für V ausreicht.

Wählen wir für **M** eine Termstruktur zum Vokabular V, so stimmt die Gleichheit in **M** mit der syntaktischen Gleichheit überein, und wir erhalten

$$T^M{}_P(I) = T_P(I).$$

Wir beginnen mit dem einfachen Resultat:

Satz 9

Sei **M** eine Struktur zum Vokabular V, I = Diag(**M**) und P eine Menge universeller Hornklauseln im Vokabular V. Dann gilt:

M ist ein Modell von P
gdw.
$T^M{}_P(I) \sum I$

Beweis:

Sei zunächst **M** als Modell von P vorausgesetzt. Für eine atomare, variablenfreie Formel $C(t_1,\ldots,t_k)$ in $T^M{}_P(I)$ gibt es eine Klausel $C(s_1,\ldots,s_k) \leftarrow B_1 \wedge \ldots \wedge B_n$ in P – der Fall n=0 ist hierbei zugelassen – und eine Belegung σ, so daß die Gleichungen

$\sigma(s_i) = t_i$ in **M** gelten und für alle i, $1 \leq i \leq n$, $\sigma(B_i)$ in I liegt. Nach Definition von I sind alle $\sigma(B_i)$ in **M** wahr. Unter der im Augenblick gültigen Voraussetzung ist in **M** auch die Implikation $A \leftarrow B_1 \wedge \ldots \wedge B_n$ wahr und somit auch C. Nach Definition bedeutet das $C \in I$.

Sei jetzt umgekehrt $T^M{}_P(I) \subseteq I$ vorausgesetzt. Sei $A \leftarrow B_1 \wedge \ldots \wedge B_n$ eine Regel in P, wobei $n = 0$ wieder zugelassen ist. Wir müssen für jede Belegung σ, so daß alle $\sigma(B_i)$ in **M** wahr sind, zeigen, daß auch $\sigma(A)$ in **M** wahr ist. Nach Definition von $T^M{}_P(I)$ gilt $\sigma(A) \in T^M{}_P(I)$, also nach der augenblicklichen Annahme auch $\sigma(A)$ $\sum$ I. Nach Definition von I erhalten wir, daß $\sigma(A)$ in **M** wahr ist. □

Der folgende Satz formuliert den fundamentalen Zusammenhang zwischen dem Operator $T^M{}_P$ und der Formelmenge comp(P).

Satz 10
Sei **M** eine Struktur zum Vokabular V, so daß **M** ein Gleichheitsmodell von CET ist, und P eine Menge universeller Hornklauseln. Zur Abkürzung sei I = Diag(**M**) gesetzt. Dann gilt:

M ist Modell für comp(P) gdw. $T^M{}_P(I) = I$

Beweis:
Sei zunächst $I = T^M{}_P(I)$. Kommt das Prädikatszeichen p nicht als Klauselkopf in P vor, so kann für keine Wahl von Elementen $m_1, \ldots, m_n$ aus **M** die Formel $p(c_{m_1}, \ldots, c_{m_n})$ in $T^M{}_P(I)$ liegen. Nach den Voraussetzungen dieses Beweisteils liegt dann $p(c_{m_1}, \ldots, c_{m_n})$ auch nicht in I. Damit ist $\mathbf{M} \models \forall \mathbf{x} \neg p(\mathbf{x})$. Kommt das Prädikatszeichen p mindestens einmal im Kopf einer Klausel aus P vor, so liegt die Formel

$$\forall \mathbf{x} \, (p(\mathbf{x}) \leftrightarrow E_1 \vee \ldots \vee E_k)$$

in comp(P), wobei

$$E_j(\mathbf{x}) = \exists \mathbf{y} \, (\bigwedge_i x_i = t^j{}_i \wedge b^j).$$

Hierbei sind

$$p(\mathbf{t}^j) \leftarrow b^j$$

für $1 \leq j \leq k$ alle Formeln in P, in deren Kopf p auftritt.
Nach Satz 9 gilt für jedes j $\mathbf{M} \models \forall \mathbf{y} \, (p(\mathbf{t}^j) \leftarrow b^j)$ und somit auch

$$\mathbf{M} \models \forall \, \mathbf{x} \, (p(\mathbf{x}) \leftarrow \exists \mathbf{y} \, (\bigwedge_i x_i = t^j{}_i \wedge b^j)),$$

das heißt

$$\mathbf{M} \models \forall \, \mathbf{x} \, (p(\mathbf{x}) \leftarrow E_j(\mathbf{x})),$$

gilt für jedes j, und wir erhalten insgesamt

$$M \models \forall\ x\,(p(x) \leftarrow E_1(x) \vee \ldots \vee\ E_k(x)).$$

Zum Nachweis der umgekehrten Implikation nehmen wir an, daß $p(m_1,\ldots,m_n)$ in **M** wahr ist, d.h. $p(c_{m_1},\ldots,c_{m_n})$ liegt in I, und nach der im Augenblick geltenden Voraussetzung liegt $p(c_{m_1},\ldots,c_{m_n})$ auch in $T^M{}_P(I)$. Nach Definition des Operators $T^M{}_P$ gibt es somit eine Klausel $p(t^j{}_1,\ldots,t^j{}_n) \leftarrow b^j$ in P und eine Belegung σ der Variablen in $p(t^j)$, so daß die Gleichungen $\sigma(t^j{}_i) = m_i$ in **M** gelten und die Formel $\sigma(b^j)$ in I liegt, was nach Definition von I bedeutet, daß $\sigma(b^j)$ in **M** wahr ist. Somit gilt auch

$$M \models \exists y\ (\bigwedge_i x_i = t^j{}_i \wedge b^j).$$

Insgesamt ist damit

$$M \models \forall\ x\,(p(x) \leftrightarrow\ E_1 \vee \ldots \vee E_k)$$

gezeigt.

Sei jetzt **M** $\models$comp(P) vorausgesetzt. Nach Lemma 7 gilt dann auch **M** $\models$P und somit nach Satz 9 auch $T^M{}_P(I) \subseteq I$. Sei jetzt $p(c_{m_1},\ldots,c_{m_n}) \in I$, d.h. $p(m_1,\ldots,m_n)$ ist wahr in **M**. Da comp(P) in **M** wahr ist, gibt es ein j, so daß

$$M \models E_j(m_1,\ldots,m_n).$$

Es gibt somit eine Belegung σ der y-Variablen, so daß

$$M \models \sigma(b^j),$$

d.h. $\sigma(b^j) \in I$, und außerdem ist in **M** für jedes i, $1 \leq i \leq n$, die Gleichheit $m_i = \sigma(t^j{}_i)$ richtig. Damit sind aber gerade die definitorischen Forderungen für $p(c_{m_1},\ldots,c_{m_n}) \in T^M{}_P(I)$ erfüllt. □

Die Frage nach der Existenz von Modellen von comp(P) läßt sich nun wie folgt auf die Frage nach Fixpunkten für den T_P Operator zurückführen. Zuerst legt man eine Prästruktur **M** für V fest, dann findet man einen Fixpunkt I für den Operator $T^M{}_P$, d.h. eine Menge variablenfreier, atomarer V_M-Formeln, so daß $T^M{}_P(I) = I$ gilt. Abschließend expandiert man **M** zu einer V-Struktur, indem man für ein n-stelliges Prädikatszeichen p in V und ein n-Tupel $m_1,\ldots,m_n$ von Elementen aus **M** definiert:

$$M \models p(m_1,\ldots,m_n) \text{ gdw. } p(c_{m_1},\ldots,c_{m_n}) \in I$$

Nach Satz 10 ist die so entstandene V-Struktur ein Modell von comp(P) und darüber hinaus natürlich auch von I.

Der Satz, den wir schließlich beweisen wollen, lautet:

Satz 11
Ist P eine Menge universeller Hornklauseln, **M** eine Prästruktur für V und I eine Menge variablenfreier, atomarer V_M-Formeln, so daß

$$I \subseteq T^M{}_P(I),$$

dann gibt es eine Menge J variablenfreier, atomarer V_M-Formeln mit

$$I \subseteq J$$

und

$$J = T^M{}_P(J).$$

Als Vorbereitung brauchen wir:

Lemma 12
Sei P eine Menge universeller Hornklauseln im Vokabular V, S die Menge aller Teilmengen variablenfreier, atomarer V-Formeln, $\subseteq$ die Teilmengenrelation auf S und **M** eine Prästruktur für V, dann ist $T^M{}_P$ eine stetige Abbildung von (S, $\subseteq$) in (S, $\subseteq$).
Nach Aufgabe 1 ist $T^M{}_P$ dann auch monoton.

Beweis:
Einfaches Nachrechnen (vgl. Lemma 8.3). □

Beweis von Satz 11:
In der Notation von Lemma 12 ist (S, $\subseteq$) eine vollständige verbandsgeordnete Menge (sogar das typischste Beispiel für eine solche Struktur). Die Behauptung von Satz 11 ist somit ein Spezialfall von Satz 1.3. □

8.5 Ein Vollständigkeitssatz

Die zwei grundlegenden Konzepte in diesem Kapitel sind die NF-Beweissuchbäume auf der prozeduralen Seite und die Vervollständigung comp(P) für allgemeine PROLOG-Programme auf der deklarativen Seite. Satz 8 lieferte einen ersten wichtigen Zusammenhang zwischen diesen beiden Begriffen. Ebenso wichtig wie diese Korrektheitsaussage, von einem theoretischen Standpunkt aus vielleicht sogar noch wichtiger, ist die Frage nach der Umkehrbarkeit der Implikationen in Satz 7. Wir werden weiter unten Beispiele geben, die zeigen, daß die Antwort auf diese Frage im allgemeinen "Nein" ist. Zunächst beschäftigen wir uns jedoch mit der Einschränkung, daß P ein normales PROLOG-Programm ist. Unter dieser Einschränkung sind positive Resultate möligch, d.h. kein allgemeines PROLOG-Programm, beschäftigen, für welche positive Resultate möglich sind.

Lemma 13
Sei P eine Menge universeller Hornklauseln, A(**x**) eine positive Formel. Dann gilt:

$$\text{Aus} \quad \text{comp}(P) \vdash \exists \mathbf{x}\, A(\mathbf{x}) \quad \text{folgt} \quad P \vdash \exists \mathbf{x}\, A(\mathbf{x}).$$

Beweis:
Wichtig für beide Teile des Beweises ist die Beobachtung, daß eine positive, quantorenfreie Formel, die in dem minimalen Herbrand-Modell von P in einem Vokabular V wahr ist, auch in allen anderen Herbrand-Modellen von P wahr ist.

Nach Aufgabe 4 ist $\exists \mathbf{x}\, A(\mathbf{x})$ in dem kleinsten Herbrand-Modell H_0 von P wahr. Es gibt also eine Folge variablenfreier Terme **t**, so daß A(**t**) in H_0 wahr ist. Somit ist A(**t**) in allen Herbrand-Modellen von P wahr, und damit ist auch $\exists \mathbf{x}\, A(\mathbf{x})$ in allen Herbrand-Modellen von P wahr. Nach Satz 2.3 folgt daraus $P \vdash \exists \mathbf{x}\, A(\mathbf{x})$.

□

Lemma 14
Sei P eine Menge universeller Hornklauseln, A(**x**) eine Konjunktion positiver Literale. Dann gibt es einen erfolgreichen Pfad im Beweissuchbaum über $D = P \cup \{\neg\exists \mathbf{x}\, A(\mathbf{x})\}$ genau dann, wenn $\text{comp}(P) \vdash \exists \mathbf{x}\, A(\mathbf{x})$.

Beweis:
Nach Lemma 13 und Lemma 7 gilt:

$$P \vdash \exists \mathbf{x}\, A(\mathbf{x}) \quad \text{gdw.} \quad \text{comp}(P) \vdash \exists \mathbf{x}\, A(\mathbf{x}),$$

und nach Satz 6.5 gilt $P \vdash \exists \mathbf{x}\, A(\mathbf{x})$ genau dann, wenn ein erfolgreicher Pfad im Beweissuchbaum über $P \cup \{\neg\exists \mathbf{x}\, A(\mathbf{x})\}$ existiert. □

Der Beweis der umgekehrten Implikation des zweiten Teiles von Satz 8 erfordert etwas mehr Aufwand.

Satz 15
Sei R eine faire Auswahlregel, P eine Menge universeller Hornklauseln. Gilt $\text{comp}(P) \vdash \neg\exists \mathbf{x}\, G(\mathbf{x})$ für eine Konjunktion positiver Literale $G = A_1 \wedge \ldots \wedge A_n$, dann ist der R-Beweissuchbaum über $D = P \cup \{\neg G\}$ im Endlichen erfolglos.

Beweis:

Wir führen einen Widerspruchsbeweis, nehmen also an, daß der R-Beweissuchbaum über $P \cup \{\neg G\}$ nicht im Endlichen erfolglos ist, und wollen zeigen, daß dann $\text{comp}(P) \vdash \neg \exists \mathbf{x}\ G(\mathbf{x})$ nicht gelten kann, indem wir ein Modell $\mathbf{M}$ von $\text{comp}(P) \cup \{\exists \mathbf{x}\ G(\mathbf{x})\}$ konstruieren.

Besitzt der R-Beweissuchbaum über $P \cup \{\neg G\}$ einen erfolgreichen Pfad, so folgt nach Satz 6.5 $P \vdash \exists \mathbf{x}\ G(\mathbf{x})$ und damit auch $\text{comp}(P) \vdash \exists \mathbf{x}\ G(\mathbf{x})$. Da P eine Menge universeller Hornklauseln ist, ist comp(P) konsistent – siehe Aufgabe 4 –, und somit können die Folgerungsbeziehungen $\text{comp}(P) \vdash \exists \mathbf{x}\ G(\mathbf{x})$ und $\text{comp}(P) \vdash \neg \exists \mathbf{x}\ G(\mathbf{x})$ nicht beide gelten.

Es bleibt der Fall zu betrachten, daß der R-Beweissuchbaum über $P \cup \{\neg G\}$ einen unendlichen Pfad $G_0 = G, G_1, \ldots, G_j, \ldots$ enthält. Sei $\theta_0, \theta_1, \ldots, \theta_j, \ldots$ die Folge der Unifikatoren, die beim Übergang von G_j nach G_{j+1} benutzt werden.

Sei V ein geeignetes Vokabular, um $P \cup \{G\}$ aufschreiben zu können. Wir konstruieren zunächst eine Prästruktur $\mathbf{M}_0$ im Vokabular V. Die Relation $\sim$ auf der Menge T aller Terme (nicht nur der variablenfreien) von V, definiert durch:

$$s \sim t$$

$$\text{gdw.}$$

$$\text{es ein } j \geq 0 \text{ gibt mit } \theta_j\theta_{j-1}\ldots\theta_0(s) = \theta_j\theta_{j-1}\ldots\theta_0(t),$$

ist sicherlich eine Äquivalenzrelation auf T. Wir bezeichnen die Äquivalenzklasse eines Terms t bezüglich der Relation $\sim$ mit [t]. Das Universum von $\mathbf{M}_0$ ist die Menge aller $\sim$-Äquivalenzklassen von Termen aus t: $\{[t] : t \in T\}$.

Jedem Konstantenzeichen c aus V ordnen wir als Interpretation in $\mathbf{M}_0$ die Äquivalenzklasse [c] zu. Jedes n-stellige Funktionszeichen f aus V wird in $\mathbf{M}_0$ durch die Funktion interpretiert, die einem n-Tupel von Äquivalenzklassen $([t_1],\ldots,[t_n])$ den Wert $[f(t_1,\ldots,t_n)]$ zuordnet. Man sieht leicht, daß diese Definitionen unabhängig von der Wahl der Repräsentanten der beteiligten Äquivalenzklassen sind.

Was die Interpretation der Prädikatszeichen $A(\mathbf{x})$ aus V angeht, so sammeln wir zunächst diejenigen Einsetzungen $A(\mathbf{m})$, die auf jeden Fall wahr sein sollen:

$$I_0 = \{A([t_1],\ldots,[t_n]) : A \in V \text{ und } A(t_1,\ldots,t_n) \text{ kommt in einem } G_j \text{ vor}\}.$$

Wir zeigen $I_0 \subseteq T^{\mathbf{M}}{}_P(I_0)$:

Sei $A([t_1],\ldots,[t_n]) \in I_0$, wobei $A(t_1,\ldots,t_n)$ als konjunktiver Teil in G_j vorkommen möge. Da R als faire Auswahlregel vorausgesetzt war, gibt es ein k, $j < k$, so daß im k-ten Schritt das Ziel $\theta_k\theta_{k-1}\ldots\theta_0(A(t_1,\ldots,t_n))$ ausgewählt wird. Es gibt also eine Klausel $B(s_1,\ldots,s_n) \leftarrow C_1 \wedge \ldots \wedge C_r$ in P, so daß

$$\theta_{k+1}\theta_k\theta_{k-1}\ldots\theta_0(A(t_1,\ldots,t_n)) = \theta_{k+1}(B(s_1,\ldots,s_n)),$$

und für jedes i, $1 \le i \le r$, kommt $\theta_{k+1}(C_i)$ als Konjunktionsteil in G_{k+1} vor. Nach Definition heißt das, daß alle $\theta_{k+1}(C_i)$ in I_0 liegen, und damit erhalten wir

$$B([\theta_{k+1}(s_1)],\ldots,[\theta_{k+1}(s_1)]) \in T^M{}_P(I_0).$$

Da wir annehmen können, daß $B(s_1,\ldots,s_n)$ variablendisjunkt zu den Definitionsbereichen der Substitution θ_j, $0 \le j \le k$, ist, gilt

$$\theta_{k+1}\ldots\theta_1(s_i) = \theta_{k+1}(s_i)$$

Das heißt $\theta_{k+1}\ldots\theta_0(t_i) = \theta_{k+1}\ldots\theta_0(s_i)$ und damit $t_i \sim s_i$.
Zusammenfassend haben wir damit

$$A([t_1],\ldots,[t_n]) = B([(s_1)],\ldots,[(s_1)]) \in T^M{}_P(I_0)$$

gezeigt.

Nach Satz 11 existiert eine Menge variablenfreier, atomarer V_{M_0}-Formeln I, mit $I_0 \subseteq I$ und $T^M{}_P(I) = I$. Wir machen aus der Prästruktur $\mathbf{M}_0$ eine Struktur für V, indem wir als Interpretation für ein n-stelliges Relationszeichen A aus V die Menge der n-Tupel $([t_1],\ldots,[t_n])$ von Elementen aus $\mathbf{M}_0$ wählen, für die $A([t_1],\ldots,[t_n])$ in I liegt. Nach Satz 10 ist **M** ein Modell für comp(P). Da $G([\mathbf{x}])$ in I_0 liegt, gilt außerdem $\mathbf{M} \models \exists \mathbf{x}\, G(\mathbf{x})$. □

Wir wollen an zwei Beispielen zeigen, daß Satz 15 im allgemeinen nicht richtig ist für *allgemeine* PROLOG-Programme P.

Beispiel 1
Für

$$P_1 = \{p \leftarrow q \wedge \neg q,\ q \leftarrow q\}$$

erhalten wir

$$\mathrm{comp}(P_1) = \{p \leftrightarrow q \wedge \neg q,\ q \leftrightarrow q\} \cup \mathrm{CET}.$$

Es gilt $\mathrm{comp}(P_1) \vdash \neg p$, aber der R-Beweissuchbaum über $P_1 \cup \{\neg p\}$ ist für keine faire Auswahlregel R im Endlichen erfolglos.

Beispiel 2
Sei

$$P_2 = \{p \leftarrow q,\ p \leftarrow \neg q,\ q \leftarrow q\}$$

Dann erhalten wir

$$\mathrm{comp}(P_2) = \{p \leftrightarrow q \vee \neg q,\ q \leftrightarrow q\} \cup \mathrm{CET}.$$

In diesem Fall gilt comp(P_2) $\vdash$p, aber für keine sichere Auswahlregel R ist der R-NF-Beweissuchbaum über $P_2 \cup$ {p} erfolglos.

In diesem Kapitel konnten wir nur die wichtigsten Aspekte der Behandlung der Negation in der logischen Programmierung ausführlich darstellen. Der Einsatz einer dreiwertigen Logik wird im folgenden Kapitel vorgestellt. Hier soll wenigstens in knappen Bemerkungen, Übungsaufgaben und Literaturhinweisen auf einige wichtige Themen eingegangen werden.

Eine andere Möglichkeit, die Vollständigkeit der SLDNF-Beweissuche wieder zu erlangen, besteht in der Einschränkung der zugelassenen allgemeinen Prolog-Situationen.

Eine Konjunktion K von Literalen heißt **zugelassen (allowed)**, wenn jede Variable in K in einem positiven Literal von K auftritt.

Eine allgemeine Hornklausel K←R heißt **zugelassen**, falls jede Variable, die in R vorkommt, auch in K vorkommt und jede Variable im Kopf K auch in einem positiven Literal im Rumpf R auftritt.

Entsprechend heißt eine allgemeine Prolog-Situation zugelassen, falls es alle in ihr auftretenden Formeln sind.

Zur Formulierung einer zweiten Eigenschaft ordnet man jeder allgemeinen Prolog-Situation P einen Abhängigkeitsgraphen G(P) zu, dessen Ecken die in P vorkommenden Prädikatszeichen sind und der eine positive (negative) gerichtete Kante von p nach q enthält, wenn eine Klausel in P existiert, die p im Kopf und q positiv (bzw. negativ) im Rumpf enthält.

P heißt **strikt**, falls für je zwei Ecken p und q in G(P) keine zwei Pfade von p nach q führen, von denen der eine gerade und der andere eine ungerade Anzahl negativer Kanten enthält.

In [Kunen 89] wird gezeigt, daß für jedes variablenfreie Literal G, das aus comp(P) ableitbar ist, der Beweissuchbaum über P ∪ {¬ G} erfolgreich ist, falls P ∪ {¬ G} zugelassen und strikt ist. Dieses Resultat wurde zuerst, in einer noch nicht korrekten Version, in [Apt, Blair, Walker 87] als Vermutung aufgestellt. Schwächere Resultate wurden in [Cavedon, Lloyd 89] und [Baratella, Filè 89] bewiesen. Weitere Resultate bzgl. eingeschränkter Prolog Situationen findet man in [Cavedon, Decker 89].

Man beachte, daß die Einschränkung auf zugelassene Formeln sehr einschneidend ist. Die Formel R(x,y) ← R(x,y) ∧ R(z,y) für die Transitivität der Relation R ist z.B. nicht zugelassen.

Die Frage, ob der Beweissuchbaum über einer Prolog-Situation einen abgebrochenen Pfad besitzt, ist wie man leicht sieht, unentscheidbar. Eine hinreichende Bedingung dafür, daß kein abgebrochener Pfad auftritt (flounderfreeness) wird in [Lloyd, Topor 86] gegeben.

Der Erfolg oder Mißerfolg eines SLDNF-Beweissuchbaums ist nicht mehr unabhängig von einer gewählten sicheren Berechnungsregel. Es gibt jedoch, wie in [Shepherdson 85] gezeigt wird, für jedes Programm P eine maximale sichere Berechnungsregel R_m, so daß für jedes Ziel A gilt:

Wenn A unter irgendeiner Berechnungsregel Erfolg hat, dann auch unter R_m,

und

wenn A unter irgendeiner Berechnungsregel scheitert, dann auch unter R_m.

Die Nützlichkeit der maximalen sicheren Berechnungsregel wird jedoch dadurch eingeschränkt, daß es keinen Algorithmus geben kann, der R_m zu jedem gegebenen P berechnet [Shepherdson 88].

Wir haben in einem einfachen Beispiel darauf hingewiesen, daß comp(P) inkonsistent sein kann. In [Shepherdson 91] wird gezeigt, daß das Problem zu entscheiden, für welche allgemeinen Prologprogramme P die Vervollständigung comp(P) inkonsistent ist, unentscheidbar ist. In [Sato 90] werden dagegen hinreichende Bedingungen untersucht, unter denen comp(P) konsistent ist, und sogar ein Herbrand-Modell besitzt.

Die in diesem Kapitel betrachtete Behandlung der Negation ist zwar die am häufigsten benutzte, aber bei weitem nicht die einzige Möglichkeit. Eine interessante Alternative wird in [Chan 88] vorgeschlagen. In [Chan 89] wird eine Verbesserung betrachtet, die insbesondere das Problem unendlich vieler Antwortsubstitutionen betrifft, das im ersten Vorschlag ungelöst geblieben war. Ein Transformationsansatz, in dem ein gegebenes Programm P zunächst in ein logisch äquivalentes Programm mit günstigeren syntaktischen Eigenschaften transformiert wird, ist in [Barabuti et al. 90] enthalten.

Wir haben bisher den unmittelbaren Konsequenzoperator T_P nur für Prolog-Programme P ohne Negation definiert. In der Literatur wird jedoch auch häufig T_P für verallgemeinerte Programme P wie folgt definiert.

Zunächst ist auch in diesem Fall T_P ein Operator, der eine Menge I variablenfreier, atomarer Formeln wieder in eine solche Menge, $T_P(I)$, abbildet und zwar:

$T_P(I) =$ { A : es gibt eine Klausel $B \leftarrow C_1 \wedge \ldots \wedge C_k$ in P und eine Substitution θ , so daß $A = \theta(B)$ und für alle positiven C_i gilt $\theta(C_i) \in I$ und für alle negativen C_i gilt $\theta(C_i) \notin I$}.

Für das Programm P_1:

p(x) ← ¬ q(x).
r(a).

gilt $T_P(\emptyset) = \{r(a), p(a)\}$ und $T_P(\{q(a)\}) = \{r(a)\}$. T_P ist also im allgemeinen nicht monoton. Die Existenz von Fixpunkten ist nicht mehr gesichert. Selbst wenn Fixpunkte existieren, muß es keinen kleinsten geben.

Ein weiterer, in vielen Arbeiten verfolgter Ansatzpunkt besteht darin, die Semantik der Hornklausellogik zu ändern und nicht mehr nur das kleinste Herbrand-Modell oder alle Modelle zu betrachten, sondern z. B. alle Herbrand-Modelle oder gewisse Herbrand-Modelle. Als die aussichtsreichsten sind hier wohl die wohlfundierten Modelle zu nennen. Einen ausgezeichneten Überblick über diese Forschungsrichtung findet man in [Dix 91].

8.6 Übungsaufgaben

Aufgabe 1

(1) Zeigen Sie modelltheoretisch und durch formale Ableitbarkeit

$$\text{CET} \vdash \forall x \, (s \equiv t \wedge x_1 \equiv t_1 \wedge \ldots \wedge x_r \equiv t_r \\ \rightarrow s(t_1/x_1, \ldots, t_r/x_r) \equiv t(t_1/x_1, \ldots, t_r/x_r))$$

Man beachte, daß diese Aussage eine Verschärfung einer Implikationsrichtung von Lemma 1 ist.

(2) Zeigen Sie, daß

$$\text{CET} \vdash \forall x \, (s \equiv t \wedge x_1 \equiv t_1 \wedge \ldots \wedge x_r \equiv t_r \\ \leftarrow s(t_1/x_1, \ldots, t_r/x_r) \equiv t(t_1/x_1, \ldots, t_r/x_r))$$

im allgemeinen nicht gilt.

Hinweis zu (1):

Man betrachte zunächst den Fall, daß s eine Variable ist. In diesem Fall wird eine Induktion nach dem Termaufbau von t geführt.

Aufgabe 2

Gegeben sei die PROLOG-Situation $D = P \cup \{\neg p(b,x)\}$ mit $P = \{p(y,a) \leftarrow r(y), r(b)\}$.

- Berechnen Sie comp(P).
- Konstruieren Sie den Beweissuchbaum über D.
- Ist $\neg G$ die Markierung des Wurzelknotens und sind $\neg G_1,\ldots,\neg G_r$ die Markierungen aller Nachfolgerknoten des Wurzelknotens, so überzeuge man sich, daß $\forall x \forall y \, (G_1 \vee \ldots \vee G_r \rightarrow G)$ keine Konsequenz aus comp(P) ist.

Aufgabe 3

Zeigen Sie, daß für jede Struktur **M** und jede Menge I variablenfreier, atomarer V_M-Formeln gilt:

$$T_P(I) \subseteq T^M{}_P(I).$$

Aufgabe 4

Sei P eine Menge universeller Hornklauseln. Zeigen Sie mit Hilfe von Satz 10, daß das kleinste Herbrand-Modell von P auch ein Modell von comp(P) ist.

Aufgabe 5

Zeigen Sie, daß die beiden folgenden Forderungen jeweils äquivalente Definitionen für die Vollständigkeit der Formelmenge Σ sind.

(1) Für je zwei Modelle M_1, M_2 von Σ gilt

$$M_1 \equiv M_2.$$

(2) Es gibt eine Struktur M, so daß für jede geschlossene Formel A gilt:

$$M \models A \quad \text{gdw.} \quad \Sigma \vdash A.$$

Aufgabe 6

Sei f eine stetige Abbildung von einem vollständigen Verband <M,R> in sich selbst und gelte für $a \in M$ die Relation a R f(a). Dann ist $a_\omega = \sup \{f^n(a) : a \geq 0\}$ der kleinste Fixpunkt, der a R x genügt.

Aufgabe 7

Geben Sie eine verallgemeinerte Prolog-Situation D an, so daß bei Benutzung allgemeinster Unifikatoren kein erfolgreicher Pfad im NF-Beweissuchbaum über D existiert. Im allgemeinen NF-Beweissuchbaum über D gibt es jedoch einen.

Aufgabe 8

Beweisen Sie: Für jede Prologsituation $D = P \cup \{\exists x\ \sigma\}$ gilt:
$\text{comp}(P) \vdash \neg\exists x\ \sigma(x)$ gdw. $\sigma(x) \in F_P$.

Aufgabe 9

Im Beweis von Satz 15 wurde ein Modell M für eine konsistente Satzmenge der Form $\text{comp}(P) \cup \{\exists x\ \sigma(x)\}$ konstruiert, wobei σ ein positives Literal und P eine Menge universeller Hornklauseln ist. M war keine Herbrand-Struktur. Geben Sie ein Beispiel einer Satzmenge Σ der angegebenen Form, die konsistent ist, aber kein Herbrand-Modell besitzt.

Lösungshinweis:
$P = \{\forall x(p(f(x)) \leftarrow p(x)\}$ und $\exists x\ \sigma(x) = \exists x\ p(x)$. Das Vokabular V bestehe nur aus dem Funktionszeichen f und einer Konstanten a.

Aufgabe 10
Diese Aufgabe soll zeigen, daß die Bedeutung von comp(P) nicht immer offensichtlich ist, selbst für Herbrand-Modelle von comp(P), sondern manchmal tieferes Nachdenken verlangt.
Gegeben sei das folgende Prolog-Programm P_{tc}:

tc(x,y) ← r(x,y).
tc(x,y) ← tc(x,z) ∧ r(x,y).
r(a,b). r(b,c).
r(e,d). r(d,e).

Die Sprache enthalte als Konstanten genau die erwähnten und keine Funktionszeichen. Das Herbrand-Universum ist also $U_H = \{a,b,c,d\}$. In der intendierten Bedeutung von P_{tc} soll offensichtlich tc den transitiven Abschluß der Relation r beschreiben. In der Tat gilt für jedes Herbrand-Modell $H = (U_H, tc_H, r_H)$ von comp(P):

a) für alle $m_1, m_2 \in U_H$ gilt:
$H \models tc[m_1,m_2]$, falls (m_1,m_2) in der transitiven Hülle von r_H liegt.

b) Zeigen Sie, daß es jedoch ein Herbrand-Modell $H_1 = (U_{H_1}, tc_1, r_1)$ von comp(p) gibt, so daß $H_1 \models tc[a,d]$ gilt, aber (a,d) liegt nicht in der transitiven Hülle von r_1.

Aufgabe 11
Sei C eine endliche Menge von Konstanten, R eine zweistellige Relation auf C. Das Programm $P_{tc,R}$ sei wie folgt gegeben:

tc(x,y) ← TC(x,y,L).
TC(x,x,[]).
TC(x,y,[z| T]) ← r(x,z) ∧ TC(z,y,T) ∧ nicht_in(z,T).
nicht_in(z,[]).
nicht_in(z,[y | T]) ← ¬ eq(z,y) ∧ nicht_in(z,T).
eq(x,x).

Zeigen Sie: Für jedes Herbrand-Modell $H = (U_H, tc_H, TC_H, nicht\_in_H, eq_H)$ von $comp(P_{tc,R})$ gilt für alle $c_1, c_2 \in C$:

$H \models tc[c_1, c_2]$ gdw (c_1, c_2) liegt in der transitiven Hülle von R.

Bemerkung: Grenzen der Definierbarkeit mittels comp(P) (wobei Definierbarkeit in dem in Aufgabe 11 benutzen Sinn zu verstehen ist) werden in [Kunen 89] aufgezeigt. Insbesondere läßt sich die transitive Hülle nicht durch ein striktes Programm P ohne Funktionszeichen definieren.

9 Dreiwertige Semantik für verallgemeinerte PROLOG-Situationen

Wir beginnen das Kapitel mit einer kurzen Einführung in die dreiwertige Logik. Fast alle Begriffe und Sätze, die wir betrachten wollen, lassen sich auf n-wertige Logiken für $n \geq 3$ verallgemeinern. Wir beschränken uns jedoch hier bewußt auf das im Fortgang des Kapitels notwendige Grundwissen, und das verlangt nur drei Wahrheitswerte. Den an einer umfassenden Darstellung mehrwertiger Logiken interessierten Leser verweisen wir auf die Bücher [Rescher, 1969], [Rautenberg 1979] und [Rosser, Turquette 1952] und die neueren Übersichtsartikel [Blamey 1986] und [Urquhart 1986]. Anwendungsorientierte Darstellung mehrwertiger Logiken findet man in [Dunn, Epstein 1977] und in [Fenstad, Halvorsen, Langholm, van Benthem 1983].

Es ist nicht Zweck der nachfolgenden Einführung, eine Beweistheorie für die dreiwertige Logik zu entwickeln oder gar Grundlagen für automatische Deduktionssysteme für dreiwertige Logiken bereitzustellen. Wir sind in erster Linie an der dreiwertigen Semantik für verallgemeinerte PROLOG-Programme interessiert. Beweissysteme werden z. B. in [Carnielli, 1987] behandelt.

9.1 Einführung in die dreiwertige Logik

Die Syntax der dreiwertigen Logik $\mathbf{L^3}$, die wir in diesem Abschnitt einführen wollen, unterscheidet sich von derjenigen des normalen, zweiwertigen Prädikatenkalküls allein dadurch, daß in L^3 neben dem Negationszeichen "$\neg$" noch ein zweites Negationszeichen "$\sim$" vorhanden ist. Zur Unterscheidung nennen wir $\neg$ die **starke** und $\sim$ die **schwache** Negation. Die Formeln von L^3 über einem Vokabular V werden wie gewohnt aus den Grundsymbolen aufgebaut. Die Menge aller L^3-Formeln wird mit $Fml^3(V)$ bezeichnet. Wir werden gelegentlich allein den aussagenlogischen Teil von L^3 betrachten wollen. Am einfachsten läßt sich der aussagenlogische Fall unter den Fall allgemeiner Formeln einordnen, wenn wir, ebenso wie wir schon nullstellige Funktionszeichen (= Konstantenzeichen) erlaubt haben, auch nullstellige Prädikatszeichen erlauben. Diese nullstelligen Prädikatszeichen nennen wir auch

Aussagenvariablen. Eine aussagenlogische L^3-Formel ist danach eine Formel in Fml^3, die keine Quantoren und nur nullstellige Prädikatszeichen enthält.

Eine L^3-Struktur im Vokabular V $\mathbf{M} = \langle \mathbf{M}_0, v_\mathbf{M} \rangle$, besteht aus einer Prästruktur $\mathbf{M}_0$ für V, d.h. aus einer Menge zusammen mit der üblichen Interpretation für Konstanten und Funktionssymbole, und einer Funktion $v_\mathbf{M}$, die jedem Relationszeichen P und jedem n-Tupel $m_1,\ldots,m_n$ von Elementen aus $\mathbf{M}_0$ (n = Stellenzahl von P) einen der Wahrheitswerte 1, u oder 0 zuordnet.

$$v_\mathbf{M}(P(m_1,\ldots,m_n)) = 1 \quad \text{(wahr)}$$
oder
$$v_\mathbf{M}(P(m_1,\ldots,m_n)) = u \quad \text{(unbestimmt)}$$
oder
$$v_\mathbf{M}(P(m_1,\ldots,m_n)) = 0 \quad \text{(falsch)}$$

Die Bewertungsfunktion $v_\mathbf{M}$ läßt sich auf alle L^3-Formeln fortsetzen. Dabei berechnet sich $v_\mathbf{M}(A \wedge B)$ mit Hilfe der Tabelle in Abb. 1 aus $v_\mathbf{M}(A)$ und $v_\mathbf{M}(B)$.

Wahrheitstafel für die dreiwertige Konjunktion			
∧	1	u	0
1	1	u	0
u	u	u	0
0	0	0	0

Abb. 1

Entsprechendes gilt für die übrigen aussagenlogischen Junktoren.

Wahrheitstafel für die dreiwertige Disjunktion			
∨	1	u	0
1	1	1	1
u	1	u	u
0	1	u	0

Abb. 2

Die Regeln für ∧ und ∨ aus den Abbildungen 1 und 2 kann man einfach zusammenfassen zu

$$v(A \wedge B) = \text{das Minimum von } v(A) \text{ und } v(B)$$
$$v(A \vee B) = \text{das Maximum von } v(A) \text{ und } v(B),$$

wenn man sich die Wahrheitswerte in der Reihe $0 < u < 1$ angeordnet denkt.

Wahrheitstafel für die dreiwertigen Negationen						
A	$\neg A$	$\sim A$	$\sim\neg A$	$\sim\sim A$	$\neg\neg A$	$\neg\sim A$
1	0	0	1	1	1	1
u	u	1	1	0	u	0
0	1	1	0	0	0	0

Abb. 3

Es mag für das Verständnis der Wahrheitstafeln für die Negationen hilfreich sein, die folgende natürlichsprachliche Umschreibung im Kopf zu haben:

$v(A) = 1$	gdw.	A ist wahr
$v(\neg A) = 1$	gdw.	A ist falsch
$v(\sim A) = 1$	gdw.	A ist nicht wahr
$v(\sim\neg A) = 1$	gdw.	A ist nicht falsch.

Die angegebenen Wahrheitstafeln für die aussagenlogischen Verknüpfungen sind nicht die einzig möglichen, und man findet in der Tat in der Literatur zahlreiche Varianten. Für definite Argumente 0 und 1 stimmen die Wahrheitstafeln mit der zweiwertigen Logik überein. Dieser Teil ist unumstritten. Dagegen ist nicht so klar, welchen Wert $0 \wedge u$ haben soll. In unserem Fall haben wir $0 \wedge u = 0$ gesetzt, was man mit dem Hinweis begründen könnte, daß unabhängig davon, ob man u durch 0 oder 1 ersetzt, 0 als Ergebnis erhält. Läßt man sich dagegen von dem Grundsatz leiten, daß ein Ausdruck nur dann einen von u verschiedenen Wert erhalten soll, wenn alle Teilausdrücke einen von u verschiedenen Wert haben, so wird man zu der Festsetzung $0 \wedge_0 u = u$ geführt. Wir sind der Meinung, daß eine Diskussion über die "richtige" Definition der dreiwertigen Wahrheitstafeln nur im Rahmen einer konkreten Anwendung sinnvoll geführt werden kann. Für uns ist die Bereitstellung eines universellen Rahmens das vorrangige Ziel, und wir sehen das vorgelegte formale System durch die Aussagen von Lemma 3 hinreichend gerechtfertigt.

Es bleibt noch in der induktiven Definition von $v_{\mathbf{M}}$ der Induktionsschritt für die Quantoren zu erklären. Wir nehmen dabei für den Augenblick an, daß für jedes Element m aus der betrachteten Struktur **M** eine gleichnamige Konstante im Vokabular V vorhanden ist, daß somit für jedes $m \in \mathbf{M}$ und jede Formel A(x) aus $Fml^3(V)$ A(m/x) wieder eine L^3-Formel ist. Diese Annahme ist sicherlich harmlos, erspart uns aber die zusätzliche Angabe einer Belegungsfunktion b für die freien Variablen der Formel A. Wir schreiben außerdem der Einfachheit halber v anstelle von $v_{\mathbf{M}}$.

$v(\forall x\, A(x)) = 1$	gdw.	für alle $m \in \mathbf{M}$ gilt $v(A(m/x)) = 1$.
$v(\forall x\, A(x)) = 0$	gdw.	es gibt ein $m \in \mathbf{M}$, so daß gilt $v(A(m/x)) = 0$.
$v(\forall x\, A(x)) = u$	in allen anderen Fällen.	

$v(\exists x\, A(x)) = 1$	gdw.	es gibt ein $m \in \mathbf{M}$, so daß gilt $v(A(m/x)) = 1$.
$v(\exists x\, A(x)) = 0$	gdw.	für alle $m \in \mathbf{M}$ gilt $v(A(m/x)) = 0$.
$v(\exists x\, A(x)) = u$	in allen anderen Fällen.	

Besonders in Fällen, in denen anstelle von **M** eine durch eine komplexere Notation beschriebene Struktur tritt, schreiben wir

$$v(\mathbf{M},A) = w$$

anstelle von

$$v_{\mathbf{M}}(A) = w.$$

Definition

Sei Σ eine Menge von $Fml^3(V)$-Formeln und A eine $Fml^3(V)$-Formel. Wir nennen A eine dreiwertige logische Folgerung aus Σ, wenn für alle dreiwertigen Strukturen **M** zum Vokabular V, für die $v_{\mathbf{M}}(B) = 1$ für alle B in Σ gilt, auch $v_{\mathbf{M}}(A) = 1$ gilt. Wir schreiben dafür $\vdash_3$. Die Formel A heißt eine **dreiwertige Tautologie** oder allgemeingültig, wenn für alle dreiwertigen Strukturen **M** $v_{\mathbf{M}}(A) = 1$ gilt.

Die aussagenlogischen Verknüpfungen $\supset$ und $\equiv$ werden als definierte Zeichen eingeführt, und zwar:

$$A \supset B \text{ steht für } {\sim}A \vee B$$

und

$$A \equiv B \text{ steht für } (A \supset B) \wedge (B \supset A).$$

Durch die Anwesenheit zweier Negationszeichen haben wir zwei Möglichkeiten, die Implikation und die Äquivalenz aus den gegebenen Verknüpfungen zu definieren. Die oben gewählte Möglichkeit führt zur **schwachen Implikation** und zur **schwachen Äquivalenz**.

Zur Bequemlichkeit des Lesers drucken wir auch die Wahrheitstafeln für diese beiden Verknüpfungen ab:

Wahrheitstafel für die schwache Implikation				
		B		
	$A \supset B$	1	u	0
A	1	1	u	0
	u	1	1	1
	0	1	1	1

Abb. 4

Wahrheitstafel für die schwache Aquivalenz			
$\equiv$	1	u	0
1	1	u	0
u	u	1	1
0	0	1	1

Abb. 5

Das nächste Lemma enthält eine Liste allgemeingültiger, schwacher Äquivalenzen in L^3.

Lemma 1

$$
\begin{array}{lcl}
\neg\neg A & \equiv & A \\
\sim\sim A & \equiv & A \\
\neg\sim A & \equiv & A \\
(A \wedge B) \vee C & \equiv & (A \vee C) \wedge (B \vee C) \\
(A \vee B) \wedge C & \equiv & (A \wedge C) \vee (B \wedge C) \\
\neg(A \vee B) & \equiv & \neg(A) \wedge \neg(B) \\
\neg(A \wedge B) & \equiv & \neg(A) \vee \neg(B) \\
\sim(A \vee B) & \equiv & \sim(A) \wedge \sim(B) \\
\sim(A \wedge B) & \equiv & \sim(A) \vee \sim(B) \\
\sim(\exists x\, A) & \equiv & \forall x \sim(A) \\
\neg(\exists x\, A) & \equiv & \forall x\, \neg(A) \\
\sim(\forall x\, A) & \equiv & \exists x \sim(A) \\
\neg(\forall x\, A) & \equiv & \exists x\, \neg(A)
\end{array}
$$

Beweis: Übungsaufgabe. □

Lemma 2
Sei A eine L^3-Formel, die das starke Negationszeichen $\neg$ nicht enthält. Dann gilt:

A ist eine L^3-Tautologie
gdw.
A ist eine zweiwertige Tautologie.

(Wir nehmen dabei an, daß das im zweiwertigen Fall einzige vorhandene Negationszeichen mit dem schwachen Negationszeichen $\sim$ identifiziert wird).

Beweis:

Trivialerweise ist jede L^3-Tautologie auch eine zweiwertige Tautologie. Für jede L^3-Struktur $\mathbf{M} = \langle M_0, v_{\mathbf{M}} \rangle$ sei $\mathbf{M}_1 = \langle M_0, v_{\mathbf{M}_1} \rangle$, wobei $v_{\mathbf{M}_1}$ mit $v_{\mathbf{M}}$ übereinstimmt mit der Ausnahme, daß für jedes Argument, für welches $v_{\mathbf{M}}$ den Wert u hatte, nun $v_{\mathbf{M}_1}$ den Wert 0 hat. Offensichlich ist A eine zweiwertige Tautologie genau dann, wenn für alle dreiwertigen Strukturen $\mathbf{M}$ gilt: $v_{\mathbf{M}_1}(A) = 1$. Wir behaupten, daß für alle Formeln A und alle dreiwertigen Strukturen $\mathbf{M}$ gilt:

$$v_{\mathbf{M}}(A) = 1 \Rightarrow v_{\mathbf{M}_1}(A) = 1$$
$$v_{\mathbf{M}}(A) = 0 \Rightarrow v_{\mathbf{M}_1}(A) = 0$$
$$v_{\mathbf{M}}(A) = u \Rightarrow v_{\mathbf{M}_1}(A) = 0$$

Diese Behauptung läßt sich leicht durch Induktion über die Komplexität von A beweisen. Aus der Behauptung folgt zunächst:

$$v_{\mathbf{M}}(A) = 1 \Leftrightarrow v_{\mathbf{M}_1}(A) = 1$$

Ist also A eine zweiwertige Tautologie und $\mathbf{M}$ eine beliebige L^3-Struktur,so gilt $v_{\mathbf{M}_1}(A) = 1$ und damit auch $v_{\mathbf{M}}(A) = 1$. □

Die Formel $\neg(A) \vee A$ ist keine L^3-Tautologie. Lemma 2 ist also nicht wahr, wenn wir $\neg$ durch $\sim$ ersetzen.

Als weitere definierte, aussagenlogische Junktoren wollen wir die **starke Implikation**, definiert durch:

$A \rightarrow B$ steht für $\neg A \vee B$,

und die **starke Äquivalenz**

$A \leftrightarrow A$ steht für $(A \rightarrow B) \wedge (B \rightarrow A)$

erwähnen.

Wahrheitstafel für die starke Implikation				
		B		
	A→ B	1	u	0
A	1	1	u	0
	u	1	u	u
	0	1	1	1

Abb. 6

Wahrheitstafel für die starke Aquivalenz			
↔	1	u	0
1	1	u	0
u	u	u	u
0	0	u	1

Abb. 7

Für die aussagenlogische Äquivalenz ergeben sich im dreiwertigen Rahmen besonders viele Varianten. Wir fassen die wichtigsten zusammen.

Definitionen

$$A \supset B \quad = \quad \sim A \vee B$$
$$A \rightarrow B \quad = \quad \neg A \vee B$$
$$A \equiv B \quad = \quad (A \supset B) \wedge (B \supset A)$$
$$A \leftrightarrow B \quad = \quad (A \rightarrow B) \wedge (B \rightarrow A)$$
$$A \approx B \quad = \quad (A \equiv B) \wedge (\neg A \equiv \neg B)$$
$$A \Leftrightarrow B \quad = \quad (A \leftrightarrow B) \wedge (\neg A \leftrightarrow \neg B)$$
$$A \text{ id } B \quad = \quad \sim\sim (A \approx B)$$

Jeder aussagenlogischen L^3-Formel A mit n AL-Variablen läßt sich eine Funktion $f(A) : \{1, u, 0\}^n \longrightarrow \{1, u, 0\}$ zuordnen, wobei für ein Argumenttupel $<w_1,...,w_n>$ der Funktionswert $f(A)(w_1,...,w_n)$ der Wahrheitswert der Formel A ist, wenn die aussagenlogischen Variablen mit den Wahrheitswerten $w_1,...,w_n$ belegt sind.

Aquivalenzen						
A	B	A ≡ B	A↔ B	A ≈ B	A⇔ B	A id B
0	0	1	1	1	1	1
0	u	1	u	u	u	0
0	1	0	0	0	0	0
u	0	1	u	u	u	0
u	u	1	u	1	u	1
u	1	u	u	u	u	0
1	0	0	0	0	0	0
1	u	u	u	u	u	0
1	1	1	1	1	1	1

Abb. 8

Wie Aufgabe 1 zeigt, gibt es nicht zu jeder Funktion g : $\{1, u, 0\}^n \longrightarrow \{1, u, 0\}$ eine aussagenlogische Formel A, so daß f(A) = g. Nach einer geringfügigen Modifikation der Logik L^3 wird diese Aussage jedoch wahr. Die Logik L^{3+} entsteht aus L^3 durch Hinzunahme einer aussagenlogischen Konstanten u, die stets den Wahrheitswert u annimmt.

Lemma 3

Die Logik L^{3+} ist **funktional vollständig**, d.h. für jede natürliche Zahl n und jede Funktion g : $\{1, u, 0\}^n \longrightarrow \{1, u, 0\}$ gibt es eine aussagenlogische Fml^{3+}-Formel A, so daß f(A) = g.

Beweis:

Sei g : $\{1, u, 0\}^n \longrightarrow \{1, u, 0\}$ gegeben. Die Konstruktion der gesuchten aussagenlogischen Formel A geschieht durch Induktion über n. Der Induktionsanfang n = 0 ist trivial. Hierbei wird die Existenz der aussagenlogischen Konstanten u benutzt. Im Induktionsschritt von n-1 nach n gibt es nach Induktionsvoraussetzung L^{3+}-Formeln A_0, A_u und A_1 mit:

$$f(A_0)(w_1,\ldots,w_{n-1}) = g(w_1,\ldots,w_{n-1},0)$$
$$f(A_u)(w_1,\ldots,w_{n-1}) = g(w_1,\ldots,w_{n-1},u)$$
$$f(A_1)(w_1,\ldots,w_{n-1}) = g(w_1,\ldots,w_{n-1},1)$$

Seien $x_1,\ldots,x_{n-1}$ die Aussagenvariablen in A_0, A_u, A_1 und x_n eine neue Aussagenvariable. Wir benötigen die folgenden aussagenlogischen Hilfsformeln:

$$H_0 = \sim\sim\neg x_n$$
$$H_u = \sim x_n \wedge \sim\neg x_n$$
$$H_1 = \sim\sim x_n$$

Setzt man jetzt

$$A = (A_0 \wedge H_0) \vee (A_u \wedge H_u) \vee (A_1 \wedge H_1),$$

so erhält man $f(A) = g$. Die Bedeutung der Hilfsformeln wird durch folgende Wahrheitstabelle ersichtlich.

Wahrheitstafel für die Hilfsformeln H_1, H_u, H_0			
X_n	H_1	H_u	H_0
1	1	0	0
u	0	1	0
0	0	0	1

Abb. 9

□

Als letzten Punkt in diesem Abschnitt wollen wir eine Methode angeben, die es erlaubt, L^3-Formeln auf zweiwertige Formeln zu reduzieren. Als Vorbereitung benötigen wir den Begriff der starken Negationsnormalform und das folgende Lemma.

Eine L^3-Formel A heißt eine **starke Negationsnormalform**, wenn in A das starke Negationszeichen $\neg$ höchstens vor atomaren Formeln vorkommt. Das schwache Negationszeichen unterliegt keiner Einschränkung.

Lemma 4
Zu jeder L^3-Formel A gibt es eine L^3-Formel A' in Negationsnormalform, so daß $A \equiv A'$ allgemeingültig ist.

Beweis:
Die gesuchte Formel A' wird induktiv durch die folgenden Regeln aufgebaut:

A'	=	A, falls A atomar ist
$(\neg A)'$	=	$\neg A$, falls A atomar ist
$(\neg\neg A)'$	=	A'
$(\neg\sim A)'$	=	A'
$(\neg(A \wedge B))'$	=	$(\neg A)' \wedge (\neg B)'$
$(\neg(A \vee B))'$	=	$(\neg A)' \vee (\neg B)'$
$(\neg(\forall x\, A))'$	=	$\exists x\, (\neg A)'$
$(\neg(\exists x\, A))'$	=	$\forall x\, (\neg A)'$
$(A \wedge B)'$	=	$A' \wedge B'$
$(A \vee B)'$	=	$A' \vee B'$
$(\forall x\, A)'$	=	$\forall x\, A'$
$(\exists x\, A)'$	=	$\exists x\, A'$
$(\sim A)'$	=	$\sim A'$

Die Transformation von L^3-Formeln in zweiwertige L-Formeln ist nur möglich auf Kosten einer Änderung des Vokabulars, genauer wird nämlich eine L^3-Formel A über dem Vokabular V transformiert in eine L-Formel A_0 über einem Vokabular V_0. Die Konstanten- und Funktionszeichen sind dieselben in V und V_0. Ist p ein n-stelliges Prädikatszeichen in V, so gibt es in V_0 statt dessen zwei n-stellige Prädikatszeichen p_+ und p_-.

Definition
Ist A eine Formel in $Fml^3(V)$, so wird die Formel A_0 in $Fml(V_0)$ erhalten, indem man A zuerst nach den Regeln aus Lemma 4 in eine schwach äquivalente starke Negationsnormalform A' umformt. Anschließend ersetzt man jede Teilformel der Form $\neg p(t_1,...,t_n)$ in A' durch $p_-(t_1,...,t_n)$ und jede nicht stark negiert vorkommende, atomare Teilformel $p(t_1,...,t_n)$ in A' durch $p_+(t_1,...,t_n)$. In A_0 kommt das starke Negationszeichen $\neg$ nicht mehr vor. Identifizieren wir das in A_0 eventuell vorkommende schwache Negationszeichen $\sim$ mit dem einzigen Negationszeichen in der zweiwertigen Sprache L, so liegt A_0 in $Fml(V_0)$.

Beispiel

$$(p(x) \leftrightarrow q(x))_0 = (p_-(x) \vee q_+(x)) \wedge (p_+(x) \vee q_-(x))$$

Analog zur Transformation von Formeln lassen sich auch L^3-Strukturen **M** über V in zweiwertige Strukturen $\mathbf{M}_0$ über dem Vokabular V_0 transformieren. Die Interpretation der Konstanten- und Funktionszeichen ist dieselbe in $\mathbf{M}$ und $\mathbf{M}_0$. Ist p ein n-stelliges Prädikatszeichen in V, so setzen wir:

$$\mathbf{M}_0 \models p_+(m_1,...,m_n) \quad \text{gdw.} \quad v_\mathbf{M}(p(m_1,...,m_n)) = 1$$
$$\mathbf{M}_0 \models p_-(m_1,...,m_n) \quad \text{gdw.} \quad v_\mathbf{M}(p(m_1,...,m_n)) = 0$$

Lemma 5
Für jede L^3-Struktur $\mathbf{M}$ über V, jede Formel $A(x_1,...,x_k)$ aus $Fml^3(V)$ mit den freien Variablen $x_1,...,x_k$ und jedes k-Tupel $m_1,...,m_k$ von Elementen aus $\mathbf{M}$ gilt:

$$v_\mathbf{M}(A(m_1,...,m_k)) = 1 \quad \text{gdw.} \quad \mathbf{M}_0 \models A_0(m_1,...,m_k)$$

Beweis:
Man kann zunächst ohne Einbuße an Allgemeinheit annehmen, daß A eine starke Negationsnormalform ist. Der Beweis wird dann durch einfache Induktion über die Komplexität von A geführt. □

Die Abbildung von L^3-Strukturen über V in L-Strukturen über V_0 ist nicht surjektiv, d.h. es gibt L-Strukturen $\mathbf{N}$ über dem Vokabular V_0, so daß für keine L^3-Struktur $\mathbf{M}$ über V die Gleichheit $\mathbf{N} = \mathbf{M}_0$ gilt. Den genauen Sachverhalt beschreibt Lemma 6:

Lemma 6
Zu einer zweiwertigen Struktur $\mathbf{N}$ über dem Vokabular V_0 gibt es eine L^3-Struktur $\mathbf{M}$ über V mit $\mathbf{M}_0 = \mathbf{N}$ genau dann, wenn für jedes n-stellige Prädikatszeichen $p \in V$

$$\mathbf{N} \models \forall x_1 ... \forall x_n \sim(p_+(x_1,...,x_n) \wedge p_-(x_1,...,x_n))$$

gilt.

Beweis: Einfach. □

Satz 7
Sei Σ eine Menge von $Fml^3(V)$-Formeln und A eine einzelne $Fml^3(V)$-Formel, sei weiter $\Sigma_0 = \{B_0' : B \in \Sigma\}$ und T die Menge aller Formeln der Form

$$\forall x_1 ... \forall x_n \sim(p_+(x_1,...,x_n) \wedge p_-(x_1,...,x_n))$$

für jedes n und jedes n-stellige Prädikatszeichen $p \in V$. Dann gilt:

1. $\Sigma \vdash_3 A$ gdw. $\Sigma_0 \cup T \vdash A_0$

Insbesondere gilt also:

2. A ist eine (dreiwertige) Tautologie gdw. $T \vdash A_0$.

Beweis:
Gelte zunächst $\Sigma \vdash_3 A$. Zu jedem V_0-Modell von $\Sigma_0 \cup T$ gibt es nach Lemma 6 eine dreiwertige V-Struktur **M** mit $\mathbf{M}_0 = \mathbf{N}$. Nach Lemma 5 gilt $v_{\mathbf{M}}(B) = 1$ für alle $B \in \Sigma$, woraus nach Voraussetzung $v_{\mathbf{M}}(A) = 1$ folgt. Lemma 5 liefert jetzt wieder $\mathbf{M}_0 \models A$, i.e. $\mathbf{N} \models A$. Damit ist $\Sigma_0 \cup T \vdash A$ gezeigt.

Gelte jetzt umgekehrt $\Sigma_0 \cup T \vdash A$. Ist **M** eine dreiwertige V-Struktur, so daß $v_{\mathbf{M}}(B) = 1$ für alle $B \in \Sigma$, so gilt nach Lemma 5 $\mathbf{M}_0 \models \Sigma$. Nach Voraussetzung haben wir dann auch $\mathbf{M}_0 \models A$, woraus wieder mit Lemma 5 $v_{\mathbf{M}}(A) = 1$ folgt. Insgesamt ist damit $\Sigma \vdash_3 A$ gezeigt. □

9.2 Dreiwertige Vervollständigung

Das in diesem Unterkapitel dargestellte Material stammt im wesentlichen aus den beiden Arbeiten [Fitting 1985] und [Kunen 1987].

Wir betrachten von nun an die Klauseln eines allgemeinen PROLOG-Programms P als Formeln der dreiwertigen Logik L^3; dabei sollen $\wedge$ und $\vee$ durch die Wahrheitstafeln des vorangegangenen Abschnitts gegeben sein, $\neg$ die starke Negation und $\leftarrow$ die schwache Implikation sein.

Die dreiwertige Vervollständigung **comp³(P)** wird vollkommen analog zur Vervollständigung comp(P) gebildet mit der wichtigen Präzisierung, daß die dabei neu eingeführte Äquivalenz die Relation $\approx$ sein soll. Diese Wahl ist insofern etwas willkürlich, als jede andere Relation R möglich wäre, für welche v(A R B) genau dann den Wert 1 hat, wenn v(A) = v(B) gilt. Wir verlangen weiterhin, daß die Gleichheitsrelation, die ja in den Formeln von comp(P) auftaucht, in allen Strukturen **N** für L^3 stets zweiwertig interpretiert wird, d.h. für variablenfreie Terme t_1, t_2 in $V_{\mathbf{N}}$ nimmt $v_{\mathbf{N}}(t_1 \equiv t_2)$ nie den Wert u an.

Als nächstes führen wir als Analogon zum unmittelbaren Konsequenz-Operator $T^{\mathbf{M}}{}_P$ den Operator Φ_P ein. Eine wichtige Eigenschaft des unmittelbaren Konsequenz-Operators $T^{\mathbf{M}}{}_P$ für eine Prästruktur **M** zum Vokabular $V_{\mathbf{M}}$ bestand darin, daß es möglich war, ausgehend von einem Fixpunkt I von $T^{\mathbf{M}}{}_P$ eine $V_{\mathbf{M}}$-Struktur zu definieren. Das war einfach. Die Menge I besteht ja aus variablenfreien, atomaren $V_{\mathbf{M}}$-Formeln. Die Prästruktur **M** kann daher zu einer Struktur ergänzt werden, indem genau diejenigen variablenfreien, atomaren Formeln als wahr interpretiert werden, die in I liegen. Im dreiwertigen Fall genügt die Angabe der wahren variablenfreien atomaren Formeln nicht, es muß zusätzlich noch die Menge der falschen variablenfreien atomaren Formeln fixiert werden. Eine Möglichkeit bestünde nun darin, den Operator Φ_P auf der Menge aller Paare $<I_1,I_0>$ von V_M-Formelmengen zu definieren, wobei I_1 und I_0 disjunkt sind und als die wahren bzw. falschen variablenfreien atomaren Formeln gedeutet werden. Wir wollen statt dessen Φ_P gleich auf Strukturen operieren lassen. Ist **M** eine $L^3(V_M)$-Struktur, so ist $\Phi_P(\mathbf{M})$ wieder eine $L^3(V_M)$-Struktur, mit demselben Universum wie **M** und unveränderter Interpretation der Konstanten- und Funktionszeichen. Die Interpretation der Relationszeichen in $\mathbf{N} = \Phi_P(\mathbf{M})$ ist dabei wie folgt definiert:

Sei $A(t_1,...,t_n)$ eine variablenfreie atomare V_M-Formel, dann gilt:

1. $v_N(A(\mathbf{t})) = 1$, wenn es eine Klausel $A(s_1,...,s_n) \leftarrow B$ in P und eine Belegung σ der Variablen in $A(\mathbf{s})$ und B mit Elementen aus **M** gibt, so daß $t_1 = \sigma(s_1),...,t_n = \sigma(s_n)$ gilt und $v_M(\sigma(B)) = 1$ ist.
2. $v_N(A(\mathbf{t})) = 0$, wenn für alle Klauseln $A(s_1,...,s_n) \leftarrow B$ in P und alle Belegungen σ der Variablen in $A(\mathbf{s})$ und B mit Elementen aus **M** mit $t_1 = \sigma(s_1),...,t_n = \sigma(s_n)$ $v_M(\sigma(B)) = 0$ gilt.
3. $v_N(A(\mathbf{t})) = u$ in allen anderen Fällen.

Kommt die rumpflose Klausel $p(t_1,...,t_n)$ in P vor, so gilt für alle Belegungen σ der Variablen in $p(\mathbf{t})$ mit Elementen aus **M** für $\mathbf{N} = \Phi_P(\mathbf{M})$ die Wahrheitswertfestsetzung $v_N(\sigma(p(\mathbf{t}))) = 1$. Kommt dagegen das Relationszeichen $q(x_1,...,x_n)$ nie im Kopf einer Klausel in P vor, so folgt aus der obigen Definition für alle Elementtupel $m_1,...,m_n$ aus **M** die Wahrheitswertbeziehung $v_N(q(\mathbf{m})) = 0$.

Durch die iterierte Anwendung von Φ_P erhält man die folgende Hierarchie von Operatoren:

$$\Phi^1{}_P(N) = \Phi_P(N)$$
$$\Phi^{n+1}{}_P(N) = \Phi_P(\Phi^n{}_P(N))$$
$$\Phi^\alpha{}_P(N) = \lim\{\Phi^\gamma{}_P(N) : \gamma < \alpha\} \text{ für Limeszahlen } \alpha.$$

Der Limes $M = \lim\{\mathbf{M}_\gamma : \gamma < \alpha\}$ einer Folge von L^3-Strukturen $\mathbf{M}_\gamma$, wobei alle $\mathbf{M}_\gamma$ dieselbe Prästruktur M' besitzen, ist diejenige Struktur, die ebenfalls die allen $\mathbf{M}_\gamma$ gemeinsame Prästruktur M' besitzt und bei der für jede variablenfreie, atomare Formel A gilt:

$v_M(A) = 1$ falls ein $\gamma < \alpha$ existiert, so daß für alle δ, $\gamma \le \delta < \alpha$, $v_{M_\delta}(A) = 1$ gilt

$v_M(A) = 0$ falls ein $\gamma < \alpha$ existiert, so daß für alle δ, $\gamma \le \delta < \alpha$, $v_{M_\delta}(A) = 0$ gilt

$v_M(A) = u$ sonst:

Sei **H** die dreiwertige Struktur, deren Prästruktur die allen Herbrand-Strukturen gemeinsame ist und für welche $v_{\mathbf{H}}(A) = u$ für alle variablenfreien, atomaren Formeln gilt. Die folgende Hierarchie wird von besonderem Interesse sein, so daß eine spezielle Notation angebracht ist:

$$\Phi^0{}_P = \emptyset$$
$$\Phi^\alpha{}_P = \Phi^\alpha{}_P(\mathbf{H}).$$

Mag die Analogie zum Operator $T^M{}_P$ zunächst Motivation genug sein für die Einführung des Operators Φ_P, so zeigt das folgende Lemma den durch den Übergang zur dreiwertigen Logik erreichten engeren Zusammenhang zwischen Φ_P und NF-Beweissuchbäumen.

Lemma 9

Sei $D = P \cup \{\neg G\}$ eine verallgemeinerte Prolog-Situation, wobei G variablenfrei ist und R eine faire Auswahlregel. Dann gilt:

1.

Es gibt ein n, so daß $v(\Phi^n{}_P,G) = 1$

gdw.

der R-NF-Beweissuchbaum über D ist erfolgreich.

2.

Es gibt ein n, so daß $v(\Phi^n{}_P,G) = 0$

gdw.

der R-NF-Beweissuchbaum über D ist im Endlichen erfolglos.

Beweis:

Wir beweisen zunächst die Implikation von links nach rechts für 1. und 2. simultan durch Induktion nach n.

Im Induktionsanfang n=1 zeigen wir die Implikatonen aus 1. und 2. zuerst für atomares variablenfreies G, dann weisen wir beide Implikationen für negative Literale G nach und anschließend für beliebige Konjunktionen von Literalen. Dasselbe Vorgehen wird danach im Induktionsschritt eingesetzt werden.

a) n=1, G atomar:

Nach Definition gilt $v(\Phi^1{}_P,G) = 1$ genau dann, wenn es eine Substitution σ und eine atomare Formel A in P gibt, so daß $\sigma(A) = G$. Der R-NF-Beweissuchbaum über D besitzt somit einen erfolgreichen Pfad der Länge 2.

Gilt $v(\Phi^1{}_P,G) = 0$, so gibt es keine Klausel in P, deren Kopf sich mit G unifizieren läßt. Der R-NF-Beweissuchbaum über D besteht also aus einem einzigen Knoten und ist im Endlichen erfolglos.

b) n=1,G ein negatives Literal, $G = \neg G_0$:
Es gilt $v(\Phi^1{}_P,G) = 1$ genau dann, wenn $v(\Phi^1{}_P,G_0) = 0$. Nach dem eben Bewiesenen ist der R-NF-Beweissuchbaum über $P\cup\{\neg G_0\}$ im Endlichen erfolglos und somit der R-NF-Beweissuchbaum über $P\cup\{\neg\neg G_0\}$ erfolgreich.
Analog wird der Fall $v(\Phi^1{}_P,G) = 0$ behandelt.

c) n=1, G eine Konjunktion beliebiger Literale der Länge k:
Wir haben als Voraussetzung, daß die Behauptung für Konjunktionen der Länge kleiner als k schon bewiesen ist.
Sei $G = L \wedge K$, wobei L ein Literal und K eine Konjunktion von Literalen ist. Aus $v(\Phi^1{}_P,G) = 1$ folgt $v(\Phi^1{}_P,L) = v(\Phi^1{}_P,K) = 1$. Wir wissen also bereits, daß die R-NF-Beweissuchbäume über $P\cup\{\neg L\}$ und $P\cup\{\neg K\}$ erfolgreich sind. Dann ist aber auch der R-NF-Beweissuchbaum über $P\cup\{\neg(L \wedge K)\}$ erfolgreich, da L und K variablenfrei sind.
Aus $v(\Phi^1{}_P,L\wedge K) = 0$ folgt nur, daß $v(\Phi^1{}_P,L) = 0$ oder $v(\Phi^1{}_P,K) = 0$ gelten muß. Der R-NF-Beweissuchbaum über $P\cup\{\neg L\}$ oder der R-NF-Beweissuchbaum über $P\cup\{\neg K\}$ ist somit im Endlichen erfolglos. Da R eine faire Auswahlregel ist, ist auch der R-NF-Beweissuchbaum über $P\cup\{\neg(L \wedge K)\}$ im Endlichen erfolglos.

d) Induktionsschritt, G atomar:
Gilt $v(\Phi^{n+1}{}_P,G) = 1$, so gibt es nach Definition eine Klausel $A \leftarrow K$ in P und eine Substitution σ, so daß $\sigma(A) = G$ und $v(\Phi^n{}_P,\sigma(K)) = 1$. Nach Induktionsvoraussetzung ist der R-NF-Beweissuchbaum über $P\cup\{\neg\sigma(K)\}$ erfolgreich. Da der R-NF-Beweissuchbaum über $P\cup\{\neg G\}$ einen Pfad enthält, dessen zweiter Knoten mit $\neg\sigma(K)$ markiert ist, ist auch dieser R-NF-Beweissuchbaum erfolgreich.
Gilt $v(\Phi^{n+1}{}_P,G) = 0$, so gilt für alle Klauseln $A \leftarrow K$ in P, für die eine Substitution σ mit $\sigma(A) = G$ existiert, $v(\Phi^n{}_P,\sigma(K)) = 0$. Nach Induktionsvoraussetzung sind die R-NF-Beweissuchbäume über $P\cup\{\neg\sigma(K)\}$ für alle dabei vorkommenden σ und K im Endlichen erfolglos. Die Menge all dieser $\neg\sigma(K)$ ist aber gerade die Menge der Markierungen aller Nachfolgerknoten des Wurzelknotens im R-NF-Beweissuchbaum über $P\cup\{\neg G\}$. Also ist dieser Baum ebenfalls im Endlichen erfolglos.
Die Erweiterung auf beliebige verallgemeinerte Ziele G verläuft wörtlich wie im Fall n=1.
Die Implikationen in die umgekehrte Richtung werden wieder für beide Teilbehauptungen simultan beweisen, und zwar durch Induktion über die Anzahl der Knoten im totalen R-NF-Beweissuchbaum wie im Beweis von Satz 8.5. Die Routinedetails wollen wir dem Leser überlasssen. □

In Analogie zur Charakterisierung der Fixpunkte des Operators $T^M{}_P$ (Satz 8.10) gilt im dreiwertigen Fall:

Satz 10
Sei **M** eine L^3-Struktur, so daß M $\models$CET. Dann gilt:

$$M \models \text{comp}^3(P)$$
gdw.
$$\Phi_P(\mathbf{M}) = \mathbf{M}.$$

Beweis:
Wir nehmen zunächst an, daß $\Phi_P(\mathbf{M}) = \mathbf{M}$ gilt. Die Formeln in $\text{comp}^3(P)$, die nicht zu CET gehören, haben die Form

$$\forall\, \mathbf{x}\, (A(\mathbf{x}) \approx E_1(\mathbf{x}) \vee ... \vee\; E_k(\mathbf{x}))$$

wobei

$$\mathbf{x} = x_1, ... ,x_k$$

und

$$E_i(\mathbf{x}) = \exists \mathbf{y}(x_1{=}t_{i,1} \wedge ... \wedge\; x_k{=}t_{i,k} \wedge B_i(\mathbf{x}))$$

wobei die Klausel $A(t_{i,1},...,t_{i,k}) \leftarrow B_i$ in P liegt und **y** die Folge aller Variablen in dieser Klausel ist.
Für jedes k-Tupel **m** aus M ist somit zu zeigen:

$$v_{\mathbf{M}}(A(\mathbf{m})) = 1 \quad \text{gdw.} \quad v_{\mathbf{M}}(E_1(\mathbf{x}) \vee ... \vee\; E_k(\mathbf{x})) = 1$$
$$v_{\mathbf{M}}(A(\mathbf{m})) = 0 \quad \text{gdw.} \quad v_{\mathbf{M}}(E_1(\mathbf{x}) \vee ... \vee\; E_k(\mathbf{x})) = 0$$
$$v_{\mathbf{M}}(A(\mathbf{m})) = u \quad \text{gdw.} \quad v_{\mathbf{M}}(E_1(\mathbf{x}) \vee ... \vee\; E_k(\mathbf{x})) = u$$

Es genügt die beiden ersten Äquivalenzen zu beweisen, die dritte ist dann automatisch erfüllt.

Gilt $v_{\mathbf{M}}(A(\mathbf{m})) = 1$, so muß wegen $\mathbf{M} = \Phi_P(\mathbf{M})$ nach Definition von Φ_P ein i existieren und eine Belegung σ der Variablen **y**, so daß

$$\sigma(t_{i,j}) = m_j \qquad \text{für } 1 \le j \le k \text{ und } v_{\mathbf{M}}(\sigma(B_i)) = 1$$

d. h.

$$v_{\mathbf{M}}(\exists \mathbf{y}(m_1{=}t_{i,1} \wedge ... \wedge\; m_k{=}t_{i,k} \wedge B_i(\mathbf{y})) = 1$$

und somit auch

$$v_{\mathbf{M}}(E_1(\mathbf{m}) \vee ... \vee\; E_i(\mathbf{m}) \vee ... \vee\; E_k(\mathbf{m})) = 1.$$

Gilt $v_{\mathbf{M}}(A(\mathbf{m})) = 0$, so folgt aus denselben Gründen für alle i und alle Belegungen σ mit $\sigma(t_{i,j}) = m_j$ für $1 \le j \le k$

$$v_{\mathbf{M}}(\sigma(B_i)) = 0$$

was für alle i

$$v_{\mathbf{M}}(\exists \mathbf{y}(m_1 = t_{i,1} \wedge ... \wedge\; m_k = t_{i,k} \wedge B_i(\mathbf{y})) = 0$$

zur Folge hat, i. e.

$$v_M(E_i(\mathbf{m})) = 0.$$

Insgesamt erhalten wir

$$v_M(E_1(\mathbf{m}) \vee \ldots \vee\ E_k(\mathbf{m})) = 0.$$

Gelte jetzt umgekehrt

$$v_M(E_1(\mathbf{m}) \vee \ldots \vee\ E_k(\mathbf{m})) = 1.$$

Dazu muß für ein i

$$v_M(E_i(\mathbf{m})) = 1$$

gelten, d. h. es gibt eine Belegung σ der Variablen $\mathbf{y}$ mit Elementen aus M, so daß

$$m_j = \sigma(t_{i,j}) \quad \text{für alle j, } 1 \leq j \leq k$$

und

$$v_M(\sigma(B_i)) = 1.$$

Nach Definition von $\mathbf{N} = \Phi_P(\mathbf{M})$ folgt

$$v_N(A(\mathbf{m})) = 1$$

und aus der Annahme $\mathbf{N} = \mathbf{M}$ folgt die gewünschte Aussage.

Ganz analog folgt aus der Annahme

$$v_M(E_1(\mathbf{m}) \vee \ldots \vee\ E_k(\mathbf{m})) = 0$$

die Beziehung $v_M(A(\mathbf{m})) = 0$, was wir nicht mehr im einzelnen ausführen wollen.

Wir kommen jetzt zum zweiten Teil des Beweises, in dem wir

$$M \models comp^3(P)$$

voraussetzen.
Sei $\mathbf{N} = \Phi_P(\mathbf{M})$. Wir zeigen für jede atomare Formel $A(x_1,\ldots,x_k)$ und jedes k-Tupel $\mathbf{m}$ von Elementen aus M

$$v_N(A(\mathbf{m})) = 1 \text{ gdw. } v_M(A(\mathbf{m})) = 1$$

und

$$v_N(A(\mathbf{m})) = 0 \text{ gdw. } v_M(A(\mathbf{m})) = 0,$$

was offensichtlich $\mathbf{N} = \mathbf{M}$ zur Folge hat.

Da die Argumentationsschritte zum Beweis dieser beiden Äquivalenzen mit den Schritten in der ersten Hälfte des Beweises fast identisch sind, nur in umgekehrte Reihenfolge angebracht werden, gehen wir hier weniger detailiert vor.

Aus $v_N(A(\mathbf{m})) = 1$ folgt nach Definition von $\Phi_P(M)$ für ein i $v_M(E_i(\mathbf{m})) = 1$, was wegen $M \models comp^3(P)$ nun $v_M(A(\mathbf{m})) = 1$ zur Folge hat.
Aus $v_N(A(\mathbf{m})) = 0$ folgt aus demselben Grund $v_M(E_i(\mathbf{m})) = 0$ für alle i und weiter auch $v_M(A(\mathbf{m})) = 0$.

Gilt umgekehrt $v_M(A(\mathbf{m})) = 1$, dann muß wegen $M \models comp^3(P)$ für mindestens ein i $v_M(E_i(\mathbf{m})) = 1$ gelten, was nach Definition von $\Phi_P(\mathbf{M})$ unmittelbar $v_M(A(\mathbf{m})) = 1$ impliziert.
Aus $v_M(A(\mathbf{m})) = 0$ erhalten wir für alle i $v_M(E_i(\mathbf{m})) = 0$ und weiter $v_N(A(\mathbf{m})) = 0$. □

Aufgrund der in Kapitel 1 geleisteten Vorarbeit können wir die Frage nach der Existenz von Fixpunkten für Φ_P jetzt rasch beantworten.

Der Definitionsbereich von $T^M{}_P$ war durch die mengentheoretische Inklusion in natürlicher Weise geordnet. Auf dem Definitionsbereich von Φ_P, das ist die Menge aller V_M-Strukturen mit derselben Prästruktur wie **M**, definieren wir die Relation ≤ wie folgt:

$$\mathbf{M}_1 \leq \mathbf{M}_2$$

gdw.

für jede atomare, variablenfreie V_M-Formel A gilt:

wenn $v_{M_1}(A) = 1$, dann $v_{M_2}(A) = 1$,

wenn $v_{M_1}(A) = 0$, dann $v_{M_2}(A) = 0$.

Satz 11

P sei ein allgemeines PROLOG-Programm.

1. Sei M eine Prästruktur, Mod die Menge aller L^3-Strukturen mit Prästruktur M, dann ist (Mod, ≤) ein vollständiger Durchschnittshalbverband.
2. Φ_P ist eine monotone Abbildung auf (Mod, ≤).
3. Gilt für eine L^3-Struktur N $N \leq \Phi_P(N)$, dann gibt es einen Fixpunkt N_F von Φ_P mit $N \leq N_F$.

Bemerkung: Für die L^3-Herbrandstruktur H, die allen variablenfreien atomaren Formeln den Wahrheitswert u zuordnet, gilt stets $H \leq \Phi_P(H)$.

Beweis:

1. Aufgabe 3.
2. Einfaches Nachrechnen.
3. Folgt aus Teil 1 und 2 mit Korollar 1.2. □

Ein wesentlicher Unterschied zwischen den Operatoren T_P und Φ_P besteht darin, daß T_P stetig ist, aber Φ_P nicht.

Beispiel ([Fitting, 1985] p. 309)

P:

$$p(a) \leftarrow p(x) \wedge q(x)$$
$$p(s(x)) \leftarrow p(x)$$
$$q(b)$$
$$q(s(x)) \leftarrow q(x)$$

Sei $\mathbf{N_0}$ die L^3-Struktur, deren Universum N das Herbranduniversum für das Vokabular {a,b,s(x)} ist und $v_{N_0}(\varphi) = u$ für jede variablenfreie atomare Formel φ.

Man rechnet nach, daß für $\Phi^\alpha{}_P = (N, v_\alpha)$ gilt; für die nicht erwähnten variablenfreien atomaren Formeln φ gilt jeweils $v_i(\varphi) = u$.

$v_1(q(b))$	=	1	
$v_1(q(a))$	=	0	
$v_1(p(b))$	=	0	
$v_2(q(b))$	=	1	
$v_2(q(s(b)))$	=	1	
$v_2(q(a))$	=	0	
$v_2(q(s(a)))$	=	0	
$v_2(p(b))$	=	0	
$v_2(p(s(b)))$	=	0	
	:		
	:		
$v_\omega(q(s^k(b)))$	=	1	für alle $k < \omega$
$v_\omega(q(s^k(a)))$	=	0	für alle $k < \omega$
$v_\omega(p(s^k(b)))$	=	0	für alle $k < \omega$

$v_{\omega+1}$ wie v_ω aber zusätzlich $v_{\omega+1}(p(a)) = 0$

Somit ist $\Phi^{\omega+1}{}_P = \Phi_P(\Phi^\omega{}_P) = \Phi_P(\cup_k \Phi^k{}_P) \neq \cup_k \Phi_P(\Phi^k{}_P) = \cup_k \Phi^{k+1}{}_P = \Phi^\omega{}_P$ ein Beleg für die Unstetigkeit von Φ_P.

Im vorliegenden Beispiel ist $\Phi^{\omega+\omega}{}_P$ ein Fixpunkt von Φ_P.

Eine approximierende Berechnung des kleinsten Fixpunktes von Φ_P, wie sie nach Aufgabe 8.6 für den kleinsten Fixpunkt von T_p existiert, gibt es somit nicht mehr. Die Konsequenz daraus ist, daß für $comp_3(P)$ die Fixpunktsemantik, sobald man an implementierbare Systeme denkt, an Bedeutung verliert.

Berechenbar sind natürlich die ersten ω-Stufen in der Fixpunktkonstruktion von H: $\Phi^0{}_P, \Phi^1{}_P, \ldots, \Phi^n{}_P, \ldots$. Die erstaunliche Beobachtung von K. Kunen liegt nun darin, daß eine Beschränkung auf dieses berechenbare Anfangsstück der Fixpunktkonstruktion nicht eine ad-hoc- oder Verlegenheitslösung ist, sondern einer einfachen modelltheoretischen Semantik entspricht. Das ist der Inhalt des folgenden Satzes.

Satz 12
Sei $D = P \cup \{\neg G\}$ eine verallgemeinerte Prolog-Situation. Dann gilt:

$$\mathrm{comp}^3(P) \vdash_3 \exists x\, G$$

gdw.

es gibt ein n, so daß $v(\Phi^n{}_P, \exists x\, G) = 1$.

Beweis:
Die Implikation von unten nach oben wird durch Induktion über n geführt und kann dem in solchen Argumenten erfahrenen Leser überlassen werden.
Der Beweis der umgekehrten Implikation benutzt die im Exkurs über saturierte Strukturen erklärten Hilfsmittel. Wir werden ein einziges dreiwertiges Modell **N** von $\mathrm{comp}^3(P)$ konstruieren, das für jede geschlossene L^3-Formel A die Eigenschaft hat:

(1) $v_N(A) = 1$ gdw. es gibt ein n, so daß $v(\Phi^n{}_P, A) = 1$.

Wir benötigen für den Beweis des Satzes die Eigenschaft (1) nur für existentiell quantifizierte Konjunktionen von Literalen. Die Konstruktion von **N** würde jedoch durch diese Einschränkung um nichts einfacher. Aus $\mathrm{comp}^3(P) \vdash_3 \exists x\, G$ folgt insbesondere $v_N(\exists x\, G) = 1$ und (1) liefert die gewünschte Konklusion.
Kommen wir jetzt zur Konstruktion von **N**:
Wir beginnen mit der Folge dreiwertiger Strukturen $\mathbf{M}_n = \Phi^n{}_P$. Alle $\mathbf{M}_n$ haben dasselbe Universum, das Herbranduniversum, und außerdem gilt die Kohärenzeigenschaft:
(2) Sei A eine variablenfreie L^3-Formel.
Gilt $v(\mathbf{M}_n, A) = 1$ (oder $v(\mathbf{M}_n, A) = 0$), dann gilt auch für alle $m \geq n$
$v(\mathbf{M}_m, A) = 1$ (bzw. $v(\mathbf{M}_m, A) = 0$).

Man beweist (2) zunächst für atomare variablenfreie Formeln durch Induktion nach n und anschließend durch Induktion nach dem Formelaufbau für beliebige variablenfreie L^3-Formeln.
Der nächste Schritt besteht im Übergang zu saturierten Strukturen. Es genügt nicht, zu jedem $\mathbf{M}_n$ eine saturierte elementare Erweiterung zu betrachten. Es ist vielmehr

nötig, eine saturierte Struktur zu finden, die alle $\mathbf{M}_n$ gemeinsam umfaßt. Das geschieht so: War V das ursprünglich gegebene Vokabular, so werde für jedes n ein Vokabular V_n hergestellt, indem jedes syntaktische Zeichen in V mit einem Superskript n versehen wird; war z. B. R ein dreistelliges Relationszeichen in V, so enthält jedes V_n ein dreistelliges Relationszeichen R^n. Insbesondere sind die V_n paarweise disjunkte Mengen. Das Vokabular V^* sei die Vereinigung aller V_n. Die Struktur $\mathbf{M}^*$ zum Vokabular V^* habe dasselbe Universum wie alle $\mathbf{M}_n$ und die syntaktischen Zeichen aus V_n werden in $\mathbf{M}^*$ so interpretiert, wie die Zeichen ohne Superskript in $\mathbf{M}_n$ interpretiert worden waren. Ist A eine variablenfreie L^3-Formel, so sei A^n die $L^3(V^*)$-Formel, die dadurch entsteht, daß alle Relations- und Funktionszeichen in A mit dem Superskript n versehen werden. Nach Definition gilt dann für jeden Wahrheitswert w:

(3) $$v(\mathbf{M}_n,A) = w \text{ gdw. } v(\mathbf{M}^*,A^n) = w.$$

Sie jetzt $\mathbf{N}^*$ eine saturierte, elementare Erweiterung von $\mathbf{M}^*$. Für jedes n definieren wir Strukturen $\mathbf{N}_n$ mit demselben Universum wie $\mathbf{N}^*$ durch

(4) $$v(\mathbf{N}_n,A) = w \text{ gdw. } v(\mathbf{N}^*,A^n) = w.$$

Da $\mathbf{N}^*$ eine elementare Erweiterung von $\mathbf{M}^*$ ist, ist auch die Folge der $\mathbf{N}_n$ kohärent, d. h. für jede variablenfreie L^3-Formel A gilt:

(5) $$\text{Wenn } v(\mathbf{N}_n,A) = 1 \text{ (oder } v(\mathbf{N}_n,A) = 0), \text{ dann gilt für alle } m \geq n \;\; v(\mathbf{N}_m,A) = 1 \text{ (bzw. } v(\mathbf{N}_m,A) = 0).$$

Die Eigenschaft (5) erlaubt es im folgenden Sinne, die Limesstruktur **N** der Folge $\mathbf{N}_n$ zu konstruieren. **N** hat dasselbe Universum wie alle n, und für jede atomare Formel A setzen wir:

(6) $$v(\mathbf{N},A) = 1 \text{ gdw. es gibt ein } n_0, \text{ so daß für alle } n \geq n_0 \; v(\mathbf{N}_n,A) = 1.$$
$$v(\mathbf{N},A) = 0 \text{ gdw. es gibt ein } n_0, \text{ so daß für alle } n \geq n_0 \; v(\mathbf{N}_n,A) = 0.$$

Eine Konsequenz aus dieser Definition und der Kohärenz von $\mathbf{N}_n$ ist, daß $v(\mathbf{N},A) =$ u genau dann gilt, wenn es ein n_0 gibt, so daß für alle $n \geq n_0$ $v(\mathbf{N}_n,A) = u$ gilt. Der entscheidende Schritt im vorliegenden Beweis ist die Tatsache, daß die Eigenschaft (6) sich auf alle variablenfreien L^3-Formeln fortsetzt, d. h.:

(7) Für jede variablenfreie L^3-Formel A und jeden Wahrheitswert w gilt:
$$v(\mathbf{N},A) = w \text{ gdw. es gibt ein } n_0, \text{ so daß für alle } n \geq n_0 \; v(\mathbf{N}_n,A) = w.$$

Damit die Aussage (7) wahr wurde, war auch der Übergang zu saturierten Strukturen notwendig.

Der Nachweis von (7) gelingt durch strukturelle Induktion über den Formelaufbau. Der Induktionsanfang, A ist eine variablenfreie atomare Formel, ist nach Definition richtig. Wir führen hier exemplarisch die Induktionsschritte von A, B zu $A \wedge B$ und von A(t) zu $\exists x\, A(x)$ vor.
In den folgenden Beweisen ist jede Aussage, natürlich mit Ausnahme der ersten, eine äquivalente Umformung der vorangegangenen.

$v(N,A \wedge B) = 1$

$v(N,A) = 1$ und $v(N,B) = 1$ (nach der Wahrheitstafel für das dreiwertige $\wedge$)

Es gibt n_1 und n_2, so daß für (Induktionsanfang)
alle $n \geq n_1$ $v(N_n,A) = 1$ und
alle $n \geq n_2$ $v(N_n,B) = 1$ gilt.

Es gibt ein n_0, so daß für alle (wähle $n_0 = \max\{n_1,n_2\}$)
$n \geq n_0$ $v(N_n,A) = 1$ und
$v(N_n,B) = 1$ gilt.

Es gibt ein n_0, so daß für alle $n \geq n_0$ $v(N_n,A \wedge B) = 1$ gilt.

$v(N,A \wedge B) = 0$

$v(N,A) = 0$ oder $v(N,B) = 0$ (Wahrheitstafel für $\wedge$)

Es gibt n_0, so daß für alle (Induktionsvoraussetzung)
$n \geq n_0$ gilt: $v(N_n,A) = 0$ oder $v(N_n,B) = 0$.

Es gibt n_0, so daß für alle $n \geq n_0$ gilt: $v(N_n,A \wedge B) = 0$.

Wegen der Kohärenz der N_n folgt aus dem bereits Bewiesenen schon:

$v(N,A \wedge B) = u$ gdw. für alle n gilt $v(N_n,A \wedge B) = u$.

(a) $v(N,\exists x\, A(x)) = 1$
(b) es gibt ein $b \in \mathbf{N}$ mit $v(N,A(b)) = 1$. (Wahrheitsdef. für $\exists x$)
(c) es gibt ein $b \in \mathbf{N}$ und ein n_0, so daß (Induktionsvoraussetzung)
für alle $n \geq n_0$ $v(N_n,A(b)) = 1$.
(d) es gibt ein n_0, so daß für alle $n \geq n_0$ (siehe unten)
ein $b \in \mathbf{N}$ existiert mit $v(N_n,A(b)) = 1$.
(e) es gibt ein n_0, so daß für alle $n \geq n_0$ $v(N_n,\exists x\, A(x)) = 1$.

Aus (c) folgt trivialerweise (d). Die umgekehrte Implikation ist nicht unmittelbar einleuchtend: Es könnte für jedes n ein anderes b existieren. Ist aber b_0 dasjenige Element, für welches $v(N_{n_0},A(b_0)) = 1$ gilt, so gilt wegen der Kohärenz schon $v(N_n,A(b_0)) = 1$ für alle $n \geq n_0$.

(a)	$v(\mathbf{N},\exists x\, A(x)) = 0$	
(b)	für alle $b \in \mathbf{N}$ gilt $v(\mathbf{N},A(b)) = 0$	(Wahrheitsdef. für $\exists x$)
(c)	für alle $b \in \mathbf{N}$ gibt es ein n_0, so daß für alle $n \geq n_0$ $v(N_n,A(b)) = 0$ gilt.	(Induktionsanfang)
(d)	es gibt ein n_0, so daß für alle $n \geq n_0$ und alle $b \in \mathbf{N}$ $v(N_n,A(b)) = 0$ gilt.	(siehe unten)
(e)	es gibt ein n_0, so daß für alle $n \geq n_0$ $v(N_n,\exists x\, A(x)) = 0$ gilt.	

Die Implikation von (d) nach (c) ist diesmal trivial. Wir beweisen die Implikation von (c) nach (d) durch Kontraposition, nehmen also an, (d) sei falsch. Dann gibt es beliebig große n, so daß $b_n \in \mathbf{N}$ existiert mit $v(N_n,A(b_n)) \neq 0$. Aus $v(N_m,A(b_n)) = 1$ für alle $m \geq n$ würde nach Induktionsvoraussetzung $v(\mathbf{N},\exists x\, A(x)) = 1$ folgen im Widerspruch zur augenblicklichen Annahme. Also gibt es beliebig große n und $b_n \in \mathbf{N}$, so daß

$$v(N_n,A(b_n)) = u.$$

Wegen der Kohärenz haben wir sogar für jedes $m \leq n$

$$v(N_m,A(b_n)) = u. \tag{8}$$

Für die Folge von Formeln im Vokabular V^*

$$A^1(x), A^2(x), \ldots ,A^n(x), \ldots$$

gibt es wegen (8) und (4) für jedes n ein Element c, so daß

$$v(\mathbf{N}^*,A^m(c)) = u \qquad \text{für alle } m \leq n.$$

Wegen der Saturiertheit von $\mathbf{N}^*$ gibt es also ein $b \in \mathbf{N}$, so daß für alle n $v(\mathbf{N}^*,A^m(b)) = u$ gilt, was wegen (4) für alle n $v(N_n,A(b)) = u$ zur Folge hat, im Widerspruch zu (c).

Damit ist der Beweis der Implikation (c) → (d) abgeschlossen und wir beenden an dieser Stelle unsere Hinweise zum Beweis von (7).

Die Struktur **N** erfüllt, wie gewünscht, die Eigenschaft (1). Es bleibt nur noch nachzuweisen, daß **N** ein Modell für $comp^3(P)$ ist.

Sei $C := \forall \mathbf{x}\, (p(\mathbf{x}) \approx E_1(\mathbf{x}) \vee \ldots \vee E_r(\mathbf{x}))$ ein Axiom von $comp^3(P)$. Um $v(\mathbf{N},C) = 1$ zu zeigen, müssen wir für jeden Wahrheitswert w und jedes Elementtupel **a** aus **N** zeigen:

(9) $v(\mathbf{N},p(\mathbf{a})) = w$ gdw. $v(\mathbf{N},E_1(\mathbf{a}) \vee \ldots \vee E_r(\mathbf{a})) = w$.

Es genügt, (9) für w=0 und w=1 zu zeigen; die Behauptung für den dritten Wahrheitswert folgt dann automatisch.
Wegen (7) gilt $v(\mathbf{N},p(\mathbf{a})) = w$ gdw. ein n_0 existiert, so daß für alle $n \geq n_0$

$$v(\mathbf{N}_{n+1},p(\mathbf{a})) = w$$

gilt, wobei es offensichtlich unerheblich ist, daß wir $\mathbf{N}_{n+1}$ geschrieben haben, wo üblicherweise $\mathbf{N}_n$ aufgetreten ist.
Aus der Definition von $\Phi^{n+1}P$ folgt – es bleibe dem Leser überlassen, sich davon zu überzeugen –, daß für w=0 oder w=1 und für alle **a** in $\mathbf{M}_n$ gilt:

$$v(\mathbf{M}_{n+1},p(\mathbf{a})) = w \quad \text{gdw.} \quad v(\mathbf{M}_n,E_1(\mathbf{a}) \vee \ldots \vee E_r(\mathbf{a})) = w.$$

Da $\mathbf{N}^*$ eine elementare Erweiterung von $\mathbf{M}^*$ ist, gilt auch für w=0 oder w=1 und für alle **a** in $\mathbf{N}_n$:

$$v(\mathbf{N}_{n+1},p(\mathbf{a})) = w \quad \text{gdw.} \quad v(\mathbf{N}_n,E_1(\mathbf{a}) \vee \ldots \vee E_r(\mathbf{a})) = w.$$

Jetzt läßt sich die nach (9) begonnene Argumentationskette fortsetzen zu:

$$v(\mathbf{N},p(\mathbf{a})) = w$$
$$\text{gdw.}$$
$$\text{es gibt ein } n_0\text{, so daß für alle } n \geq n_0\ v(\mathbf{N}_n,E_1(\mathbf{a}) \vee \ldots \vee E_r(\mathbf{a})) = w.$$

Aus (7) folgt jetzt (9). □

9.3 Exkurs über saturierte Strukturen

Sei **M** eine Struktur zu einem Vokabular V und $A_1(\mathbf{x}), A_2(\mathbf{x}), \ldots, A_n(\mathbf{x}), \ldots$ eine Folge von Formeln aus $Fml(V_\mathbf{M})$, in denen höchstens die Variablen des Tupels $\mathbf{x} = \langle x_1, \ldots, x_k \rangle$ frei vorkommen. Gibt es für jedes n Elemente $\mathbf{a} = \langle a_1, \ldots, a_k \rangle$ in **M**, mit $\mathbf{M} \models A_1 \wedge \ldots \wedge A_n[\mathbf{a}]$, so muß es noch lange nicht Elemente $\mathbf{b} = \langle b_1, \ldots, b_k \rangle$ in M geben, so daß für alle n

$$\mathbf{M} \models A_n[\mathbf{b}].$$

gilt.

Beispiel

Die Struktur **M** habe als Universum die Menge der natürlichen Zahlen. Das Vokabular V umfasse die binäre Relation <, die in **M** als die übliche strikte Ordnungsrelation interpretiert ist. $A_n(x)$ sei die Formel n<x. Für jedes n gibt es natürlich ein Element c von **M**, so daß

$$1<c \wedge 2<c \wedge \ldots \wedge n<c$$

gilt. Man braucht ja nur c=n+1 zu wählen. Ein Element c aus **M**, das für alle n die Aussage n<c erfüllen würde, müßte unendlich groß sein; ein solches Element gibt es in M nicht.

Beispiel

Das Universum der Struktur **M** bestehe jetzt aus der Menge aller rationalen Zahlen; das Vokabular V enthält die Relation <, die Funktionszeichen -, *. Alle diese Zeichen seien in M in ihrer üblichen Bedeutung interpretiert.
$A_n(x)$ sie die Formel

$$(2 - (x * x)) < 1/n$$

Da man die Quadratwurzel der Zahl 2 durch rationale Zahlen beliebig genau approximieren kann, gibt es für jedes n eine rationale Zahl r, so daß

$$A_1(r), \ldots, A_n(r)$$

in **M** wahr sind.

Wechseln wir von **M** zu $\mathbf{M}_1$ mit der Menge aller reellen Zahlen als Universum über, so finden wir jedoch ein $r = \sqrt{2}$, so daß

$$\mathbf{M}_1 \models A_n[r]$$

für alle n gilt.

Wir nennen eine Folge $A_1(\mathbf{x}), \ldots, A_n(\mathbf{x}), \ldots$ von Formeln mit demselben k-Tupel **x** freier Variablen in einer Struktur **M** **endlich erfüllbar**, wenn für jedes n ein Elementtupel **a** aus **M** existiert mit

$$\mathbf{M} \models A_m[\mathbf{a}] \text{ für alle } m \leq n.$$

Die Folge heißt **erfüllbar** in **M**, wenn ein Elementtupel **a** in **M** existiert, so daß für alle n

$$M \models A_n[a]$$

gilt.

Definition

Eine Struktur **M** zum Vokabular V heißt **saturiert**, wenn jede endlich erfüllbare Folge von Formeln

$$A_1(x), \ldots, A_n(x)$$

aus dem Vokabular V_M auch in **M** erfüllbar ist.

Bemerkung: In der einschlägigen Literatur werden verschiedene Abstufungen des Saturiertheitsbegriffes benutzt, indem anstelle einer Folge von Formeln Formelmengen höherer Mächtigkeit treten. In diesem allgemeinen Zusammenhang würde man die oben definierten saturierten Strukturen ω-saturiert (omega-saturiert) nennen. Da wir von diesen stärker saturierten Strukturen keinen Gebrauch machen werden, bleiben wir bei der vereinfachten Terminologie.

Die wenigsten Strukturen, die in der üblichen Mathematik auftreten, sind saturiert. Das Bemerkenswerte ist jedoch, wie es im zweiten Beispiel schon angeklungen ist, daß jede Struktur **M** sich zu einer saturierten Struktur $\mathbf{M_S}$ erweitern läßt. Das wäre zunächst noch keine besonders hilfreiche Tatsache, wenn der einzige Zusammenhang zwischen **M** und $\mathbf{M_S}$ darin bestünde, daß jedes Element aus **M** auch ein Element aus $\mathbf{M_S}$ ist. Der entscheidende Punkt liegt jetzt in der Möglichkeit, $\mathbf{M_S}$ so zu wählen, daß jede variablenfreie Formel A in $Fml(V_M)$ genau dann in $\mathbf{M_S}$ wahr ist, wenn sie in **M** wahr ist.

Definition

Seien **M**, **N** zwei Strukturen zum selben Vokabular V und das Universum von **M** eine Teilmenge des Universums von **N**. **N** heißt eine **elementare Erweiterung** von **M** (oder **M** eine **elementare Unterstruktur** von **N**), wenn für jede variablenfreie Formel A aus $Fml(V_M)$ gilt:

$$M_M \models A \text{ gdw. } N_M \models A.$$

Satz 13

Zu jeder Struktur **M** existiert eine saturierte elementare Erweiterung **N**.

Beweis:

Siehe [Chang, Keisler], Lemma 5.1.4 p. 216. □

Wie schon erwähnt, sind die wenigsten üblichen Strukturen saturiert. Außerdem gibt es in den seltensten Fällen anschauliche Beschreibungen saturierter Strukturen.

Sie spielen charakteristischerweise die Rolle eines Hilfsmittels: Man ist interessiert an den Eigenschaften einer Struktur **M**, die sich durch Formeln aus $Fml(V_{\mathbf{M}})$ beschreiben lassen. Diese Eigenschaften lassen sich manchmal wesentlich leichter in einer saturierten Erweiterung **N** von **M** verifizieren. Da **N** eine elementare Erweiterung von **M** ist, lassen sich die Ergebnisse von **N** auf **M** zurücktransformieren.
Eine weitere Einsatzmöglichkeit saturierter Strukturen tritt in Situationen auf, in denen man die Existenz eines Modells einer Formelmenge Σ mit speziellen Eigenschaften zeigen möchte, ohne ein solches Modell explizit konstruieren zu wollen oder zu können.

Die Begriffe der elementaren Erweiterung und der saturierten Struktur lassen sich mühelos auf die dreiwertige Logik übertragen.

Satz 14
Zu jeder L^3-Struktur **M** existiert eine saturierte elementare Erweiterung **N**.

Beweis:
Folgt aus Satz 12 mit Hilfe einer Reduktion von L^3 auf L^2, wie sie z. B. im ersten Unterkapitel beschrieben wurde. □

9.4 Übungsaufgaben

Aufgabe 1
Sei A eine aussagenlogische Formel in Fml^3 (mit den Junktoren ~, ¬, ∧ und ∨) mit n aussagenlogischen Variablen, dann ist für die durch A induzierte Funktion f(A): $\{1, u, 0\}^n \longrightarrow \{1, u, 0\}$ stets

$$f(A)(1,1,...,1) \neq u.$$

Aufgabe 2
Zeigen Sie, daß zu jeder $Fml(V_0)$-Formel B eine $Fml^3(V)$-Formel A existiert mit

$$A_0 = B.$$

Aufgabe 3
Sei M eine Prästruktur und ≤ die im ersten Unterkapitel definierte Relation auf der Menge Mod aller L^3-Strukturen mit Prästruktur M.

(1) Zeigen Sie, daß ≤ eine partielle Ordnung auf Mod ist.
(2) Weisen Sie nach, daß (Mod, ≤) ein vollständiger Durchschnittshalbverband ist.

(3) Finden Sie für eine möglichst einfache Wahl von M zwei Strukturen N_1, N_2 in Mod, so daß keine obere Schranke für N_1 und N_2 in Mod existiert.

10 PROLOG-Situationen mit Gleichheit

10.1 Syntax und Semantik

Da Syntax und Semantik für PROLOG-Situationen mit Gleichheit zum größten Teil mit den im 2. Kapitel gegebenen Definitionen für den Prädikatenkalkül allgemein bzw. für universelle Hornklauseln im speziellen übereinstimmen, weisen wir hier nur auf die Unterschiede und Ergänzungen hin.
Unter den logischen Zeichen tritt zusätzlich ein zweistelliges Relationszeichen $\equiv$ für die Gleichheit auf. Wir wollen $\equiv$ nicht in das Vokabular V einordnen, da die Interpretation der Zeichen in V uneingeschränkt sein soll, die Interpretation der logischen Zeichen jedoch für jede Struktur fest vorgegeben. Eine atomare Formel ist entweder, wie bisher, von der Form q(t) für ein Relationszeichen q - wir nennen q(t) eine relationale atomare Formel - oder eine Gleichung $s \equiv t$ für $s, t \in Ft(V)$. Ein Literal ist dann eine negierte oder unnegierte Gleichung oder relationale Formel. Der Begriff einer prädikatenlogischen Struktur M ist so zu erweitern, daß auch die Gültigkeit von Gleichungen erklärt ist. Dabei soll $\equiv$ stets durch die Gleichheitsrelation zwischen den Elementen des Universums von M interpretiert werden. Ist b eine Belegung der in einer Gleichung $t \equiv s$ vorkommenden Variablen, so können wir diese Forderung formal aufschreiben als:

$$(M,b) \models t \equiv s \text{ gdw. } I(M, b)(t) = I(M, b)(S)$$

Die logische Konsequenzbeziehung $\vdash$ für eine Menge A variablenfreier Formeln und einer einzelnen variablenfreien Formel G kann jetzt wie folgt definiert werden:

$$A \vdash G \quad \text{gdw. Für jede Struktur M, so daß für alle C in A } M \models C \text{ gilt, gilt auch } M \models G$$

Wir wollen in diesem Text nicht die Untersuchung des vollen Prädikatenkalküls mit Gleichheit verfolgen (dazu sei auf die Literatur verwiesen), sondern uns auf PROLOG-Situationen mit Gleichheit beschränken. Diese Situationen bestehen wieder aus einer Datenbasis und einem Ziel. Die Datenbasis selbst gliedert sich noch einmal in zwei Teile, in das **Gleichungsprogramm** (GP) und den Teil, den wir das **logische Programm** (LP) nennen wollen. Das Gleichungsprogramm enthält Formeln der Form

$$\forall \mathbf{x} (B_0 \leftarrow B_1 \wedge \ldots \wedge B_n),$$

Wobei alle B_i Gleichungen sind. Das logische Programm enthält Formeln der Form

$$\forall \mathbf{x} (q(\mathbf{t}) \leftarrow B_1 \wedge \ldots \wedge B_n)$$

für ein Prädikatszeichen q und beliebige atomare Formeln B_i. Die universellen Quantoren werden meistens nicht hingeschrieben. Das Ziel G schließlich ist eine Formel der Form

$$\exists \mathbf{x} (G_1 \wedge \ldots \wedge G_m),$$

wobei G_i beliebige atomare Formeln sein können.
Wir schreiben eine PROLOG-Situation D mit Gleichheit als (GP, LP, ¬G), wobei der bisherigen Praxis folgend, das Ziel G in negierter Form eingeht. Das hat den Vorteil, daß alle Formeln in D universelle Klauseln mit höchstens einem positiven Literal sind. Es ist zu beachten, daß nicht jede universelle Hornklausel in der Datenbasis D auftreten kann; ausgeschlossen sind Hornklauseln, deren Kopf eine Gleichung ist und in deren Rumpf eine relationale, atomare Formel vorkommt. Die meisten Sätze dieses Kapitels würden falsch werden,würde man beliebige universelle Hornklauseln zulassen.

10.2 K-Herbrand-Strukturen

Ein wichtiger Unterschied zur Situation ohne Gleichheit ergibt sich bei der Suche nach Herbrand-Modellen. Eine Gleichung etwa der Form $f(c) \equiv g(c)$ ist in keiner Herbrand-Struktur wahr. Wir sind daher gezwungen, den Begriff der Herbrand-Struktur abzuschwächen: Zu einer PROLOG-Datenbasis P = (GP, LP) mit Gleichheit werden wir eine Kongruenzrelation K(GP) auf der Menge aller variablenfreien Terme finden.

Definition
Eine **K(GP)-Herbrand-Struktur** H besitzt als Universum U die Menge aller K(GP)-Äquivalenzklassen variablenfreier Terme

$$U = \{ t / K(GP) : t \text{ variablenfreier Term}\}$$

Die Funktions- und Konstantenzeichen sind in H interpretiert als

$$f_H(t_1 / K,\ldots,t_n / K) = f(t_1,\ldots,t_n) / K$$
$$c_H = c / K$$

Wie schon in dieser Definition geschehen, werden wir häufig, wenn das zugehörige Gleichungsprogramm eindeutig erschlossen werden kann, anstelle von K(GP)-Herbrand-Struktur nur K-Herbrand-Struktur schreiben. Entsprechendes gilt für K-Äquivalenzklassen, t / K usw.
Die folgende Definition der Kongruenzrelation **K(GP)** ist nicht konstruktiv, sie liefert kein Verfahren festzustellen, ob zwei Terme K-äquivalent sind. Das ist im allgemeinen auch nicht möglich.

Definition
Sei GP ein beliebiges Gleichungsprogramm, s und t variablenfreie Terme:

$$t\ K(GP)\ s \quad \text{gdw.} \quad GP \vdash t \equiv s.$$

Lemma 1
Für jedes Gleichungsprogramm GP ist K(GP) eine Kongruenzrelation auf der Menge aller variablenfreier Terme.

Beweis:
Die Behauptung ist eine einfache Konsequenz aus der Festlegung, daß in jeder Struktur ≡ als die Gleichheit interpretiert werden muß. □

Für K-Herbrand-Strukturen gelten Sätze, analog zu den in Kapitel 2 bewiesenen für Herbrand-Strukturen. Wir wollen die Beweise für die neuen Sätze in uniformer Weise zurückführen auf die schon bewiesenen. Dazu müssen wir Formeln mit Gleichheit in solche ohne Gleichheit transformieren.
Als ersten Schritt für eine solche Transformation nehmen wir zum Vokabular V ein neues, zweistelliges Relationszeichen eq mit hinzu, $V_{eq} = V \cup \{eq\}$. Die Formel C_{eq} (im Vokabular V_{eq}) wird aus der Formel C (im Vokabular V aber mit Gleichheit) erhalten, indem ≡ überall durch eq ersetzt wird. Der Unterschied zwischen den Formeln C und C_{eq} liegt darin, daß C das Gleichheitszeichen ≡ enthalten kann, ein Symbol, dessen Interpretation in jeder Struktur fest vorgeschrieben ist, während C_{eq} stattdessen das Relationszeichen eq enthält, dessen Interpretation frei unter den zweistelligen Relationen wählbar ist. Will man erreichen, daß eq bestimmte Eigenschaften besitzt, so muß man diese explizit durch Angabe von Axiomen fordern. Ist M eine V_{eq}-Struktur, so ist die Interpretation von eq eine Kongruenzrelation für M, falls M ein Modell der folgenden Axiome ist:

KR_{eq} :

$$eq(x, x)$$
$$eq(x, y) \leftarrow eq(y, x)$$
$$eq(x, z) \leftarrow eq(x, y) \wedge eq(y, z)$$
$$eq(f(x_1,...,x_n), f(y_1,...,y_n)) \leftarrow eq(x_1, y_1) \wedge ... \wedge eq(x_n, y_n) \quad \text{für jedes } f \in Fkt(V)$$
$$q(x_1,...,x_n) \leftarrow eq(x_1, y_1) \wedge ... \wedge eq(x_n, y_n) \wedge q(y_1,...,y_n) \quad \text{für jedes } q \in Rel(V)$$

Ist A eine Formelmenge, so setzen wir

$$A_{eq} = \{C_{eq} : C \in A\}.$$

Ist M eine V_{eq}-Struktur, so ist die V-Struktur M_{eq} wie folgt definiert:

$$\text{Das Universum } U_{eq} = \{{}^m/_{eq} : m \in M\}$$
$$f_{M_{eq}}({}^{m_1}/_{eq},\ldots,{}^{m_k}/_{eq}) = f_M(m_1,\ldots,m_k)/_{eq}$$
$$c_{M_{eq}} = c_M/_{eq}$$
$$M_{eq} \models q({}^{m_1}/_{eq},\ldots,{}^{m_k}/_{eq}) \text{ gdw. } M \models q(m_1,\ldots,m_k)$$

Ist M eine Herbrand-Struktur, so ist offensichtlich M_{eq} eine K-Herbrand-Struktur, wobei K die Kongruenzrelation eq_M ist.

Satz 2
Sei $C(x_1,\ldots,x_n)$ eine V-Formel, M eine V_{eq}-Struktur, so daß eq_M eine Kongruenzrelation ist und $m_1,\ldots,m_n$ aus M. Dann gilt

$$M \models C_{eq}[m_1,\ldots,m_n] \text{ gdw. } M_{eq} \models C[{}^{m_1}/_{eq},\ldots,{}^{m_n}/_{eq}]$$

Beweis:
Induktion nach Formelaufbau von C. □

Satz 3
Sei D = (GP, LP, ¬G) eine PROLOG-Situation mit Gleichheit, dann besitzt D ein Modell genau dann, wenn D ein K(GP)-Herbrand-Modell besitzt.

Beweis:

Besitzt D ein Modell M, so besitzt auch $D_{eq} \cup KR_{eq}$ ein Modell M_1. Man muß nur eq als die Gleichheitsrelation auf dem Universum von M interpretieren und ansonsten M unverändert lassen. Nach Satz 2.2 besitzt $D_{eq} \cup KR_{eq}$ ein Herbrand-Modell H. Nach Satz 2 ist dann H_{eq} ein K(GP)-Herbrand-Modell von D. □

Korollar 4

$$GP \cup LP \vdash \exists\, x\, G$$

gdw.

für jedes K(GP)-Herbrand-Modell H von LP gilt $H \models \exists\, x\, G$

Beweis:

Analog zum Beweis von Satz 2.3. □

Korollar 5

Ist P = GP ∪ LP die Datenbasis eines PROLOG-Programms mit Gleichheit, dann besitzt P ein K(GP)-Herbrand-Modell.

Beweis:

P_{eq} besitzt nach Satz 2.1 ein Herbrand Modell H. H_{eq} ist dann ein K(GP)-Herbrand-Modell für P. □

Für ein fest gewähltes Gleichungsprogramm GP besitzen alle K(GP)-Herbrand-Strukturen dasselbe Universum. Für zwei K-Herbrand-Strukturen H_1, H_2 können wir wieder eine Ordnungsrelation ≤ definieren dank

$$H_1 \leq H_2 \text{ gdw. für jedes Relationszeichen q gilt } q_{H_1} \subseteq q_{H_2}.$$

Sei P = GP ∪ LP die Datenbasis eines PROLOG-Programms mit Gleichheit.

Satz 6

Ist H das kleinste Herbrand Modell von $P_{eq} \cup KR_{eq}$, dann ist H_{eq} das kleinste K(GP)-Herbrand-Modell von LP.

Beweis:

Einfache Konsequenz aus Satz 2. □

Korollar 7

P besitzt ein kleinstes K(GP)-Herbrand-Modell.

Satz 8
Ist (GP, LP, ¬G) eine PROLOG-Situation mit Gleichheit, dann gilt

$$GP \cup LP \vdash G$$

gdw.

im kleinsten K(GP)-Herbrand-Modell von LP gilt G.

Beweis:
Benutze Satz 6 und Lemma 2.6. □

Mit derselben Methode, Ersetzen des logischen Zeichens ≡ durch das frei interpretierbare Zeichen eq und Hinzunahme der Kongruenzaxiome KR_{eq}, läßt sich auch der erste Hauptsatz für logische Programme mit Gleichheit auf den entsprechenden Hauptsatz für logische Programme ohne Gleichheit zurückführen.

Satz 9
Sei $P = GP \cup LP$ die Datenbasis eines PROLOG-Programms mit Gleichheit und $\exists x\, G_0$ ein PROLOG-Ziel. Dann gilt:

$$P \vdash \exists\, x\, G_0$$

gdw.

es gibt einen erfolgreichen Pfad im Beweissuchbaum über

$$P_{eq} \cup KR_{eq} \cup \{\neg(G_0)_{eq}\}.$$

Beweis:
Wir wollen

$$P \vdash \exists\, x\, G_0 \quad \text{gdw.} \quad P_{eq} \cup KR_{eq} \vdash \exists\, x\, (G_0)_{eq}$$

zeigen. Dann folgt Satz 9 unmittelbar aus Satz 6.2.
Die angestrebte Äquivalenz der beiden Folgerungsbeziehungen ist gleichwertig zu

$$P \cup \{\ \neg\exists x\, G_0\ \} \text{ ist erfüllbar}$$

gdw.

$$P_{eq} \cup KR_{eq} \cup \{\ \neg\exists x\, (G_0)_{eq}\} \text{ ist erfüllbar.}$$

Ist $P_{eq} \cup KR_{eq} \cup \{\neg\exists x\, (G_0)_{eq}\}$ erfüllbar, sagen wir in einem Modell M, so ist $P \cup \{\neg\exists x\, G_0\}$ in M_{eq} erfüllbar nach Satz 2. Ist andererseits $P \cup \{\neg\exists x\, G_0\}$ erfüllbar, so auch $P_{eq} \cup KR_{eq} \cup \{\neg\exists x\, (G_0)_{eq}\}$, indem wir eq durch die Gleichheit interpretieren. □

10.3 E-Resolution

Im vorangegangenen Unterkapitel wurde ein vollständiges Resolutionsverfahren für PROLOG-Situationen mit Gleichheit (GP, LP, ¬G) angegeben, indem die Regeln der SLD-Resolution beibehalten wurden, aber die zusätzliche Klauselmenge KR_{eq} hinzugenommen wurde. In jedem einzelnen Resolutionsschritt sind alle Klauseln in $GP_{eq} \cup LP_{eq} \cup KR_{eq}$ zu betrachten. In diesem Unterkapitel betrachten wir eine zweite Möglichkeit; hierbei wird die Resolutionsregel geändert zur E-Resolutionsregel. In dieser Regel ist die gesamte Gleichheitsinformation konzentriert, so daß im einzelnen E-Resolutionsschritt nur die Klauseln aus LP betrachtet werden müssen.

Definition
Sei D = (GP, LP, ¬G) eine PROLOG-Situation mit Gleichheit. Der **allgemeine E-Beweissuchbaum** für D ist ein Baum, dessen Knoten mit negierten Konjunktionen von atomaren Formeln und Gleichungen markiert sind, so daß gilt:

1. Der Wurzelknoten ist mit ¬G markiert.
2. Ist $\neg(A_1 \wedge ... \wedge A_r)$ die Markierung eines Knotens K, dann gibt es

   2.a für jede Formel $B(t_1,...,t_n) \leftarrow B_1 \wedge ... \wedge B_n$ in LP und jede Substitution σ, so daß für ein i, $1 \le i \le r$ gilt $A_i = B(s_1,...,s_n)$ und für alle j, $1 \le j \le n$ $\sigma(t_j)\ K(GP)\ \sigma(s_j)$ einen Nachfolgerknoten von K, und dieser ist mit

   $$\neg\sigma\,(A_1 \wedge ... \wedge A_{i-1} \wedge C_1 \wedge ... \wedge C_k \wedge A_{i+1} \wedge ... \wedge A_r)$$

   markiert, wobei $\{C_1,..,C_k\}$ eine Teilmenge von $\{B_1,...,B_n\}$ ist, und zwar so, daß genau die Gleichungen $t \equiv s$ unter den B_i, für die t K(GP) s gilt, nicht mehr unter den $\{C_1,..,C_k\}$ auftreten.

   2.b für jedes A_i, das eine Gleichung ist, $A_i = s \equiv t$ und jedes σ mit $\sigma(s)\ K(GP)\ \sigma(t)$ einen Nachfolgerknoten von N, der mit

   $$\sigma\,(A_1 \wedge ... \wedge A_{i-1} \wedge A_{i+1} \wedge ... \wedge A_r)$$

   markiert ist.

Die Begriffe erfolgreicher und erfolgloser Pfad, Antwortsubstitution usw. können ohne Änderung aus dem Fall ohne Gleichheit übernommen werden.
In Analogie zu Satz 6.9 können wir zeigen:

Satz 10
Besitzt der allgemeine E-Beweissuchbaum für (GP, LP, ¬G) einen erfolgreichen Pfad mit der Antwortsubstitution σ, dann gilt

$$GP \cup LP \vdash \forall \mathbf{x}\, \sigma(G)$$

(wobei **x** alle freien Variablen in $\sigma(G)$ sind).

Beweis:
Induktion nach der Länge L des erfolgreichen Pfades.

L = 1:
Entweder ist G eine relationale atomare Formel $G(t_1,\ldots,t_n)$, so daß $G(s_1,\ldots,s_n)$ in LP liegt und für alle j $\sigma(s_j)$ K(GP) $s(t_j)$ gilt. Somit gilt $LP \vdash \forall \mathbf{y} G(s_1,\ldots,s_n)$ und damit auch $LP \vdash \forall \mathbf{x} G(\sigma(s_1),\ldots,\sigma(s_n))$, und nach Definition von K(GP) $GP \vdash \forall \mathbf{x}(\sigma(s_j) \equiv \sigma(t_j))$, d.h. $GP \cup LP \vdash \forall \mathbf{x}\, \sigma(G(t_1,\ldots,t_n))$.
Andernfalls ist G eine Gleichung $s \equiv t$ mit $\sigma(s)$ K(GP) $\sigma(t)$, und $GP \vdash \forall \mathbf{x}\, \sigma(s \equiv t))$ folgt sofort.

Induktionsschritt von n auf n+1:
Der erste Schritt des erfolgreichen Pfades der Länge n+1 bestehe in dem Übergang von der Knotenmarkierung

$$\neg G = \neg(P_1 \wedge \ldots \wedge P_i\, (s_1,\ldots,s_n) \wedge \ldots \wedge P_r)$$

zur Knotenmarkierung

$$\neg \sigma_0\, (P_1 \wedge \ldots \wedge P_{i-1} \wedge C_1 \wedge \ldots \wedge C_k \wedge P_{i+1} \wedge \ldots \wedge P_r)$$

bezüglich der Formel

$$B(t_1,\ldots,t_n) \leftarrow B_1 \wedge \ldots \wedge B_n$$

aus LP,wobei $P_i = B(s_1,\ldots,s_n)$, $\sigma_0(t_j)$ K(GP) $\sigma_0(s_j)$ für alle j, $1 \le j \le n$ und die C_m aus B_m wie in der Definition des allgemeinen E-Beweissuchbaumes hervorgehen. Sei ϱ die Antwortsubstitution des restlichen erfolgreichen Pfades der Länge n, so gilt $\sigma = \varrho * \sigma_0$.
Nach Induktionsvoraussetzung gilt

$$GP \cup LP \vdash \forall \mathbf{x}\, \varrho\ \sigma_0\, (P_1 \wedge \ldots \wedge P_{i-1} \wedge C_1 \wedge \ldots \wedge C_k \wedge P_{i+1} \wedge \ldots \wedge P_r).$$

Da für die Gleichungen t = s unter den B_m, die nicht unter den C_m vorkommen,

$$GP \vdash \forall y\ \sigma_0(t) = \sigma_0(s)$$

und damit auch

$$GP \vdash \forall x\ \varrho(\sigma_0(t) = \varrho(\sigma_0(s))$$

gilt, haben wir auch

$$GP \cup LP \vdash \forall x\ \varrho\ \sigma_0\,(P_1 \wedge \ldots \wedge P_{i-1} \wedge B_1 \wedge \ldots \wedge B_n \wedge P_{i+1} \wedge \ldots \wedge P_r).$$

Aus

$$LP \vdash \forall z\,(B(t_1,\ldots,t_n) \leftarrow B_1 \wedge \ldots \wedge B_n)$$

und

$$GP \vdash \forall y\,(\sigma_0(t_j) = (\sigma_0(s_j))$$

folgt

$$GP \cup LP \vdash \forall y\,(\sigma_0\,(B(s_1,\ldots,s_n) \leftarrow B_1 \wedge \ldots \wedge B_n))$$

und umso mehr

$$GP \cup LP \vdash \forall x\,(\varrho\ \ \sigma_0\,(B(s_1,\ldots,s_n) \leftarrow B_1 \wedge \ldots \wedge B_n)).$$

Zusammen erhalten wir

$$LP \cup GP \vdash \forall x\ \sigma\,(P_1 \wedge \ldots \wedge\ P_r)$$

wie verlangt.
Der Fall, daß der erste Schritt im erfolgreichen Pfad der Länge n+1 nach Punkt 2.b der Definition in der Elimination einer Gleichung besteht, ist ein Spezialfall des gerade ausgeführten Beweises. □

Korollar 11
Besitzt der allgemeine E-Beweissuchbaum für (GP, LP, ¬G) einen erfolgreichen Pfad, dann gilt

$$GP \cup LP \vdash \exists\, x\, G$$

Beweis:
Folgt mit prädikatenlogischen Tautologien aus Satz 10. □

Die Umkehrung von Satz 10 wollen wir beweisen mit Hilfe eines geeigneten Fixpunktoperators $T_{GP,\,LP}$.
Dieser Operator bildet Mengen von relationalen Formeln wieder in Mengen relationaler atomarer Formeln ab, gemäß der

Definition

$T_{GP,\ LP}(I) = \{\ A(s_1,\ldots,s_n) : s_1,\ldots,s_n$ sind variablenfrei, und es gibt eine Formel $A(t_1,\ldots,t_n) \leftarrow A_1\wedge\ldots\wedge A_m$ in LP und eine Substitution σ, so daß alle $\sigma(s_j)\ K(GP)\ \sigma(t_j)$ für alle j, $1\le j\le n$ und für alle i, $1\le i\le m$ gilt:
Entweder A_i ist relational und $\sigma(A_i) \in I$
oder A_i ist eine Gleichung $s \equiv t$ und $s\ K(GP)\ t.\ \}$

Satz 12

Sei H eine K(GP)-Herbrand-Struktur, I die Menge aller in H wahren relationalen atomaren Formeln. Dann ist H ein Modell von GP ∪ LP genau dann, wenn

$$T_{GP,\ LP}(I) \subseteq I$$

Beweis:
Nach Voraussetzung ist H ein Modell von GP. Wir müssen uns also nur noch um LP kümmern. Die Analogie des Beweises zu dem von 6.5 ist so eng, daß er hier übergangen werden kann. □

Der Operator $T_{GP,\ LP}$ ist stetig (Übungsaufgabe).
Wir definieren

$$\begin{aligned} T^0{}_{GP,\ LP} &= \emptyset \\ T^{n+1}{}_{GP,\ LP} &= T_{GP,\ LP}(T^n{}_{GP,\ LP}) \\ T^{\omega}{}_{GP,\ LP} &= \cup\{\ T^n{}_{GP,\ LP} : n \ge 0\} \end{aligned}$$

Wegen der Stetigkeit von $T_{GP,\ LP}$ ist $T^{\omega}{}_{GP,\ LP}$ der kleinste Fixpunkt dieses Operators.

Satz 13

Sei H die K(GP)-Herbrand-Struktur, in der genau die relationalen atomaren Formeln aus $T^{\omega}{}_{GP,\ LP}$ wahr sind, dann ist H das kleinste K(GP)-Herbrand-Modell von GP ∪ LP.

Beweis:
Wegen Satz 12 ist H zunächst einmal ein K(GP)-Herbrand-Modell von GP ∪ LP. Ist H_1 ein weiteres K(GP)-Herbrand-Modell von GP ∪ LP und J die Menge der in H_1 wahren relationalen atomaren Formeln, dann beweist man leicht durch Induktion nach n:

$$T^n{}_{GP,\ LP} \subseteq T^n{}_{GP,\ LP}(J) \subseteq J$$

und somit

$$T^{\omega}{}_{GP,\,LP} \subseteq J.$$

□

Satz 14 (Vollständigkeitssatz für E-Beweissuchbäume)
Sei (GP, LP, ¬G) eine PROLOG-Situation mit Gleichheit und G variablenfrei: Gilt

$$GP \cup LP \vdash G,$$

dann ist der allgemeine E-Beweissuchbaum für (GP, LP, ¬G) erfolgreich.

Beweis:
Nach Voraussetzung gilt G insbesondere im kleinsten K(GP)-Herbrand-Modell H von GP ∪ LP, und somit liegen alle relationalen atomaren Formeln, die in der Konjunktion G vorkommen, in einem $T^n{}_{GP,\,LP}$ für ein $n \geq 0$.
Enthält G nur Gleichungen, so ist der allgemeine E-Beweissuchbaum nach Klausel 2.b der Definition erfolgreich.
Wir zeigen durch Induktion nach n, daß für alle $A \in T^n{}_{GP,\,LP}$ der allgemeine E-Beweissuchbaum für (GP, LP, ¬G) einen erfogreichen Pfad besitzt. Die Durchführung des Induktionsbeweises ist Routine. □

Satz 15
Sei (GP, LP, ¬G) eine PROLOG-Situation mit Gleichheit und σ eine Substitution, so daß

$$GP \cup LP \vdash \forall x\, \sigma(G)$$

gilt, dann gibt es einen erfolgreichen Pfad im allgemeinen E-Beweissuchbaum für (GP, LP, ¬G) mit Antwortsubstitution σ.

Beweis:
Wie Beweis von Satz 6.5.(2). □

Die Schwierigkeit bei der Umsetzung der E-Resolutions Methode in einen Algorithmus besteht darin, daß für ein Gleichungsprogramm GP ein GP-Unifikationsalgorithmus gefunden werden muß, d.h. ein Algorithmus, der für je zwei Terme t, s entscheidet, ob eine Substitution σ existiert mit σ(t) K(GP) σ(s) oder nicht, und im ersten Fall eine GP-Unifikator berechnet. Eine notwendige Voraussetzung für die Existenz eines GP-Unifikationsalgorithmus ist die Entscheidbarkeit der Kongruenzrelation K(GP) für variablenfreie Terme. Die Entscheidbarkeit von K(GP) zieht aber nicht automatisch die Entscheidbarkeit des GP-Unifikationsproblems nach sich, wie Beispiele von [Bockmayr 1987], und [Heilbrunner, Hölldobler 1987] zeigen.

Erschwerend kommt hinzu, daß selbst für Gleichungsprogramme GP, für welche ein GP-Unifikationsalgorithmus existiert, kein allgemeinster Unifikator existieren muß. In diesem Fall ist es nicht mehr möglich, wie in Abschnitt 6.2 den allgemeinen Beweissuchbaum einzuschränken.

Eine auch für die Praxis relevante Folgerung aus Satz 15 läßt sich jedoch leicht ziehen. Alle PROLOG-Programmiersprachen, die gegenwärtig auf dem Markt erhältlich sind, enthalten ein Gleichheitsprädikat, dessen intendierte Bedeutung in jeder Struktur die Gleichheit zwischen den Elementen des Universums ist. Im Falle einer Herbrand-Struktur ist somit die syntaktische Gleichheit zwischen variablenfreien Termen gemeint. In unserer Sprechweise entspricht das den PROLOG-Datenbasen (∅, LP), in denen zwar das Gleichheitszeichen vorkommen darf, aber keine Gleichheitsklauseln, d.h. K(GP) ist die syntaktische Gleichheit von Termen, und K(GP)-Unifikation fällt zusammen mit der üblichen Termunifikation. Somit reduziert sich Teil 2.a in der Definition des allgemeinen E-Beweissuchbaums auf den üblichen PROLOG-Resolutionsschritt. Es bleibt noch Teil 2.b dieser Definition zu betrachten. Das Ziel der implementierten PROLOG-Systeme ist natürlich, zur Behandlung der Gleichheit möglichst wenig vom allgemeinen Beweissuchbaum (ohne E) abzuweichen. Das läßt sich in diesem Fall erreichen, indem $X \equiv X$ zu jeder eingegebenen Datenbasis LP hinzugenommen wird. Der Effekt ist derselbe, wie in Teil 2.b verlangt.
Wir formulieren zusammenfassend:

Satz 16
Sei (∅, LP, ¬G) eine PROLOG-Situation mit Gleichheit und σ eine Substitution, dann gilt

$$LP \vdash \forall \mathbf{x}\, \sigma(G)$$

gdw.

Es gibt eine erfolgreichen Pfad im allgemeinen Beweissuchbaum für
$LP \cup \{X \equiv X\} \cup \{\neg G\}$ mit Antwortsubstitution σ.

10.4 Übungsaufgaben

Aufgabe 1
Sei (GP, LP,¬G) eine PROLOG-Situation mit Gleichheit. H(LP) entstehe aus LP, indem jede Klausel $A(t_1,\ldots,t_n) \leftarrow A_1 \wedge\ldots\wedge A_k$ ersetzt wird durch $A(x_1,\ldots,x_n) \leftarrow x_1 \equiv t_1 \wedge\ldots\wedge x_n \equiv t_n \wedge A_1 \wedge\ldots\wedge A_k$, wobei die x_i neue Variablen sind (siehe Definition von comp). KR^0_{eq} sei die Menge der Axiome für eine Kongruenzrelation KR_{eq}

ohne die Substitutionsaxiome für Relationszeichen $q(x_1,\ldots,x_n) \leftarrow eq(x_1, y_1) \wedge\ldots\wedge eq(x_1, y_n) \wedge\ldots\wedge q(y_1,\ldots,y_n)$. Beweisen Sie:

> Ist der Beweissuchbaum über $GP_{eq} \cup LP_{eq} \cup KR_{eq} \cup \{\neg(G_0)_{eq}\}$ erfolgreich, dann ist es auch der Beweissuchbaum über
> $GP_{eq} \cup H(LP)_{eq} \cup KR^0{}_{eq} \cup \{\neg(G_0)_{eq}\}$.

(Siehe [Hoddinott, Elcock, 1986])

Aufgabe 2
Zeigen Sie die Stetigkeit des Operators $T_{GP,\, LP}$.

Aufgabe 3
In den marktüblichen PROLOG-Systemen kann man natürlich Gleichheitsklauseln in die Datenbasis eingeben. Das System bleibt jedoch bei der operationalen Semantik des Beweissuchbaums.

(1) Überlegen Sie sich, ob ein solches Inferenzverfahren noch korrekt arbeitet.
(2) Geben Sie ein Beispiel eines Gleichungsprogramms GP, so daß die übliche Abarbeitung mit Unifikatoren anstelle von K(GP)-Unifikatoren nicht vollständig ist.

11 Logische Programme mit Randbedingungen

11.1 Prolog-Situationen mit Randbedingungen

Dieses Kapitel bietet eine Einführung in die unter der englischen Bezeichnung "constraint logic programming" bekannt gewordene Ausweitung des Paradigmas der logischen Programmierung. Das Schema der logischen Programmierung mit Bedingungen (das ist unser Übersetzungsvorschlag für "constraint logic programming") ist nicht eine bestimmte Erweiterung der logischen Programmierung, sondern ein allgemeiner Rahmen, in den verschiedene konkrete PROLOG-Erweiterungen eingepaßt werden können. Als Pionierarbeiten sind hier [Jaffar, Lassez, Maher 1986], [Jaffar, Lassez 1987] und [Colmerauer 1987] zu nennen.

Den Anstoß zur Entwicklung logischer Programme mit Randbedingungen gab der Wunsch (was die Anwendung von PROLOG angeht, muß man sogar sagen die Notwendigkeit), vorgegebene Datenstrukturen zu benutzen. Zuerst denkt man in diesem Zusammenhang an die natürlichen Zahlen. Es sollte möglich sein, in logischen Programmen die Addition natürlicher Zahlen zu benutzen, und man sollte auch sicher sein, daß die Tatsache 2+3=5 irgendwo in der PROLOG-Abarbeitung korrekt benutzt wird. Ebenso sollte 5>3 als wahre Aussage akzeptiert werden und 3>5 nicht. Man behalf sich damit, diese zusätzlichen Programmkonstrukte als nicht-logische Bestandteile in PROLOG aufzunehmen. Werden diese Konstrukte ohne freie Variablen benutzt, so funktionieren sie auch wie gewünscht, aber abgesehen von dem Verdacht, daß es sich nur um eine Verlegenheitslösung handelt, paßt dieses Vorgehen nicht gut zur Behandlung von Variablenbelegungen in Standard-PROLOG.

Das PROLOG-Programm zur Berechnung der Fakultätsfunktion

```
fak (0, 1).
fak (N, F) ← M is N-1, fak (M, G), F is N*G
```

beantwortet Anfragen der Form fak (n, F) für feste natürliche Zahlen erfolgreich. Die Anfrage fak (X, 5040) führt jedoch zu einer Fehlermeldung, da die Auswertung M is N-1 für die nicht instantiierte Variable N nicht erfolgen kann. Die Beantwortung der Frage, wieviele Tauben und Kaninchen man braucht, um insgesamt 12 Köpfe und 34 Beine zählen zu können, läßt sich nur umständlich durch ein PROLOG-Programm berechnen. Eine Formulierung als lineares Gleichungssystem ist jedoch ein Kinderspiel:

$$T \geq 0$$
$$K \geq 0$$
$$T + K = 12$$
$$2 * T + 4 * K = 34.$$

Man kann natürlich argumentieren, für solche Probleme ist PROLOG eben nicht geeignet und man solle doch die bekannten Algorithmen zur Lösung linearer Gleichungssysteme benutzen. Mit der Einführung von PROLOG III und allgemein der logischen Programmierung mit Randbedingungen ist es jedoch möglich, beides gleichzeitig zu haben: eine logische Programmiersprache mit Lösungsalgorithmus für Gleichungssysteme.

Die Syntax der in logischen Programmen mit Randbedingungen erlaubten Formeln ist nicht sehr verschieden von den bisherigen PROLOG-Regeln

$$A \leftarrow B_1 \wedge \ldots \wedge B_n.$$

Der Unterschied liegt in der intendierten Abarbeitung der $B_1, \ldots, B_n$. Einige davon sollen wie bisher als Zielformeln aufgefaßt werden, d.h.. es wird versucht, sie durch Unifikation mit dem Kopf einer Regel R_1 durch den Rumpf von R_1 zu ersetzen. Andere Formeln unter den B_i sollen dagegen als Randbedingungen aufgefaßt werden; sie werden nicht sofort wirksam, sondern erst bei späteren Unifikationsversuchen und schließlich bei der endgültigen Lösung des Systems von Bedingungen. Wir führen daher den Begriff einer **Hornklausel mit Randbedingungen** ein. Diese sind von der Form

$$A \leftarrow A_1 \wedge \ldots \wedge A_m \,\Delta\, R_1 \wedge \ldots \wedge R_n,$$

wobei alle A, A_i atomare Formeln, die R_i Literale sind und die auftretenden Variablen implizit als universell quantifiziert angenommen werden.
A heißt weiterhin der **Kopf** der Hornklausel, $A_1 \wedge \ldots \wedge A_m$ der **Rumpf** und $\Delta\, R_1 \wedge \ldots \wedge R_n$ die **Randbedingung**. Der Rumpf oder die Randbedingung oder beide können leer sein:

$$A \leftarrow A_1 \wedge \ldots \wedge A_m.$$
$$A \leftarrow \Delta\, R_1 \wedge \ldots \wedge R_n.$$
$$A.$$

Beispiele für Hornklauseln mit Randbedingungen

$q(X,Y) \leftarrow r(X+Y) \,\Delta\, X\geq 0 \wedge Y\geq 0 \wedge X+Y\geq 5.$
$dreieck(X,Y,Z) \leftarrow punkt(X) \wedge punkt(Y) \wedge punkt(Z) \wedge X\neq Y \wedge X\neq Z \wedge Y\neq Z:$
$quotient(X,Y,Z) \leftarrow \Delta\, Y\neq 0.$

Weiter einfache Beispiele findet man in [Lassez 87].

In diesen wie in allen veröffentlichten Beispielen bemerkt man, daß Klauselköpfe und -rümpfe auf der einen Seite und Randbedingungen auf der anderen keine gemeinsamen Prädikatszeichen besitzen, während Funktionszeichen und Konstanten von allen drei Literalgattungen geteilt werden. Wir wollen die folgenden Betrachtungen auf diese speziellen Anforderungen einschränken.

Dazu betrachten wir zwei Vokabulare V_1, V_2, deren Funktions- und Konstantenzeichen übereinstimmen, d.h. $Fkt(V_1) = Fkt(V_2)$, $Kon(V_1) = Kon(V_2)$, und die disjunkte Prädikatszeichen haben, dh. $Pr(V_1) \cap Pr(V_2) = \emptyset$. V_1 soll das Grundvokabular und V_2 das Randbedingungsvokabular heißen. Eine Hornklausel mit Randbedingungen über (V_1,V_2) ist jetzt eine Klausel

$$A \leftarrow A_1 \wedge \ldots \wedge A_m \,\Delta\, R_1 \wedge \ldots \wedge R_n$$

wobei A und $A_1,\ldots,A_m$ atomare Formeln über V_1 und $R_1,\ldots,R_n$ Literale über V_2 sind. Eine Klausel $A \leftarrow A_1 \wedge \ldots \wedge A_m \,\Delta\, R_1 \wedge \ldots \wedge R_n$ ist wahr in einer Struktur M genau dann, wenn die universell quantifizierte Formel $A \leftarrow A_1 \wedge \wedge A_m \wedge R_1 \wedge \wedge R_n$ wahr ist in M.

Eine **PROLOG-Situation D** $= P \cup \{\neg G\}$ mit **Randbedingungen** über (V_1,V_2) besteht aus einer Menge P von Hornklauseln mit Randbedingungen über (V_1,V_2), dem PROLOG-Programm und einem **Ziel G mit Randbedingungen** über (V_1,V_2). Dabei hat G die Form

$$\exists X_1 \ldots \exists X_k \,(A_1 \wedge \ldots \wedge A_m \,\Delta\, R_1 \wedge \ldots \wedge R_n)$$

wobei $X_1,\ldots,X_k$ alle vorkommenden Variablen sind, A_i atomare Formeln über V_1 und R_i Literale über V_2 sind. Die Indizes m und n können auch 0 sein, wobei natürlich der Fall m=n=0 wenig interessant ist.

Als nächstes wird in Analogie zum bisherigen Vorgehen der allgemeine Beweissuchbaum für PROLOG-Situationen mit Randbedingungen eingeführt werden. Damit wird dann auch nach den einführenden, mehr motivierenden Erklärungen in diesem Kapitel zum ersten Mal eine präzise Beschreibung der prozeduralen Semantik gegeben.

Wie eingangs erwähnt, soll die Bedeutung der Zeichen im Randbedingungsvokabular V_2 fest vorgegeben sein. Wir wählen also eine V_2-Struktur **R**, die in der folgenden Definition festgehalten wird. Typische Beispiele für eine Wahl von **R** sind die Struktur der reellen (siehe [Jaffar, Michaylov 86] und [Heintze et al. 86]) oder ganzen Zahlen mit den üblichen Operationen und den Relationen ≤ und = oder die zwei-elementige boolesche Algebra mit den üblichen logischen Operationen. Andere Möglichkeiten findet man in [Beringer, Porcher, Franck 89], [Borning et al. 89] und [Walinsky 89].
Der **allgemeine Beweissuchbaum B** für eine **PROLOG-Situation mit Randbedingungen** $D = P \cup \{\neg G\}$ über (V_1,V_2) bezüglich der V_2-Struktur **R** ist ein Baum, dessen Knoten mit PROLOG-Zielen mit Randbedingungen über (V_1,V_2) markiert sind, wobei die Wurzel die Markierung $\neg G$ trägt für

$$G = \exists \mathbf{X}\ (A_1 \wedge \ldots \wedge A_m \,\Delta\, R_1 \wedge \ldots \wedge R_n),$$

vorausgesetzt $\exists \mathbf{X}\ (R_1 \wedge \ldots \wedge R_n)$ ist in **R** wahr. Ist N ein Knoten des Baumes mit Markierung

$$\neg\exists \mathbf{X}\ (A_1 \wedge \ldots \wedge A_m \,\Delta\, R_1 \wedge \ldots \wedge R_n),$$

dann gibt es für jedes i, $1 \le i \le m$ und jede Programmklausel

$$A \leftarrow B_1 \wedge \ldots \wedge B_k \,\Delta\, S_1 \wedge \ldots \wedge S_r$$

in P einen Nachfolgerknoten N_i im Baum, vorausgesetzt die Formel

$$F = \exists \mathbf{X}\, \exists \mathbf{Y}\ (R_1 \wedge \ldots \wedge R_n \wedge S_1 \wedge \ldots \wedge S_r \wedge t_1 \equiv s_1 \wedge \ldots \wedge t_p \equiv s_p\,)$$

ist in **R** wahr. Hierbei ist **Y** die Folge aller Variablen in der Programmklausel, wobei vorausgesetzt wird, daß **X** und **Y** keine gemeinsamen Variablen enthalten.
Die zusätzlichen Gleichungen kommen aus den atomaren Formeln

$$A_i = A_i\,(t_1,\ldots, t_p)$$

und

$$A = A\,(s_1,\ldots, s_p)$$

Der Knoten N_i ist, falls er existiert, mit der Markierung

$$\neg\exists \mathbf{X}\, \exists \mathbf{Y}\ (\ A_1 \wedge \ldots \wedge A_{i-1} \wedge A_{i+1} \wedge \ldots \wedge A_m \wedge B_1 \wedge \ldots \wedge B_k \,\Delta$$
$$\Delta\, R_1 \wedge \ldots \wedge R_n \wedge S_1 \wedge \ldots \wedge S_r \wedge t_1 \equiv s_1 \wedge \ldots \wedge t_p \equiv s_p\,)$$

versehen.

Bemerkungen

- Zum Zwecke der Definition haben wir alle Parameter, die in die Definition von B eingehen, explizit erwähnt. Der Einfachheit halber werden wir B nur mit B(D, **R**) referenzieren.
- Der Spezialfall, daß $Pr(V_2) = \{\equiv\}$ und **R** die V_2-Herbrand-Struktur ist, führt zurück zum üblichen Beweissuchbaum für PROLOG-Situationen ohne Randbedingungen.
- Ist der Randbedingungsteil des ursprünglichen Zieles G in **R** nicht wahr, so ist B(D, **R**) der leere Baum.

Ein Pfad in einem Beweissuchbaum, der mit einer Markierung $\neg\exists\mathbf{X}\ (\Delta\ R_1 \wedge \ldots \wedge R_n)$ endet, heißt **erfolgreich.** $R_1 \wedge \ldots \wedge R_n$ heißt dann die **Antwortrestriktion** des Pfades. Jeder andere endliche Pfad heißt **erfolglos.** B(D, **R**) heißt **im Endlichen erfolglos**, wenn jeder Pfad erfolglos ist. Insbesondere ist der leere Beweissuchbaum im Endlichen erfolglos.

Wir zielen darauf hin, den entscheidenden Vollständigkeitssatz mit Hilfe eines geeigneten Fixpunktoperators $T_{P,\mathbf{R}}$ zu führen. Der Operator hängt, wie der Beweissuchbaum B(D, **R**), ab von einer fest gewählten V_2-Struktur **R**. Wir nehmen an, daß im Vokabular V_2 (und damit auch in V_1) genügend viele Konstantenzeichen vorrätig sind, so daß jedes Element des Universums von **R** durch eine Konstante benannt wird. Unter dieser Voraussetztung bildet $T_{P,\mathbf{R}}$ Mengen variablenfreier atomarer V_1-Formeln wieder in solche Mengen ab. Sei I eine solche Menge, so gehört eine variablenfreie, atomare Formel $A(r_1,\ldots,r_k)$ zu $\mathbf{T_{P,R}(I)}$ genau dann, wenn es eine Klausel

$$B(t_1,\ldots,t_k) \leftarrow C_1 \wedge \ldots \wedge C_k\ \Delta\ R_1 \wedge \ldots \wedge R_n$$

in P gibt, so daß in **R** die Formel

$$\exists\mathbf{X}\ (R_1 \wedge \ldots \wedge R_n \wedge\ r_1 \equiv t_1 \wedge \ldots \wedge\ r_k \equiv t_k) = \exists\mathbf{X}\ F(\mathbf{X})$$

wahr ist, wobei **X** die Liste aller in der in der Klausel vorkommenden Variablen ist. Darüber hinaus soll die Formel $\exists\mathbf{X}\ F(\mathbf{X})$ nicht nur wahr sein in **R**, es muß sogar ein Elementtupels **s** aus **R** geben , so daß

$$\mathbf{R} \models F(\mathbf{s})$$

gilt und alle $C_i(\,^{\mathbf{s}}/_{\mathbf{X}})$, $1 \leq i \leq m$, in I liegen.

Lemma 1
$T_{P,R}$ ist ein stetiger und damit auch monotoner Operator.

Beweis: offensichtlich. □

Die Rolle der Herbrand-Strukturen wird in diesem Rahmen von den sogenannten **R**-Strukturen übernommen, wobei **R** weiterhin die fixierte V_2-Struktur ist. Eine V_1-Struktur H heißt dabei eine **R-Struktur**, wenn sie dasselbe Universum wie **R** besitzt und die Interpretation der Konstanten- und Funktionszeichen (diese sind ja in V_1 und V_2 dieselben) übereinstimmen. Die Interpretation der Prädikatszeichen aus $Pr(V_1)$ in H unterliegt keiner Einschränkung. Es gibt somit eine eindeutige Korrespondenz zwischen Mengen I von variablenfreien, atomaren V_1-Formeln und **R**-Strukturen. Wir bezeichnen mit **R**(I) diejenige **R**-Struktur, in der genau die variablenfreien atomaren Formeln wahr sind, die in I vorkommen.

Lemma 2
Die **R**-Struktur **R**(I) ist genau dann ein Modell für ein PROLOG-Programm P mit Randbedingungen, wenn $T_{P,\mathbf{R}}(I) \subseteq I$.

Beweis:
Gelte zunächst $T_{P,\mathbf{R}}(I) \subseteq I$. Es ist zu zeigen, daß für jede Klausel

(0) $$A \leftarrow B_1 \wedge \ldots \wedge B_m \,\Delta\, R_1 \wedge \ldots \wedge R_n$$

in P mit Variablenliste **X** und jedes Elementtupel **r** aus **R**, so daß

(1) $$\mathbf{R}(I) \models B_1 \wedge \ldots \wedge B_m \wedge R_1 \wedge \ldots \wedge R_n \,[\,^{\mathbf{r}}/_{\mathbf{X}}]$$

gilt, auch

(2) $$\mathbf{R}(I) \models A\,[\,^{\mathbf{r}}/_{\mathbf{X}}]$$

gilt.

Beweis:
Aus (1) folgt nach Definition von **R**(I) für alle i, $1 \le i \le m$, $B_i\,[\,^{\mathbf{r}}/_{\mathbf{X}}] \in I$. Nach Definition von $T_{P,R}$ folgt $A\,[\,^{\mathbf{r}}/_{\mathbf{X}}] \in T_{P,\mathbf{R}}(I)$, was nach der Voraussetzung dieses Beweisteils $A\,[\,^{\mathbf{r}}/_{\mathbf{X}}] \in I$ zur Folge hat. Somit folgt (2) wieder aufgrund der Definition von **R**(I).
Gelte jetzt umgekehrt $\mathbf{R}(I) \models P$ und sei $A[\,^{\mathbf{r}}/_{\mathbf{X}}]$ in $T_{P,\mathbf{R}}(I)$. Nach Definition dieses

Operators muß es eine Klausel (0) in P geben, so daß $B_i[\,^{\mathbf{r}}/\,_{\mathbf{X}}]$ in I liegt und die Formeln $R_j[\,^{\mathbf{r}}/\,_{\mathbf{X}}]$ in **R** wahr sind. Somit muß auch (1) gelten. Da **R**(I) nach der Voraussetzung für diesen zweiten Beweisteil ein Modell für P ist, gilt dann auch (2) und damit $A[\,^{\mathbf{r}}/\,_{\mathbf{X}}] \in I$. □

Wir definieren wie üblich $T^0{}_{P,\mathbf{R}} = T_{P,\mathbf{R}}(\emptyset)$, $T^{n+1}{}_{P,\mathbf{R}} = T_{P,\mathbf{R}}(T^n{}_{P,\mathbf{R}})$ und $T^{\omega}{}_{P,\mathbf{R}} = \bigcup\{T^n{}_{P,\mathbf{R}} : n \geq 0\}$.

Lemma 3

1. Der Durchschnitt einer Menge von **R**-Modellen von P ist wieder ein **R**-Modell von P.
2. Jedes PROLOG-Programm P mit Randbedingungen besitzt ein kleinstes **R**-Modell.
3. **R**(I)ist das kleinste **R**-Modell von P genau dann, wenn I der kleinste Fixpunkt von $T_{P,\mathbf{R}}$ ist.
4. Ist **R**(I) das kleinste **R**-Modell von P, so gilt $I = T^{\omega}{}_{P,\mathbf{R}}$.

Beweis:
Analog zu Satz 2.5 und Satz 6.13. Die Ausführung kann dem Leser als Übungsaufgabe überlassen werden. □

Satz 4 (Korrektheitssatz)
Sei $D = P \cup \{\neg G\}$ eine PROLOG-Situation mit Randbedingungen, $G = \exists \mathbf{X}(A_1(t_1,\ldots,t_p) \wedge A_2 \wedge \ldots \wedge A_m \,\Delta\, R_1 \wedge \ldots \wedge R_n)$. Mit G_0 bezeichnen wir die Formel $A_1 \wedge \ldots \wedge A_m \wedge R_1 \wedge \ldots \wedge R_n$. Sei $S = S_1 \wedge \ldots \wedge S_k$ die Antwortrestriktion eines erfolgreichen Pfades im Beweissuchbaum B(D,**R**). Dann gilt in jedem **R**-Modell H von P

$$H \models \forall\, \mathbf{X}\,(S \rightarrow G_0),$$

wobei X die Liste aller in S und G auftretenden Variablen ist.

Beweis:
Induktion nach der Länge L des erfolgreichen Pfades.
Ist L = 1, so muß $S = G_0$ sein und die Behauptung ist trivial.
Induktionsschritt:
Die Markierung des zweiten Knotens auf dem erfolgreichen Pfad werde erhalten, indem $A_1(t_1,\ldots,t_p)$ durch den Rumpf der Klausel

$$A_1 (t_1,...,t_p) \leftarrow B_1 \wedge ... \wedge B_r \,\Delta\, T_1 \wedge ... \wedge T_k$$

aus P ersetzt wird. Nach Induktionsvoraussetzung gilt

$$H \models \forall \mathbf{X} (S \rightarrow B_1 \wedge ... \wedge B_r \wedge A_2 \wedge ... \wedge A_m \wedge T_1 \wedge ... \wedge T_k \wedge R_1 \wedge ... \wedge R_n \wedge s_1 \equiv t_1 \wedge ... \wedge s_p \equiv t_p)$$

Da in jedem **R**-Modell gilt

$$\forall \mathbf{X} (B_1 \wedge ... \wedge B_r \wedge T_1 \wedge ... \wedge T_k \wedge s_1 \equiv t_1 \wedge ... \wedge s_p \equiv t_p \rightarrow A_1 (t_1,...,t_p)),$$

gilt damit auch

$$H \models \forall \mathbf{X} (S \rightarrow G_0).$$

□

Satz 5 (Vollständigkeitssatz)
Sei P ein PROLOG-Programm mit Randbedingungen. $p_1(\mathbf{X}_1),...,p_m(\mathbf{X}_m)$ seien Prädikatszeichen aus $P_r(V_1)$ und R = $R_1,...,R_n$, Literale aus V_2. **X** sei die Liste aller Variablen, die in $p_1,...,p_m$ und **R** vorkommen. Zu jedem Elementtupel **r** aus **R**, so daß im kleinsten **R**-Modell H von P gilt

$$H \models p_1(\mathbf{X}) \wedge ... \wedge p_m(\mathbf{X}) \wedge R [^{\mathbf{r}} / _{\mathbf{X}}],$$

gibt es einen erfolgreichen Pfad im Beweissuchbaum B(D,**R**), D = P ∪ $\{\neg\exists \mathbf{X} (p_1 \wedge ... \wedge p_m \,\Delta\, R) \}$, mit Antwortrestriktion S, so daß

$$H \models \exists \mathbf{Y}\, S[^{\mathbf{r}} / _{\mathbf{X}}],$$

wobei **Y** die Liste der in S, aber nicht in **X** vorkommenden Variablen ist.

Beweis: Wir ersetzen zunächst jede Programmklausel

$$A \leftarrow B \,\Delta\, T$$

in P, wobei $B = B_1(\mathbf{t}'_1) \wedge ... \wedge B_e(\mathbf{t}'_e)$ und $\mathbf{t}_i = (t'_{i,1},...,t'_{i,l(i)})$ ist, durch

$$A \leftarrow B_1(\mathbf{U}_1) \wedge ... \wedge B_e(\mathbf{U}_e) \,\Delta\, T \wedge \bigwedge\{U_{i,j} \equiv t'_{i,j} : 1 \le i \le e, 1 \le j \le l(i) \}$$

wobei $\mathbf{U}_i = (U_{i,1}, ...,U_{i,l(i)})$ und die $U_{i,j}$ neue Variable sind. Das entstehende Programm ist logisch äquivalent zum gegebenen P, besitzt also insbesondere dasselbe minimale R-Modell H.

Nach Lemma 3(4) gibt es für jedes j, 1 ≤ j ≤ m, ein n_j, so daß

$$p_j [^{\mathbf{r}} / _{\mathbf{X}}] \in T^{n_j}{}_{P,\mathbf{R}}.$$

gilt.

Wir beweisen die Behauptung durch Induktion über die lexikographisch geordneten Paare (N, a), wobei N = $\max\{n_1,...,n_m\}$ und a = Anzahl der j, so daß n_j = N.

Für (N, a) = (0, 1) muß insbesondere m = 1 sein und $p_1\,[\,\mathbf{r}\,/\,\mathbf{X}] = p_1(r_1,...,r_k) \in T^0{}_{P,\mathbf{R}}$.

Nach Definition von $T^0{}_{P,\mathbf{R}}$ gibt es eine Klausel

$$p_1(t_1,...,t_k) \leftarrow \Delta\; T_1 \wedge ... \wedge\; T_n$$

in P, so daß für ein Elementtupel **s** aus **R** gilt

$$R \models\; T_1 \wedge ... \wedge T_n \wedge R \wedge\; r_1 \equiv t_1 \wedge \;...\; \wedge\; r_k \equiv t_k\,[\,\mathbf{s}\,/\,\mathbf{Y}].$$

Somit läßt sich ein erfolgreicher Pfad der Länge 1 in B(D, **R**) mit Antwortrestriktion

$$T_1 \wedge ... \wedge T_n \wedge R \wedge\; r_1 \equiv t_1 \wedge \;...\; \wedge\; r_k \equiv t_k$$

finden.

Induktion von (N, a) auf (N, a+1) oder (N, a) auf (N+1, 1).

Der Einfachheit halber können wir ohne Einschränkung der Allgemeinheit annehmen, daß n_1 maximal ist unter den $n_1,...,n_m$. Nach Definition von $T_{P,\mathbf{R}}$ gibt es eine Klausel

$$p_1(t_1,...,t_k) \leftarrow B\; \Delta\; T$$

in P mit den Variablen **Z** disjunkt zu **X** und ein Elementtupel **r´** in **R**, so daß

$$\mathbf{R} \models\; r_1 \equiv t_1\,[\,\mathbf{r}'\,/\,\mathbf{Z}] \wedge \;...\; \wedge\; r_k \equiv t_k\,[\,\mathbf{r}'\,/\,\mathbf{Z}]$$

und

$$\mathbf{R} \models\; T\,[\,\mathbf{r}'\,/\,\mathbf{Z}],$$

und für alle B_i in der Konjunktion $B = B_1 \wedge ... \wedge B_e$ gilt

$$B_i\,[\,\mathbf{r}'\,/\,\mathbf{Z}] \in T^{n'}{}_{P,\mathbf{R}}$$

für $n' < n_1$.

Die atomaren Formeln B_i sind von der Form $q_i(Z_{j,1},...,Z_{j,f})$.

Wegen der Wahl von H und der Disjunktheit von **X** und **Z** gilt:

$$H \models\; p_2(\mathbf{X}) \wedge ... \wedge p_m(\mathbf{X}) \wedge ... \wedge B_1(\mathbf{Z}) \wedge \;...\; \wedge\; B_e(\mathbf{Z}) \wedge$$
$$\wedge\; R \wedge\; T[\mathbf{r}/\mathbf{X}, \mathbf{r}'/\mathbf{Z}].$$

Nach Induktionsvoraussetzung gibt es einen erfolgreichen Pfad im Beweissuchbaum B(D´,R) für

$$D' = P \cup \{\neg\exists X \exists Z(p_1 p \wedge \ldots \wedge p_m \wedge \; B\, R \wedge \; T\}$$

mit Antwortrestriktion S, so daß

$$H \models \exists\ Y' S\,[\, r\,/\,X, r'/Z].$$

Der Wurzelknoten von B(D',R) ist offensichtlich ein Nachfolgerknoten des Wurzelknotens von B(D,R). Wir erhalten also einen erfolgreichen Pfad in B(D,R) mit Antwortrestriktion S, so daß, wie gewünscht,

$$H \models \exists\ Y' \exists Z\ S\,[\, r\,/\,X]$$

gilt.

Bemerkung
Im Vollständigkeitssatz wird nur eine Aussage über Ziele der Form $p(X_1,\ldots,X_m)$ gemacht. Deswegen war die Transformation des Programms P am Anfang des Beweises von Satz 5 notwendig. Man kann sich jetzt die Frage stellen, ob Satz 5 nicht auch von Anfang an für Ziele $p(t_1,\ldots,t_m)$ richtig ist. Die Antwort ist *nein*, wie das folgende einfache **Beispiel** zeigt:

$P = \{p(X+Y) \leftarrow \Delta\ X > Y \wedge X+Y < 10\ \}$
Als Modell wählen wir die natürlichen Zahlen, $\mathbf{R} = (\ N, +, <)$.
Das kleinste **R**-Modell H ist von der Form $(\ N, +, p^H)$, wobei $p^H = \{0,\ldots,9\}$. Für die atomare Formel $p = p(X+Y)$ gilt dann insbesondere

$$H \models\ p\,[\,{}^2/_X, {}^3/_Y\,].$$

Die einzige Antwortrestriktion des einzigen erfolgreichen Pfades in $B\,(\,P \cup \{\neg\exists X,Y\ p(X+Y)\}$, **R**) ist $S = X > Y \wedge X+Y < 10$, und diese wird durch $X = 2$, $Y = 3$ nicht erfüllt.

Wir schreiben $P \vdash_{\mathbf{R}} A$ für die Aussage, daß in jedem **R**-Modell H von P gilt $H \models\ A$.

Korollar 6
Sei P ein PROLOG-Programm mit Randbedingungen, A eine Konjunktion atomarer Formeln aus $Fml(V_1)$ und T eine Konjunktion von Literalen aus $Fml(V_2)$, so daß

$$P \vdash_{\mathbf{R}} \exists X\, (A \wedge\ T).$$

Dann besitzt der Beweissuchbaum $B(\ P \cup\ \{\neg\exists \mathbf{X}\ (A\,\Delta\ T\},\ \mathbf{R})$ einen erfolgreichen Pfad.

Beweis: Einfache Konsequenz aus Satz 5. □

Für Prolog-Programme P ohne Randbedingungen gab es für jedes Ziel G(**x**) und jede Lösung **r** für G(**x**) im minimalen Herbrand Modell von P einen erfolgreichen Pfad im allgemeinen Beweissuchbaum über P∪ {¬ G(**x**)}. In Analogie dazu haben wir für jedes Prolog-Programm mit Randbedingungen und jede fixierte V_2-Struktur **R** für jedes Ziel G(**x**) und jede Lösung **r** für G(**x**) im minimalen **R**-Modell von P die Existenz eines erfolgreichen Pfades im Beweissuchbaum B(P ∪ {¬ G(**x**)},**R**) gezeigt mit einer Antwortrestriktion S, so daß **R** ⊨ S(**r**). Da das Ergebnis eines erfolgreichen Pfades sowieso schon eine Menge von Lösungen für die Anfrage G(**x**) liefert, nämlich {**r** : **R** ⊨ S(**r**)}, könnte man versucht sein, nach einem erfolgreichen Pfad mit einer Antwortrestriktion S_1 zu suchen, so daß

$$\{\mathbf{r} : \mathbf{H} \models G(\mathbf{r})\} = \{\mathbf{r} : \mathbf{R} \models S_1(\mathbf{r})\}$$

gilt. Aufgabe 1 zeigt, daß das im allgemeinen nicht möglich ist. In [Jaffar, Lassez 86] wird eine Variante des hier präsentierten Beweissuchbaums eingeführt, die nicht Bezug nimmt auf die Struktur **R** , sondern auf eine Theorie J, so daß **R** ⊨ J gilt und J vollständig ist bzgl. existentiell positiver Sätze. In diesem Rahmen kann das oben beschriebene Resultat bewiesen werden. Unter einer zusätzlichen Voraussetzung an **R** (in [Jaffar, Lassez 86] *solution c ompleteness* genannt) läßt sich auch wieder eine Korrespondenz zwischen im Endlichen erfolglosen Beweissuchbäumen und Ableitbarkeit der Negation in einer geeignet definierten Vervollständigung beweisen.

11.2 Übungsaufgaben

Aufgabe 1

Zeigen Sie durch ein einfaches Gegenbeispiel, daß die folgende Verschärfung des Vollständigkeitssatzes nicht richtig ist.

Sei p ein Prädikatzeichen in pr(V1), der Einfachheit halber sei p einstellig. Dann gibt es einen erfolgreichen Pfad im Beweissuchbaum B(P ∪ {¬∃X p(X)}, **R**) mit Antwortrestriktion S, so daß für jedes Element r aus **R** gilt

$$H \models p[^r/_X].$$

gdw.

$$H \models \exists Y\, S[^r/_X].$$

(Die nicht erklärten Bezeichnungen seien wie in Satz 5.)

Anhang

Schon in der Einleitung wurde erwähnt, daß die Frage nach der Terminierung logischer Programme unentscheidbar ist. Aus den Resultaten des Kapitels 7 folgt, daß es Programme P und Ziele G(X) geben muß, so daß die Frage, für welche geschlossenen Terme t das Ziel G(t) aus P ableitbar ist, oder äquivalent, für welche geschlossenen Terme t der Beweissuchbaum von G(t) über P einen erfolgreichen Pfad enthält, unentscheidbar ist. In diesem Anhang soll ein überschaubares logisches Programm explizit angegeben werden mit der genannten Unentscheidbarkeitseigenschaft. Wir benutzen dazu ein unentscheidbares Ableitbarkeitsproblem, das in dem Buch [Hofstadter 1985] vorgestellt wird. Dabei geht es um Wörter, die aus den Buchstaben m, i, n gebildet werden. Man beginnt mit dem Wort m i und hat vier Regeln:

Regel 1: Von einem Wort x i kann man übergehen zu x i n.
Regel 2: Von einem Wort m x kann man übergehen zu m x x.
Regel 3: In einem Wort kann man drei aufeinanderfolgende i durch ein n ersetzen.
Regel 4: Zwei aufeinanderfolgende n kann man aus einem Wort weglassen.

Dieses System nennen wir das min-System. Eine gültige Ableitung im min-System ist z. B.

mi	(Anfang)
mii	(Regel 2)
miiii	(Regel 2)
mni	(Regel 3)
mnin	(Regel 1)
mninnin	(Regel 2)
mniin	(Regel 4)

Die Frage, ob ein gegebenes Wort im min-System ableitbar ist, ist unentscheidbar, wie in [Hofstadter 1985] nachgewiesen wird.
Es bleibt die Aufgabe, das min-System in die Sprache logischer Programme zu übersetzen. Wir benutzen dazu einstellige Funktionszeichen m( ), i( ), n( ) und ein Konstantenzeichen. Das Wort min wird dann in den Term m(i(n(a))) übersetzt und allgemein ein Wort $y_1 \ldots y_n$ in den Term $y_1(\ldots(y_n(a)\ldots)$. Den Ableitungsprozeß

selbst werden wir als ein Wegsucheproblem in dem unendlichen Graphen aller Terme der Form $y_1(\ldots(y_n(a)\ldots)$ beschreiben, wobei alle $y_i \in \{m, i, n\}$. In diesem Graphen führt eine Kante von t_1 nach t_2 genau dann, wennes eine Regel gibt, die t_1 in t_2 überführt. Die Prozeduren r_1 bis r_4 realisieren die Wirkung der Anwendung der entsprechenden Regel.

Die Datenbasis P_{min} bestehe aus den folgenden Klauseln:

r_1 (i(a), i(n(a))).
r_1 (m(X), m(Y)) ← r_1 (X, Y).
r_1 (n(X), n(Y)) ← r_1 (X, Y).
r_1 (i(X), i(Y)) ← X ≠ a ∧ r_1 (X, Y).

r_2 (m(X), m(Y)) ← r_{20} (X, X, Y).
r_{20} (X, a, X).
r_{20} (X, i(W), i(Y)) ← r_{20} (X, W, Y).
r_{20} (X, m(W), m(Y)) ← r_{20} (X, W, Y).
r_{20} (X, n(W), n(Y)) ← r_{20} (X, W, Y).

r_3 (iii(X), u(X)).
r_3 (n(X), n(Y)) ← r_3 (X, Y).
r_3 (m(X), m(Y)) ← r_3 (X, Y).
r_3 (i(X), i(Y)) ← r_3 (X, Y).

r_4 (n(n(X)), X).
r_4 (n(X), n(Y)) ← r_4 (X, Y).
r_4 (i(X), i(Y)) ← r_4 (X, Y).
r_4 (m(X), m(Y)) ← r_4 (X, Y).

kante(X, Y) ← r_1(X, Y).
kante(X, Y) ← r_2(X, Y).
kante(X, Y) ← r_3(X, Y).
kante(X, Y) ← r_4(X, Y).

weg(X, X).
weg(X, Y) ← kante(X, Z) ∧ weg(Z, Y).

ableitbar(Y, 0) ← ¬ weg(m(i(a)), Y).
ableitbar(Y, 1) ← weg(m(i(a)), Y).

Man sieht leicht, daß für alle variablenfreie Terme t_1, t_2 , die nur aus n, i, m und a aufgebaut sind, gilt

$P_{min} \vdash r_1(t_1, t_2)$ genau dann, wenn

$t_1 = f_1(...f_k(a)...)$

$t_2 = f_1(...f_k(.f_{k+1}(a))...)$

mit $f_k.\equiv.i$ und $f_{k+1} \equiv n$

$P_{min} \vdash r_2(t_1, t_2)$ genau dann, wenn

$t_1 = m(f_1(...f_k(a)...)$

$t_2 = m(f_1(...f_k(.f_1(...f_k(a)...)$

$P_{min} \vdash r_3(t_1, t_2)$ genau dann, wenn

$t_1 = f_1(...f_k(.i(i(i(f_{k+1}(...f_r(a)...)$

$t_2 = f_1(...f_k(n(.f_{k+1}(...f_r(a)...)$

oder $t_1 = t_2$

$P_{min} \vdash r_4(t_1, t_2)$ genau dann, wenn

$t_1 = f_1(...f_k(.n(n(f_{k+1}(...f_r(a)...)$

$t_2 = f_1(...f_r(a)...)$

Ist w ein Wort im min-Alphabet und t_w seine Übersetzung in einen Term, dann gilt

$P_{min} \vdash$ weg(m(i(a)), t_w)

genau dann, wenn

w ist im min-System herleitbar.

Für ein Wort, das nicht herleitbar ist im min-System, wie z. B. für mn, ist der Beweissuchbaum für weg(m(i(a)), m(n(a))) ohne erfolgreichen Pfad und enthält (viele) unendliche Pfade.

Die Inadäquatheit der klassischen Logik zu Beschreibung verallgemeinerter logischer Programme läßt sich jetzt leicht vorführen.

Aus comp(P_{min}) kann die Formel

$$\exists X \text{ ableitbar}(m(n(a)), X)$$

hergeleitet werden, was daran liegt, daß

$$\text{weg}(m(i(a)), m(n(a))) \vee \neg \text{weg}(m(i(a)), m(n(a)))$$

eine Tautologie ist. Der Beweissuchbaum für ableitbar(m(n(a)), X) über P_{min} besitzt aber keinen erfolgreichen Pfad.

Lösungen

Dieses Kapitel enthält Lösungen zu einigen ausgewählten Übungsaufgaben.

Lösung zu 2.4:
Die Antwort ist nein. Zwar läßt sich aus $\Phi_1 \wedge \Phi_2$ noch auf

$$\exists r\ (auf(r,T,b) \wedge frei(r,a))$$

schließen, aber für eine weitere Anwendung der Implikationen aus Φ_2 fehlt die Prämisse frei(r,b).
Dieses Beispiel veranschaulicht das sog. "frame-problem" im Situationenkalkül. Zusätzlich zu den Situationsänderungen, die durch die Implikationen in Φ_2 beschreiben werden, muß noch ausgedrückt werden, daß alle anderen Fakten weiterhin gelten. Im Fall des Übergangs von s_0 zu r muß z. B: sichergestellt werden, daß auf(r,T,a) und frei(r,b) nach wie vor gelten.

Lösung zu 2.9:
Die Implikation von links nach rechts ist offensichtlich richtig. Gelte jetzt D $\vdash A(c/x)$. Um $D \vdash \forall x\ A$ zu zeigen, müssen wir für jede Struktur M mit $M \models D$ und jedes $m \in M$ auch $M \models A(x)[m]$ zeigen. Sei M' diejenige Struktur, die aus M durch die Abänderung

$$c_{M'} = m$$

entsteht.
Da c in D nicht vorkommt, gilt auch $M' \models D$ und nach Voraussetzung $M' \models A(c/x)$, was gleichbedeutend ist mit $M' \models A(x)[m]$. Da c auch nicht in $\forall x\ A$ vorkommt, erhält man wie gewünscht $M \models A(x)[m]$.

Lösung zu 3.7a:
Sei $M = \{ f(x_0,c), f(d,x_1) \}$ und $\{ x_i : i \geq 0 \}$ die Menge aller Variablen. $\sigma_i(x_0) = d$, $\sigma_i(x_1) = c$ muß für i = 1,2 gelten. Sei außerdem $\sigma_1(x_{k+2}) = x_k$ und $\sigma_2(x_{k+2}) = x_{k+2}$.

Offensichtlich sind σ_1,σ_2 beides allgemeinste Unifikatoren. Wäre σ eine Substitution, so daß $\sigma_1 = \sigma * \sigma_2$ und für jedes x_j ist $\sigma(x_j)$ wieder eine Variable, dann gibt es ein k mit $\sigma(x_0) = x_k$. Da außerdem $\sigma(x_{k+2}) = \sigma(\sigma_2(x_{k+2})) = \sigma_1(x_{k+2}) = x_k$ sein muß, kann σ nicht injektiv sein.

Lösung zu Aufgabe 5.3:
(a) $D = \{A \vee A, \neg A \vee \neg A\}$
(b) $E = \{p(x), \neg p(f(x))\}$

Lösung zu Aufgabe 4.5:
Für $D = \{\forall x\, p(x)\}$ gilt sowohl $D \vdash \forall x\, (p(x) \vee q(x))$ als auch $D \vdash p(a)$, aber keine der beiden Klauseln liegt in I(D).

Lösung zu Aufgabe 6.4 b)
Wir führen Induktion nach n. Im Induktionsanfang n = 0 gilt $\mathrm{Subst}(Ta^0{}_P(I)) = \mathrm{Subst}(I) = T^0{}_P(\mathrm{Subst}(I))$.

Sei jetzt $A \in \mathrm{Subst}(Ta^{n+1}{}_P(I))$. Dann gibt es eine Substitution σ und eine Formel $B \in Ta^{n+1}{}_P(I)$, so daß $A = \sigma(B)$. Aus der Definition von $Ta^{n+1}{}_P(I)$ folgt die Existenz einer Regel $C \leftarrow C_1 \wedge \ldots \wedge C_k$ in P und einer weiteren Substitution μ, so daß $\mu(C) = B$ und für alle i $\mu(C_i) \in Ta^n{}_P(I)$. Nach der Induktionsvoraussetzung liegt für jedes i die atomare Formel $\sigma\mu(C_i)$ in $T^n{}_P(\mathrm{Subst}(I))$. Also auch $A = \sigma\mu(C)$ in $T^{n+1}{}_P(\mathrm{Subst}(I))$.

Sei jetzt umgekehrt A eine variablenfreie Formel in $T^{n+1}{}_P(\mathrm{Subst}(I))$. Nach Definition des Operators T gibt es eine Substitution σ und eine Regel $B \leftarrow B_1 \wedge \ldots \wedge B_k$ in P, so daß $A = \sigma(B)$ und für alle i gilt $\sigma(B_i) \in T^n{}_P(\mathrm{Subst}(I))$. Nach Induktionsvoraussetzung liegen dann alle diese Formeln auch in $\mathrm{Subst}(Ta^n{}_P(I))$. Es gibt also Substitutionen ϱ_i und $B'_i \in Ta^n{}_P(I)$ mit $\sigma(B_i) = \varrho_i(B'_i)$. Nach Teil a) der Übungsaufgabe gilt dann aber auch $\sigma(B_i) \in Ta^n{}_P(I)$ für alle i und damit auch $A \in Ta^n{}_P(I)$. Da A notwendigerweise variablenfrei sein muß, erhalten wir sogar $A \in \mathrm{Subst}(Ta^n{}_P(I))$.

Lösung zu Aufgabe 6.6
(1) Beweis:
Es genügt, die Behauptung des Lemmas im Detail aufzuschreiben. Da R eine AL-Resolvente von K_1, K_2 ist, gibt es ein positives Literal A und Klauseln $K_{1,0}$ und $K_{2,0}$, so daß

$$K_1 = A \vee K_{1,0}$$
$$K_2 = \neg A \vee K_{2,0}$$
$$R = K_{1,0} \vee K_{2,0}$$

Gilt dann

$$D \vdash \forall x (\neg K_{1,0} \wedge \neg K_{2,0})$$

und

$$D \vdash \forall x (\neg A \vee K_{2,0}),$$

dann folgt unmittelbar

$$D \vdash \forall x (\neg A \wedge \neg K_{1,0})$$

□

(2) Gegenbeispiel:

$$K_1 : \neg A(x)$$
$$K_2 : A(f(y)) \vee \neg B(y)$$
$$R : \neg B(y)$$

Für $D = \{\forall y\, B(y), \forall y\, (A(f(y)) \leftarrow B(y))\}$ gilt dann:

$$D \vdash \forall y\, B(y)$$
$$D \vdash \forall y\, (A(f(y)) \leftarrow B(y))$$

aber *nicht*

$$D \vdash \forall x\, A(x).$$

Lösung zu Aufgabe 6.7

Sei P_1 ein erfolgreicher Pfad im Beweissuchbaum über $D \cup \{\neg\theta(G)\}$.
Der Beweis erfolgt durch Induktion über die Länge von P_1. Wir führen nur den Induktionsschritt vor.
Sei $G = L_1 \wedge ... \wedge L_i \wedge ... \wedge L_k$, $A \leftarrow B_1 \wedge ... \wedge B_r$ in D und ϱ der allgemeinste Unifikator von $\theta(L_i)$ und A, so daß der zweite Knoten von P_1 mit $\neg G_2' = \neg\varrho\theta(L_1 \wedge ... \wedge B_1 \wedge ... \wedge B_r \wedge ... \wedge L_k)$ markiert ist.
Ist μ' der allgemeinste Unifikator von L_i und A, so gilt für eine geeignete Substitution μ_0 :

$$\varrho * \theta = \mu_0 * \mu',$$

da ja auch $\varrho * \theta$ ein Unifikator von L_i und A ist. Die Induktionsvoraussetzung wird jetzt angewandt auf den Rest des Pfades P_1, wobei $\neg G_2'$, aufgefaßt wird als

$$\neg G_2' = \neg \mu_0(G_2)$$

mit $G_2 = \mu'(L_1 \wedge \wedge B_1 \wedge \wedge B_r \wedge \wedge L_k)$. Für die Antwortsubstitution σ' des Restpfades gilt $\sigma = \sigma' * \rho$ und die Induktionsvoraussetzung liefert einen erfolgreichen Pfad im Beweissuchbaum über $D \cup \{\neg G\}$ mit Antwortsubstitution $\mu = \mu_2 * \mu'$.

Insgesamt

$$\sigma * \theta = \sigma' * \varrho * \theta = \sigma' * \mu_0 * \mu' = \gamma * \mu_2 * \mu' = \gamma * \mu.$$

□

Lösung zu Aufgabe 7.1

(2) $\forall x_0 \forall x_1 \exists y\, ((y \equiv x_0 \rightarrow x_0 \equiv x_1) \wedge (y \equiv x_1 \rightarrow x_0 \equiv x_1))$

(3) $\forall x_0 \forall x_1 \forall x_2 \exists y\, ((y \equiv x_0 \rightarrow x_1 \equiv x_2) \wedge (y \equiv x_1 \rightarrow x_2 \equiv x_0) \wedge$
$(y \equiv x_2 \rightarrow x_0 \equiv x_1))$

Lösung zu Aufgabe 8.1:

Gegenbeispiel zu 2): $t = f(y)$, $s = g(y)$.
Es gilt CET $\vdash \forall y\, \neg(y \equiv g(y))$
und daher umso mehr CET $\vdash \forall x \forall y\, \neg(x \equiv f(y) \wedge y \equiv g(y)$.
Aber CET $\vdash \forall x \forall y\, \neg(x \equiv f(g(y)))$ ist falsch.

Lösungshinweis zu Aufgabe 8.10b.

Setze $r_1 = \{(a,b), (b,c), (e,d), (d,e)\}$, das wird durch comp(P) erzwungen und

$$tc_1 = \{(a,b), (b,c), (a,c)\} \cup \{(a,d), (b,d), (c,d), (e,d)\} \cup \{(a,e), (b,e), (c,e), (d,e)\}$$

Man rechnet nach, daß (U_{H1}, tc_1, r_1) ein Modell für comp(P) ist.

Lösung zu Aufgabe 10.3

(1) Die Korrektheit bleibt gewährleistet.

(2) GP : $\{X*(Y*Z) \equiv (X*Y)*Z,\ X*0 \equiv 0\}$ $\forall X, Y\ (X*(Y*0) \equiv 0)$ ist zwar eine Folgerung aus GP, da aber $X*(Y*0) \equiv 0$ mit keiner Gleichung in GP unifizierbar ist, ist der Beweissuchbaum erfolglos.

Lösung zu Aufgabe 11.1

$P = \{\ p(X) \leftarrow \Delta\ X > 10\ ,\ p(X) \leftarrow \Delta\ 0 \le X \le 10\ \}$

Literaturverzeichnis

Apt, K., van Emden, M.H. (1982) Contributions to the Theory of Logic Programming, J. ACM, Vol. 29 (3), pp. 841-862.

Apt, K., Blair, H., Walker A. (1987) Towards a Theory of Declarative Knowledge. In [Minker 87].

Apt, K.R. (1990) Introduction to Logic Programming, Handbook of Theoretical Computer Science, J. van Leeuwen (Ed.), North-Holland.

Aida, H., Tanaka, H., Motooka, T. (1983) A PROLOG Extension for Handling Negative Knowledge. New Generation Computing, Vol. 1, pp. 87-92.

Aquilano, C., Barbuti, R., P.Bocchetti, P., Martelli, R. (1986) Negation as Failure. Completeness of the Query Evaluation Process for Horn Clause Programs with Recursive Definitions, J. of Automated Reasoning, Vol. 2(2), pp.155-170.

Arbib, M.A., Kfoury, A.J., Moll, R.A. (1980) A Basis for Theoretical Computer Science. Springer, Texts and Monographs in Computer Science.

Bancilhon, F., Ramakrishnan, R. (1986) An Amateur's Introduction to Recursive Query Strategies, Proc. SIGMOD.

Baratella, S., Filè, G. (1988) A Completeness Result for SLDNF-Resolution, Bull. EATCS, Nr. 35, pp. 97-105, Juni 1988.

Barbuti, R., Mancarella, P., Pedreschi, D. Turini, F. (1990) A Transformational Approach to Negation in Logic Programming, J. Logic Programming, Vol. 8, pp. 201-228.

Baxter, L.D. (1976) A Practically Linear Unification Algorithm. Research Rep. CS-76-13, Department of Applied Analysis and Computer Science, University of Waterloo, Ontario, Canada.

Bell, J.L., Slomson, A.B. (1969) Models and Ultraproducts. North-Holland, 1969.

Beringer, H., Procher, F. (1989) A Relevant Scheme for Prolog Extensions: CLP (Conceptual Theory). In [Levi, Martelli 89], pp. 131-148.

Bibel, W., Jorrand, Ph. (Eds.) (1985) Fundamentals of AI. An Advanced Course. Springer LNCS, Vol. 232.

Bläsius, H.H., Bürckert, H.-J. (Hrsg.) (1987) Deduktionssysteme, Automatisierung des logischen Denkens. Oldenbourg.

Blamey, S. (1986) Partial Logic. In: [Gabbay, Guenther 86] Vol III, pp. 1-70.

Blass, A. (1984) There are not Exactly Five Objects. JSL 49 , 467-469.

Bockmayr, A. (1987) A Note on a Canonical Theory with Undecidable Unification and Matching Problem. J. Automated Reasoning, pp. 379-381.

Börger, E. (1990a) A Logical Operational Semantics of Full Prolog. Part I. Selection Core and Control. In: CSL '89, 3rd Workshop on Computer Science Logic. Börger, E., Kleine Büning, H., Richter, M. (Eds), Springer LNCS, Vol. 440, pp. 36-64.

Börger, E. (1990b) A Logical Operational Semantics of Full Prolog. Part II Built-in Predicates for Database Manipulations. In: MFCS '90, Mathematical Foundations of Computer Science. Rovan, B. (Ed.), Springer LNCS, Vol. 452, pp. 1-14.

Börger, E. (1991) A Logical Operational Semantics of Full Prolog. Part III. Built-in Predicates for Files, Terms, Arithmetic and Input-Output. In: Proc. Workshop on Logic from Computer Science. Moschovakis, Y. (Ed.), Springer MSRI Publications, Vol. 21, pp. 17-50.

Borning, A., Maher, M., Martindale, A., Wilson, M. (1989) Constraint Hierarchies in Logic Programming. In [Levi, Martelli 89], pp. 149-164.

Bowen, K.A., Kowalski, R.A. (Eds.) (1988) Proc. 5th Int. Conf. and Symp. on Logic Programming (2 Bände), MIT Press.

Bratko, I. (1986) PROLOG Programming for Artificial Intelligence. Addison-Wesley.

Campell, J.A. (ed.) (1984) Implementations of PROLOG. Ellis Horwood Publishers, Series: Artificial Intelligence.

Cavedon, L., Lloyd, J.W. (1989) A Completeness Theorem for SLDNF-Resolution. J. Logic Programming, Vol.7, pp. 177-191.

Cavedon, L., Decker, H. (1989) Generalizing Syntactic Properties which Ensure that SLDNF-Resolution is Complete and Flounder-Free. Tech. Report, ECRC, München, Dez. 1989.

Chan, D. (1988) Constructive Negation Based on the Completed Database. In [Bowen, Kowalski 88], pp. 111-125.

Chan, D. (1989) An Extension of Constructive Negation and its Application to Coroutining. In [Lusk, Overbeek 89], pp. 477-493.

Chang, C., Keisler, K.J. (1974) Model Theory. North-Holland, Studies in Logic, Vol. 73.

Clark, K.L. (1978) Negation as Failure. in [Gallaire, Minker 78] pp. 293-322.

Clark, K.L., Tärnlund, S.Å. (Eds.). (1982) Logic Programming. Academic Press.

Clocksin, W.F., Mellish, C.S. (1981) Programming in Prolog. Springer. 3rd, revised and extended edition, 1987. Deutsche Ausg.: Programmieren in Prolog. Springer 1990.

Coelho, H., Cotta, J.C. (1988) Prolog by Example. Springer.

Colmerauer, A. (Aug. 1987) Opening the PROLOG III Universe. BYTE, pp. 177-182.

Corbin, J. , Bidoit, M. (1983) A Rehabilitation of Robinson's Unification Algorithm. In: Information Processing '83, R.E.A. Mason (Ed.), Elsevier Science Publishers, pp. 909-914.

Cox, P.T. (1987) On Determining the Causes of Nonunifiability. J. of Logic Programming 4, pp. 33-58.

DeGroot, D., Lindstrom, G. (1986) Logic Programming: Functions, Relations and Equations. Prentice-Hall.

Dix. J. (1991) Klassifikation von Semantiken logischer Programme durch abstrakte Eigenschaften ihrer nichtmonotonen Folgerungsrelation. In Proc. First Int. Workshop on Logic Programming and Non-monotonic Reasoning, Juli 1991, Washington.

Dowling, W.F., Gallier, J.H. (1984) Linear-time Algorithms for Testing the Satisfiability of Propositional Horn Formulae, J. Logic Programming, Vol.3, pp. 267-284.

Dunn, J.M., Epstein, G. (Eds.) (1977) Modern Uses of Multiple-valued Logic. D. Reidel.

Ebbinghaus, H.-D., Flum, J., Thomas, W. (1978) Einführung in die mathematische Logik. Wissenschaftliche Buchgesellschaft.

van Emden, M.H., Kowalski, R.A. (1976) The Semantics of Predicate Logic as a Programming Language. JACM 23, pp. 733-742.

Enderton, H. (1972) A Mathematical Introduction to Logic. Academic Press.

Etherington, D., Mercer, R., Reiter, R. (1985) On the Adequacy of Predicate Circumscription for Closed-world Reasoning. Computational Intelligence, Vol.1, pp. 11-15.

Fenstad, J.E., Halvorsen, P.-L., Langholm, T., van Benthem, J. (1983) Equations, Schemata and Situations: A Framework for Linguistic Semantics. CSLI Report No. 29, Center for the Study of Language and Information, Stanford.

Fitting, M. (1985) A Kripke-Kleene Semantics for Logic Programs. J. Logic Programming. Vol. 4, pp. 295-312.

Fitting, M. (1986) Partial Models and Logic Programs. Theoretical Computer Science, Vol. 48, pp. 229-255.

Fitting, M. (1988) Logic Programming on a Topological Bilattice,. Fundamenta Informaticae. Vol. 11, pp. 209-218.

Fitting, M. (1989) Negation as Refutation. In: Proc. 4th Symp. Logic in Computer Science, IEEE Comp. Soc. Press, pp. 63-70.

Gabbay, D., Guenther, F. (eds.) (1986) Handbook of Philosophicai Logic. Vol. I, Elements of Classical Logic; Vol. II, Extensions of Classical Logic; Vol. III, Alternatives to Classical Logic; D.Reidel, Synthese Library Vol. 164, 165, 166.

Gabbay, D., Reyle, U. (1985) N-PROLOG: An Extension of PROLOG with Hypothetical Implications. Journal of Logic Programming, Vol. 2, pp. 251-283, 1985.

Gallaire, H., Minker, J. (1978) Logic and Data Bases. Plenum Press.

Gallier, J.H. (1986) Logic for Computer Science. Foundations of Automated Theorem Proving. Harper & Row.

Genesereth, M.R., Nilsson, N.J. (1987) Logic Foundation of Artificial Intelligence. Morgan-Kaufmann.

Gianessini, F., Kanoui, H., Pasero, R., v. Canegham, M. (1988) PROLOG. Addison-Wesley, 2. Auflage.

Goldfarb, D. (1981) The Undecidability of the Second Order Unification. Jounal of Theoretical Computer Science, Vol. 13, pp. 225-230.

Hagiya, M., Sakurai, T. (1984) Foundation of Logic Programming Based on Inductive Definition. New Generation Computing, Vol. 2, pp. 59-77.

Halmos, P.R. (1969) Naive Mengenlehre, 2. Aufl. Vandenhoeck & Ruprecht.

Heilbrunner, S., Hölldobler, S. (1987) The Undecidability of the Unification and Matching Problem for Canonical Theories. Acta Informatica 24 (2), pp. 157-171.

Heintze, N.C., Jaffar, J., Michaylov, S., Stuckey, P.J., Yap, R. (1986) The CLP(R) Programmer's Manual. Tech. Report, No. 73, Dept. of Computer Science, Monash University, Juni 1986.

Hoddinott, P., Elcock, E.W. (1986) PROLOG: Subsumption of Equality Axioms by the Homogeneous Form. Proc. SLP '86, pp. 115-126.

Hofstadter, D.R. (1979) Gödel, Escher, Bach. Basic Books Inc. Deutsche Ausg. Klett-Cotta 1989.

Hogger, Ch.J. (1984) Introduction to Logic Programming. Academic Press.

Huet, G. (1973) The Undecidability of Unification in Third Order Logic, Information and Control. Vol.22 (3), pp. 257-267.

Huet, G. (1976) Résolution d'Equations dans des Langages d'Ordre 1, 2,...., ω. (thèse d'état). Université de Paris VII.

Huet, G. (1985) Deduction and Computation. In: [Bibel, Jorrand, 1985], pp. 35-74.

Jaffar, J. (1984) Efficient Unification over Infinite Terms. New Generation Computing, Vol.2(3), pp. 207-220.

Jaffar, J., Lassez, J.-L., Lloyd, J.-W. (1983) Completeness of the Negation as Failure Rule. In: Proc. of the Int. Conf. on AI.

Jaffar, J., Lassez, J.-L., Maher, M.J. (1986) A logic Programming Language Scheme. In: [DeGroot, Lindstrom 1986], pp. 441-467.

Jaffar, J., Michaylov, S. (1986) Methodology and Implementation of a Constraint Logic Programming System, Proc. 4th Int. Conf. on Logic Programming, Melbourne, 1987. Auch Technical Report. Dept. of Computer Science, Monash University, Juni 1986.

Jaffar, J., Lassez, J.-L. (1987) Constraint Logic Programming. In: Proc. Conf. on Principles of Programming Languages, München 1987, pp. 111-119. Auch als Tech. Report IBM Th.J.Watson Research Center, 1986.

Kfoury, A.J., Arbib, M.A., Moll, R.N. (1982) A Programming Approach to Computability. Springer, Texts and Monographs in Computer Science.

Kluzniak, F., Szpakowicz, S. (1985) PROLOG for Programmers. Academic Press.

Kowalski, R.A. (1974) Predicate Logic as a Programming Language. Proc. of IFIP Conference in Stockholm, North-Holland, 1974, pp. 569-574.

Kowalski, R.A. (1979) Algorithm = Logic + Control. Comm. ACM 22, pp. 424-436.

Kunen, K. (1987) Negation in Logic Programming. Journal of Logic Programming, Vol. 4, pp. 289-308.

Kunen, K. (1989) Signed Data Dependencies in Logic Programs. Journal of Logic Programming, Vol. 7, pp. 231-245.

Lassez, J.L., Maher, M.J. (1984) Closure and Fairness in the Semantics of Programming Logic. Theoretical Computer Science, Vol. 29, pp. 167-184.

Lassez, C. (1987) Constraint Logic Programming. In BYTE, pp. 171-176,August 1987.

Lassez, J.L., Maher, M.J., Marriott, K. (1988) Unification Revisited. In: Foundations of Deductive Databases and Logic Programming, J. Minker ed., pp. 587-625, Morgan Kaufmann.

Levi, G., Martelli, M. (eds.) (1989) Proc. 6th Int. Conf. on Logic Programming. MIT Press.

Lifschitz, V. (1985) Computing Circumscription. Proceeding of IJCAI 1985, pp. 121-127.

Lloyd, J.W. (1984) Foundations of Logic Programming. Springer.
2nd, extended ed. 1987.

Lloyd, J.W., Topor, R.W. (1986) A Basis for Deductive Database Systems II. J. Logic Programming, Vol. 3, pp. 55-67.

Loveland, D.W. (1978) Automated Theorem Proving: A Logical Basis. North-Holland, Fundamental Studies in Computer Science, Vol. 6.

Lusk, E.L., Overbeek, R.A.(Eds) (1989) Proc. North American Conf. on Logic Programming, MIT Press.

Maher, M.J. (1988) Complete Axiomatizations of the Algebra of Finite, Rational and Infinite Trees. Proc. 3rd Annual Symp. Logic in Computer Science, Computer Society Press, pp. 348-357.

Martelli, A., Montanari, U. (1982) Unification in Linear Time and Space: A Structured Presentation. Internal Rep. B76-16, Ist. di Elaborazione delle Informazione, Consiglio Nazionale delle Ricerche, Pisa, 1976.

Martelli, A., Montanari, U. (1982) An Efficient Unification Algorithm, ACM Trans. Programming Languages and Systems, 4 (1982), pp. 258-282.

Martin, U., Nipkow, T. (1990) Boolean Unification - The Story So Far, in: Unification, C Kirchner (Ed.), Academic Press, pp. 437-456.

McCarty, L.T. (1986) Fixed Point Semantics and Tableau Proof Procedures for a Clausal Intuitionistic Logic. Technical Report LRPTR-18, Dept. of Computer Science, Rutgers University, 1986.

Minker, J. (ed.). (1987) Foundations of Deductive Databases and Logic Programming. Morgan Kaufmann.

Mycroft, A. (1984) Logic Programs and Many-valued Logic. In: the Symposium on Theoretical Aspects of Computer Science, Springer LNCS, Vol. 166, pp. 274-286.

Naish, L. (1985) Negation and Control in PROLOG. Springer LNCS, Vol. 238.

Neiman, V.S. (1990) Refutation Search for Horn Sets By a Subgoal-Extraction Method, J. Logic Programming, Vol. 9, pp. 267-284.

O'Donnell, M.J. (1980) Equational Logic as a Programming Language. MIT Press.

Paterson, M.S., Wegman, M.N. (1978) Linear Unification. J. Computer and Systems Science, 16 (1978), pp. 158-167.

Poe, M.D., Nasr, R., Potter, J., Slinn, J. (1984) A KWIC Bibliography on PROLOG and Logic Programming. J. Logic Programming, Vol.1, pp. 81-142.

Plotkin (1970) A Note on Inductive Generalization. Machine Intelligence 5, pp. 153-163.

Rautenberg, W. (1979) Klassische und nichtklassische Aussagenlogik. Vieweg.

Rescher, N. (1969) Many-valued Logic, McGraw-Hill.

Robinson, J.A. (1965) A Machine-oriented Logic Based on the Resolution Principle. JACM 12, pp. 23-41.

Robinson, J.A. (1983) Logic Programming - Past, Present and Future. New Generation Computing, Vol.1, pp. 107-124.

Rosser, J.B., Turquette, A.R. (1962) Many-valued Logics. North-Holland, 1952.

Sacks,G.E.. (1972) Saturated Model Theory, W.A. Benjamin, Inc..

Sandford, D.M. (1980) Using sophisticated Models in Resolution Theorem Proving. Springer LNCS, Vol.90.

Sato, T. (1990) Completed Logic Programs and Their Consistency. J. Logic Programming, Vol. 9, pp. 33-44.

Schoening, U. (1989) Logik für Informatiker. BI, 1989.

Sebelik, J., Stepanek,P. (1982) Horn Clause Programs and Recursive Functions. In: [Clark & Tärnlund 1982], pp. 324-340.

Stepanek, O., Stepanek, P. (1984) Transformations of Logic Programs. Journal of Logic Programming, Vol. 1, pp. 305-318.

Shapiro, E. (1984) Alternation and the Computational Complexity of Logic Programs, J. Logic Programming, Vol. 1, pp. 19-33.

Shepherdson, J.C. (1984) Negation as Failure: A Comparison of Clark's Completed Data Base and Reiter's Closed World Assumption. J. Logic Programming, Vol. 1, pp. 51-81.

Shepherdson, J.C. (1985) Negation as Failure II. J. Logic Programming, Vol. 3, 1985, pp. 185-202.

Shepherdson, J.C. (1988) Negation in Logic Programming. In [Minker 88] pp. 19-88. Auch: Report PM-01-87, School of Mathematics, University of Bristol, 1987.

Shepherdson, J.C. (1991) Unsolvable Problems for SLDNF Resolution. J. Logic Programming, Vol. 10 , pp. 19-22.

Siekmann, J. (1984) Universal Unification. In: Proc. of the 7th Intern. Conference on Automated Deduction. Springer LNCS, Vol. 170, pp. 1-47.

Snyder, D., Thayse, A. (1987) From Logic Design to Logic Programming. Springer LNCS, Vol. 271.

Sterling, L., Shapiro, E. (1986) The Art of PROLOG Advanced Programming Techniques. The MIT Press.

Tulipani, S. (1985) An Algorithm to Determine for any Prime p, a Polynomial-Size Horn Sentence Which Expresses "The Cardinality is not p", J. of Symb. Logic 50, pp. 1062-1064.

van Caneghem, M., Warren, D.H.D. (Eds.) (1986) Logic Programming and its Applications, Ablex.

van Leeuwen, J. (Ed.) (1990) Handbook of theoretical computer science, Vol. B: Formal Models and Semantics. MIT Press.

Urquhart, A. (1986) Many-valued logic. In: [Gabbay, Guenther 86], Vol. III, pp. 70-116.

Wada, E. (Ed.) (1987) Logic Programming '86, Proceedings of the 5th Conference on Logic Programming, Tokyo. Springer LNCS, Vol. 264.

Walinsky, C.(1989) CLP(Σ*): Constraint Logic Programming with Regular Sets. In [Levi, Martelli 89], pp. 181-196.

Walker, A. (ed.), McCord, M., Sowa, J.F., Wilson, W.G. (1987) Knowledge Systems and PROLOG, A Logical Approach to Expert Systems and Natural Language Processing, Addison Wesley, 1987.

Walther, C. (1985) A Classification of Unification Problems in Many-Sorted Theories. Interner Bericht 10/85, Univ. Karlsruhe, Institut für Informatik I. (Eine Kurzversion davon ist in den Proceedings der CADE '86, Springer LNCS, Vol. 230 erschienen.)

Wolfram, D.A., Maher, M.J., Lassez, J.-L. (1984) A Unified Treatment of Resolution Strategies for Logic Programs, in: Proc. Second Int. Logic Programming Conference Uppsala, pp. 263-276.

Stichwortverzeichnis

Sonderzeichen